E-Book inside.

Mit folgendem persönlichen Code können Sie die E-Book-Ausgabe dieses Buches downloaden.

2018y-mx6p5-
6r014-800uw

Registrieren Sie sich unter
www.hanser-fachbuch.de/ebookinside
und nutzen Sie das E-Book
auf Ihrem Rechner*, Tablet-PC
und E-Book-Reader.

Der Download dieses Buches als E-Book unterliegt gesetzlichen Bestimmungen bzw. steuerrechtlichen Regelungen, die Sie unter www.hanser-fachbuch.de/ebookinside nachlesen können.
* Systemvoraussetzungen: Internet-Verbindung und Adobe® Reader®

Kleine Wieskamp (Hrsg.)
**Storytelling:
Digital – Multimedial – Social**

Bleiben Sie auf dem Laufenden!

 Unser **Computerbuch-Newsletter** informiert Sie monatlich über neue Bücher und Termine. Profitieren Sie auch von Gewinnspielen und exklusiven Leseproben. Gleich anmelden unter

 www.hanser-fachbuch.de/newsletter

 Hanser Update ist der IT-Blog des Hanser Verlags mit Beiträgen und Praxistipps von unseren Autoren rund um die Themen Online Marketing, Webentwicklung, Programmierung, Softwareentwicklung sowie IT- und Projektmanagement. Lesen Sie mit und abonnieren Sie unsere News unter

 www.hanser-fachbuch.de/update

Pia Kleine Wieskamp (Hrsg.)

Storytelling: Digital – Multimedial – Social

Formen und Praxis für PR, Marketing, TV, Game und Social Media

Mit Beiträgen von

Clemens Camphausen, Tobias Dennehy, Björn Eichstädt, Diana Heinrichs, Claudia Hilker, Jenny Janson, Patrick Möller, Tina Pfeifer, Oliver Rosenthal, Carsten Rossi, Dr. Michael Schmidtke

HANSER

Alle in diesem Buch enthaltenen Informationen, Verfahren und Darstellungen wurden nach bestem Wissen zusammengestellt und mit Sorgfalt getestet. Dennoch sind Fehler nicht ganz auszuschließen. Aus diesem Grund sind die im vorliegenden Buch enthaltenen Informationen mit keiner Verpflichtung oder Garantie irgendeiner Art verbunden. Autorin und Verlag übernehmen infolgedessen keine juristische Verantwortung und werden keine daraus folgende oder sonstige Haftung übernehmen, die auf irgendeine Art aus der Benutzung dieser Informationen – oder Teilen davon – entsteht.

Ebenso übernehmen Autorin und Verlag keine Gewähr dafür, dass beschriebene Verfahren usw. frei von Schutzrechten Dritter sind. Die Wiedergabe von Gebrauchsnamen, Handelsnamen, Warenbezeichnungen usw. in diesem Buch berechtigt deshalb auch ohne besondere Kennzeichnung nicht zu der Annahme, dass solche Namen im Sinne der Warenzeichen- und Markenschutz-Gesetzgebung als frei zu betrachten wären und daher von jedermann benutzt werden dürften.

Bibliografische Information der Deutschen Nationalbibliothek:

Die Deutsche Nationalbibliothek verzeichnet diese Publikation in der Deutschen Nationalbibliografie; detaillierte bibliografische Daten sind im Internet über http://dnb.d-nb.de abrufbar.

Dieses Werk ist urheberrechtlich geschützt.
Alle Rechte, auch die der Übersetzung, des Nachdruckes und der Vervielfältigung des Buches, oder Teilen daraus, vorbehalten. Kein Teil des Werkes darf ohne schriftliche Genehmigung des Verlages in irgendeiner Form (Fotokopie, Mikrofilm oder ein anderes Verfahren) – auch nicht für Zwecke der Unterrichtsgestaltung – reproduziert oder unter Verwendung elektronischer Systeme verarbeitet, vervielfältigt oder verbreitet werden.

© 2016 Carl Hanser Verlag München, www.hanser-fachbuch.de
Lektorat: Brigitte Bauer-Schiewek
Fachlektorat: Patrick Möller, Berlin
Sprachlektorat: Christian Schneider, Traunstein
Kapitelgrafiken: Regina Steiner, Stuttgart
Herstellung: Irene Weilhart
Layout: Manuela Treindl, Fürth
Umschlagdesign: Marc Müller-Bremer, www.rebranding.de, München
Umschlagrealisation: Stephan Rönigk
Druck und Bindung: Kösel, Krugzell
Ausstattung patentrechtlich geschützt. Kösel FD 351, Patent-Nr. 0748702
Printed in Germany

Print-ISBN: 978-3-446-44645-8
E-Book-ISBN: 978-3-446-44810-0

Inhalt

Wer Storytelling beherrscht, erreicht und fasziniert Menschen IX

Herausgeberin und Autorin. XI

Kurze Einleitung zum Buch XIII

1 **Bedeutet Storytelling gleich Geschichtenerzählen?** 1
   1.1 Storytelling gehört zum Alltag 3
   1.2 Storytelling – Was ist das?. 7
   1.3 Storytelling ist keine Einbahnstraße. 8

2 **Vielfältiger Einsatz von Storytelling** 13
   2.1 Storytelling in Unternehmen. 14
   2.2 Storytelling in der Erziehung 19
   2.3 Storytelling im Gesundheitswesen 20

3 **Wie wirken Storys im Gehirn?** 25
   3.1 Emotionen sind gespeicherte Erfahrungen 26
   3.2 Wie funktioniert Neuromarketing mithilfe von Geschichten? 27
   3.3 Geschichten als Mustervorlagen 31
   3.4 Expertenbeitrag: Storytelling – warum wirkt das überhaupt?. 32
       3.4.1 Wir sind zwei 33
       3.4.2 Wir sind faul 34
       3.4.3 Wir lieben Kohärenz 34
       3.4.4 Wie eine gute Geschichte funktioniert. 36
       3.4.5 Können Kommunikatoren Journalisten sein? 36
       3.4.6 Nein. Sie sollten Geschichtenerzähler sein 37
       3.4.7 Digitale Formate in einer guten Story 40
       3.4.8 Nadezhda, Liz Mohn und die NEUEN STIMMEN 44

4 **Neues Storytelling braucht die Content-Maschinerie**. 49
   4.1 Expertenbeitrag: Architekten gesucht 53
       4.1.1 Demut vor der Geschichte 54
       4.1.2 Vom Lemming zum Punk 55

	4.1.3	Ein Plädoyer wider die Selbstbefriedigung in drei Thesen 56
	4.1.4	Nun, dennoch, oder erst recht, der Versuch einer Definition von Content 57
	4.1.5	Aha, warum denn Geschichten? 60
	4.1.6	Der *storycodeX*: Expectation! Surprise! Change! 61
	4.1.7	Raum schafft Wirklichkeit....................................... 67
	4.1.8	Neue Kompetenzen braucht das Unternehmensland 71
	4.1.9	Die Technik 72
	4.1.10	Großes Kino braucht große Räume............................... 73
	4.1.11	Praxisbeispiel Siemens 74

5 Grundelemente: Alles Drama oder was?..........................77
 5.1 Grundelemente: Was eine gute Geschichte braucht 78
 5.2 Wie Archetypen Geschichten erzählen 83
 5.3 Joseph Campbells Heldenreise als Mustervorlage einer Story.............. 85
 5.4 Angesagte Erzählarten... 87
 5.5 Bewährte Erzählmuster und -methoden................................ 89

6 Der Story-Baukasten...91
 6.1 Vorbereitungsphase 92
 6.2 Konzeption und Kreation: Nun nimmt die Story Gestalt an............... 100
 6.3 Konkrete Planung.. 105
 6.4 Komposition.. 106
 6.5 Präsentation und Verbreitung....................................... 107
 6.6 Monitoring... 107

7 Visual Storytelling... 109
 7.1 Der Mensch als Augentier 110
 7.2 Der Begriff Visual Storytelling 111
 7.3 Botschaften in Bildwelten packen.................................... 112
 7.4 Die Welt der Piktogramme, Icons, Emojis & Emoticons 118
 7.5 Bildsprache ist die „Grammatik der Bilder"........................... 120
 7.6 Starke Bilder 122
 7.7 Entwicklung der eigenen Bildsprache 124
 7.8 Einige Tools und Werkzeuge 135

8 Der gute Storyteller – was macht ihn aus? 145
 8.1 Der Weg zum guten Storyteller...................................... 147
 8.2 Grundübungen für Storyteller....................................... 149
 8.3 Die Nacktschnecke: The „Naked Presenter".......................... 153

9 Storytelling in Unternehmen 159
 9.1 Strategisches Storytelling 160
 9.2 Storytelling im Marketing 160
 9.3 Expertenbeitrag: Storytelling als zentrales Element im Content Marketing . . 162

	9.3.1	Storytelling als Erzählmethode der Marketingbranche 163
	9.3.2	Das Herz des Unternehmens: Storytelling mit Brand Storys 164
	9.3.3	Storytelling – eine Komponente im Content Marketing 165
	9.3.4	Entwicklung einer Content-Marketing-Strategie 165
	9.3.5	Storytelling crossmedial umsetzen 167
	9.3.6	Schwierigkeiten und Leistungen für das Storytelling 168
	9.3.7	Best Practice Beispiele 169
	9.3.8	Fazit 172
	9.3.9	Handlungsempfehlungen für das Storytelling von Unternehmen 173
	9.3.10	Sieben Tipps für erfolgreiches Storytelling 173

9.4 Corporate Media 175
9.5 Expertenbeitrag: Wenn Storyloops in Leads umschlagen – Storytelling als Content-Marketing-Strategie 176
    9.5.1 Storytelling als Content-Strategie in Zeiten von Social Media 177
    9.5.2 Der Hashtag #ExperienceBosch als Ticket für eine ganzjährige Reise 178
    9.5.3 Von Storytelling zu Storydoing: Die Bosch World Experience 180
    9.5.4 Content Marketing fängt dort an, wo Storyloops in Leads umschlagen 181
9.6 Einsatz von Storytelling in der Öffentlichkeitsarbeit 182
9.7 Expertenbeitrag: Von Produkt zu Produktivität – wie Microsoft für ein neues Arbeiten in Deutschland eintritt 183
    9.7.1 Kommunikativer Relaunch bei Microsoft 184
    9.7.2 Heldensagen: Dat erzähl ich meinen Enkeln! 186
    9.7.3 Storys als mächtiges PR-Element – und warum Kopf der beste Code ist 187
    9.7.4 Learnings, Learnings, Learnings – oder warum wir Beef für die Mitte brauchen 188
9.8 Expertenbeitrag: Benötigen wir neue Geschichten? – Bastei-Lübbe 189
    9.8.1 Qualitatives Storytelling – was ist darunter zu verstehen? 190
    9.8.2 Was ist neu an dieser Art des Geschichtenerzählens? 190
    9.8.3 Kurzer Einblick in die Praxis: Apocalypsis (2011) 190
    9.8.4 Kurze Beschreibung: Coffeeshop – die Lifestyle-Serie aus Berlin (2013) 192
    9.8.5 Einsatz von Storytelling in der PR? 194
    9.8.6 Storytelling – ein Verlag geht neue Wege! 194
    9.8.7 Benötigen neue Formen neue Autoren und Lektoren? 195
    9.8.8 Zukunft des Storytelling – wie sieht sie aus? 196
9.9 Expertenbeitrag: Erst die Story, dann das Telling 197
    9.9.1 Einige Punkte, die mir interessant erscheinen 198
    9.9.2 Das Formen der Kern-Story ist zunächst ein Prozess der Verdichtung 198
    9.9.3 Das Storymaking 199
    9.9.4 Storydoing 201

10 Lagerfeuer im Social Web 203
10.1 Digitale Askese: Die Abkehr von Social Media als neuer Trend? 204
10.2 Achtung: Overload! 206
10.3 Motivation ist die eigentliche Aufgabe 208

10.4 Storytelling auf Social-Media-Kanälen 211
10.5 Expertenbeitrag: Videos auf Instagram 222
    10.5.1 Warum Videos auf Instagram einfach anders sind................223
    10.5.2 Ton ist nicht obligatorisch! 224
10.6 Expertenbeitrag: Storytelling für die Generation YouTube 225
    10.6.1 Das Zeitalter der Screens......................................225
    10.6.2 Werbung = Content?..228
    10.6.3 Micro Moments...230
10.7 Live-Storytelling in Realtime mit Messanger-Apps.....................232

11 Digital Storytelling: Multimedia – Crossmedia – Transmedia? 237
11.1 Digital Storytelling 238
11.2 Expertenbeitrag: Multimediales Storytelling im TV – Tatort Plus, das interaktive Online-Krimispiel..242
    11.2.1 Ausgangssituation 243
    11.2.2 Aufgabenstellung und Zielsetzung..............................244
    11.2.3 Zielgruppe..244
    11.2.4 Einsatzzeitraum 244
    11.2.5 Idee, Strategie und Umsetzung.................................244
    11.2.6 Spielbeschreibung 245
    11.2.7 Marketing 248
    11.2.8 Erfolg der Maßnahme..248
    11.2.9 Was macht die Arbeit innovativ? 248
11.3 Transmedia Storytelling..249
11.4 Expertenbeitrag: Transmediales Storytelling 250
    11.4.1 Der Begriff Tansmedia Storytelling 251
    11.4.2 Unterscheidung mit Kurzüberblick 252
    11.4.3 Erste Schritte..255
    11.4.4 Ausblick..258
    11.4.5 Transmedia Storytelling in Schritten 261
    11.4.6 Ruf und Zukunft...262

12 Quo vadis? Ausblicke und Zukunftsmusik 263
12.1 A Business of the Crowd – Ausblicke von Tobias Dennehy 263
    12.1.1 Notizen zur Zukunft unternehmerischen Geschichtenerzählens.....264
12.2 Storytelling und „The next big thing" – Ausblicke von Pia Kleine Wieskamp 267
    12.2.1 Star Trek wird Realität...272

13 Checklisten, Materialien....................................... 273
13.1 Checklisten 274
13.2 Literatur..280
13.3 Linkliste..280
13.4 Storytelling Toolliste...281

Stichwortverzeichnis.. 283

Wer Storytelling beherrscht, erreicht und fasziniert Menschen

Geschichten bewegen uns, wenn sie eingängig sind. An die besten erinnern wir uns gerne. Andere Geschichten werden schnell vergessen. Wer sein Storytelling beherrscht, erreicht und fasziniert die Menschen. Im Digitalzeitalter umgeben uns Geschichten. Mit wenigen Klicks auf dem Smartphone sehen wir sie auf Facebook, YouTube, Twitter, Blogs und anderen Plattformen. Manchmal mögen wir 140 Zeichen, manchmal Longreads. Großartige Geschichten wecken unsere Emotionen und schaffen Empathie. Das gelingt umso leichter, je verständlicher die einzelnen Inhalte sind. Dabei braucht es nicht immer umfangreiche Texte, schon ein einzelnes Bild kann eine faszinierende Geschichte erzählen.

Die Markenkommunikation hat erkannt, dass Storytelling das mächtigste Mittel zur authentischen Zielgruppenansprache ist. Nicht zuletzt deshalb wird es schon lange in der Werbung eingesetzt. Gutes Storytelling verbindet die Zielgruppe mit der Marke und hilft dabei, Marken voneinander zu unterscheiden. Content-Marketer orientieren sich an den Bedürfnissen ihrer Zielgruppen und erzählen im besten Fall spannende Geschichten, die für diese relevant sind.

Heute versuchen immer mehr Unternehmen und Marken die Aufmerksamkeit der User auf zahlreichen verschiedenen (digitalen) Plattformen zu erhalten. Doch diese ist begrenzt, die Aufmerksamkeitsspanne wird sogar immer kürzer. Deshalb ist es gerade in der schnellen mobilen Welt wichtig, jede Chance zu nutzen, um mit Content Aufmerksamkeit zu generieren. Visual Storytelling nimmt dabei eine bedeutende Rolle ein. Das Sprichwort „Ein Bild sagt mehr als tausend Worte" sollten Content-Marketer ernst nehmen.

Das heißt allerdings nicht, dass sich Unternehmen auf kurze Content-Schnipsel reduzieren sollten. Wenn man sich den Erfolg von Serien anschaut, die epische Längen entfalten, sieht man sehr deutlich, dass die Menschen durchaus für Komplexität zu gewinnen sind. Solange die Geschichte gut erzählt ist, sind auch Digital Natives bereit, sich mit längeren Inhalten auseinanderzusetzen.

Die Theorie der Content Creation ist für die meisten Kommunikationsprofis kein Problem mehr. Doch was fehlt, sind die Umsetzung, die Ideen, die richtigen Tools. Genau an dieser Stelle setzt das Buch von Pia Kleine Wieskamp an: Es liefert Lösungen und lässt Storytelling-Praktiker zu Wort kommen, die erfolgreiche, bereits umgesetzte Storys präsentieren.

Klaus Eck, Eck Consulting Group

Herausgeberin und Autorin

Pia Kleine Wieskamp ist Kulturmanagerin, IT-Fachdozentin sowie Kommunikations- und Marketingexpertin. Nach ihrer Tätigkeit als Journalistin bei TV und Print-Magazinen war sie über 13 Jahre im Bereich Marketing und Kommunikation für die Verlagsgruppe Pearson Deutschland tätig. Zurzeit hat sie sich mit ihrer Firma POINT-PR auf Storytelling und Markenkommunikation spezialisiert. So entstand u. a. auch die re:publica-Fotostory, eine Fotoblogparade, die sie zusammen mit Klaus Eck und Doris Schuppe auf PR-Blogger.de realisierte. Sie ist als Corporate Bloggerin und Reisebloggerin sowie als Dozentin und Trainerin in den Bereichen Online-Marketing, Social Media und Storytelling unterwegs.

Kurze Einleitung zum Buch

Wollen Sie mit uns auf eine Reise gehen, auf der wir ergründen, warum Menschen Geschichten lieben, warum und wie Storys funktionieren und was eine „gute" Erzählung ausmacht?

Dann schauen Sie mit uns über den Tellerrand: Wir stellen Ihnen einige Thesen zur Entwicklung im Bereich Storytelling sowie jede Menge Praxis-Know-how vor.

Hier kommen Experten zu Wort

Beginnen nicht fast alle Märchen, die wir aus unserer Kindheit kennen, mit „Es war einmal ..."? Sie handeln von hübschen Prinzessinnen, bösen Stiefmüttern, einzigartigen Riesen, längst vergessenen Zwergen, von sprechenden und gestiefelten Katern und vielem mehr. Und fast alle Geschichten nehmen ein gutes Ende mit „... und wenn sie nicht gestorben sind ... " Die Geschichten haben uns gefesselt, wir haben mit den Helden mitgefiebert und uns mit ihnen gefreut.

Eins vorweg: Dies ist ein **Praxis-Buch**, das Möglichkeiten und Chancen rund um die Erstellung und den bewussten Einsatz von Geschichten aufzeigt und Bausteine dafür liefert;

also ein Fach- und How-to-Buch – keine Ansammlung lustig und kurzweilig erzählter Märchen. Darüber hinaus ist dieses Buch auch eine Schatzsammlung, denn in diesem Werk kommen Experten aus Agenturen und Firmen zu Wort, die ihre Sicht und ihren Erfahrungsschatz rund um Storytelling preisgeben. Und darum geht es auch in „Storytelling: Digital – Multimedial – Social", denn wie bereits der Titel verrät, handelt dieses Buch von Geschichten und davon, wie man heutzutage gerade im beruflichen Umfeld packende Geschichten erzählt.

Denn spätestens seit Seth Godins[1] Erkenntnis „Marketing is no longer about the Stuff you make, it's about the Stories you tell" ist klar, dass Storytelling als Methode in der Kommunikation, der Markeninszenierung, dem Content Marketing und den Public Relations einen besonderen Stellenwert einnimmt.

Storytelling ist in vielen Bereichen – sowohl in der Unternehmenskommunikation als auch im Marketing und Vertrieb oder im Umgang mit den eigenen Mitarbeitern – ein unverzichtbares Instrument. Und auch wenn das Geschichtenerzählen so alt ist wie die Menschheit selbst, so ist die größte Schwierigkeit immer noch, dass es kein gängiges Erfolgsrezept für Geschichten gibt.

Ein Rezept oder eine Garantie für erfolgreiche Geschichten kann ich nicht versprechen, aber einen funktionierenden Baukasten zur Erstellung Ihrer individuellen Geschichten halten ich und viele Experten mit ihren Erfahrungen und Best-Practice-Beispielen in diesem Buch für Sie parat.

In diesem Buch erläutern die Experten

Carsten Rossi, Kammann Rossi GmbH,

Tobias Dennehy, storycodex.com, ehemaliger CvD und Themenmanager im Siemens-Newsroom,

Claudia Hilker, Hilker Consulting,

Dr. Michael Schmidtke, Bosch,

Diana Heinrichs, Microsoft,

Tina Pfeifer, Bastei-Lübbe

Björn Eichstädt, Storymaker,

Jenny Janson, Kreative KommunikationsKonzepte GmbH,

Oliver Rosenthal, Google,

Clemens Camphausen, machbar GmbH, sowie

Patrick Möller, patmo.de

aufgrund ihrer Praxiserfahrungen, was ihrer Meinung nach hinter dem Begriff Storytelling steckt und warum Unternehmen dieses Instrument immer häufiger verwenden.

Patrick Möller von patmo.de hat neben der Erstellung seines Expertenbeitrags das komplette Buch als Fachlektor betreut.

Regina Steiner von steiner2Design[2] hat die wunderschönen Kapitelgrafiken erstellt und mich ebenso wie Johannes Mairhofer von einaugeistgenug.de bei dem Kapitel zum „Visual Storytelling" tatkräftig unterstützt.

---

[1] WWW: Sethgodin.typepad.com
[2] WWW: steiner2Design.com

Der Held des Buches ist immer der Erzähler

Sicherlich können sich die meisten Menschen an einprägsame Geschichten aus ihrer Kindheit erinnern. Denn Geschichten üben eine größere emotionale Wirkung auf den Empfänger aus und lassen sich besser erinnern als reine Zahlen und Fakten, weil sie an Muster im Gehirn anknüpfen und an die damit verbundenen emotionalen Assoziationen. Häufig wird der Held einer Story von einem Mentor unterstützt, so wie der Zauberer Gandalf im „Herr der Ringe"[3] den Hobbit Frodo Beutlin berät. Der Mentor steht seinem Helden bei, und so versucht auch dieses Buch die Mentorenrolle für Ihre Storytelling-Schritte zu übernehmen.

Symbolisch steht die Figur des Mentors für das Band zwischen Schüler und Lehrer, zwischen Göttlichem und dem Menschen. Mentoren stehen dem Helden und damit dem Publikum mit Rat, Hilfe, Wissen oder auch praktischen Fähigkeiten zur Seite.

In unserem Fall sind unsere Buch-Mentoren **Experten aus verschiedenen Fachgebieten** wie PR, Marketing, Digital und Visual Storytelling, die wir in das Konzept und den Handlungsablauf des Fachbuches mit einbezogen haben. Die Experten sichern uns einen breitgefächerten Praxisbezug, beleuchten das Themenumfeld des Geschichtenerzählens aus vielerlei Perspektiven und teilen uns abwechslungsreiche Erfahrungen und Beispiele aus dem deutschsprachigen Umfeld mit. Wir haben Vertreter aus Unternehmen und Agenturen ebenso wie aus der Lehre und der professionellen Erstellung von Storys zu Wort kommen lassen.

Hilfestellung für alle Leser

Einer meiner Professoren betonte während seiner Vorlesung immer wieder diesen einen Satz: „Wer nicht aufmerkt, geht baden!"

Bild 1 Um Ihnen das Aufmerken und Querlesen zu erleichtern, haben wir den Tipp-Pfeil eingeführt!

---

[3] Der Herr der Ringe von J.R.R. Tolkien

Zunächst irritierte mich die Verwendung des Verbs „aufmerken", also die Sinne auf etwas lenken. Aber allein durch diese Wortwahl hatte der Professor nicht nur unsere Aufmerksamkeit, sondern das Wort prägte sich unweigerlich in mein Unterbewusstsein in Kombination mit der Erfahrung, dass er damit immer auf ein prüfungsrelevantes Thema hinwies. Wir machen das in diesem Buch etwas anders: Wir zeigen Ihnen mit dem Fingertipp besonders lesenswerte Stellen, sodass Sie einfacher „querlesen" können.

Natürlich kann ein Werk wie dieses nie den Anspruch auf Vollständigkeit erheben. Zumal gerade im Bereich Digital Storytelling täglich neue Werkzeuge oder Änderungen hinzukommen. Daher werden wir auf der Webseite zum Buch unter

www.story-baukasten.de

Inhalte zum Thema Storytelling weiterführen und digital begleiten.

Wir bieten eine breitgefächerte Sichtweise auf das Thema und haben ein Format geschaffen, das statt Thesen zu wiederholen lieber Tipps, Tricks und Best-Practice-Beispiele zeigt.

 Ach ja, immer wenn dieser „Tipp-Pfeil" erscheint, dann bedeutet das: „Aufgemerkt! Hier kommt eine These, ein Tipp, etwas Wichtiges."

1 Bedeutet Storytelling gleich Geschichtenerzählen?

Storytelling ist nicht neu und existiert schon fast so lange, wie es Menschen gibt. Es ist eine Methode, um gesammeltes Wissen an nachfolgende Generationen zu überliefern: Die besten Jagdgebiete, gefährliche Wege und vieles mehr. So liegen auch Legenden, Gerüchte oder das sogenannte „Seemannsgarn" nahe beieinander. Menschen haben recht früh mittels visueller Hilfsmittel Informationen ausgetauscht – also Geschichten erzählt. Erste Zeugnisse liefern Höhlenbilder, wie die ca. 40.000 Jahre alten Malereien in einer Höhle auf der indonesischen Insel Sulawesi[1]. Sie sind genauso alt wie ähnliche Funde in Spanien und Frankreich. Das bedeutet, dass (visuelles) Storytelling nicht „plötzlich" in Europa auftrat und begann; diese Überlieferungsform von Wissen wurde an mehreren Orten der Welt zur gleichen Zeit entwickelt.

---

[1] YouTube: Siehe dazu das Nature-Video „Cave art in the tropics" – youtube.com/watch?v=ZVEqkVDn6Y4&list=UU7c8mE9OqCtu11z47U0KErg

Visuelle Aufzeichnungen transportierten nach heutiger Erkenntnis auch Mythen und gesellschaftliche Regeln, beispielsweise über das Jagen der Männer. Laut Dieter Georg Herbst „transportieren Geschichten, was sich in einer Kultur bewährt hat."[2]

Storytelling spricht das limbische System im Gehirn an. Dort befindet sich der Bereich des Gehirns, in dem sich Aufmerksamkeit bildet und Emotionen mit Erinnerungen verbunden werden. Besonders gut verarbeitet das Gehirn Storys, da sie das Gehirn mit gut zu verarbeitenden Informationen versorgen.

„**Storytelling beruht auf der Annahme**, dass unser Gehirn keine Abbilder von Objekten und Vorgängen speichert, sondern Strukturen von Unterelementen, die immer wieder gemeinsam auftauchen. Das Zauberwort heißt **Muster**. Wir Menschen sind Erfolgsmodelle der Evolution, weil wir über ein Gedächtnis verfügen, das Musterfolgen speichert, Muster autoassoziativ abruft, Muster als unveränderte Repräsentationen speichert und Muster hierarchisch ordnet."[3]

Storytelling ist nicht neu. Unser ganzes Leben dreht sich um Storys. Wer kennt das nicht, wenn Kinder nach ihrer Herkunft fragen? Als Kind hören wir gerne die Geschichten über unseren Ursprung – wie unsere Eltern sich kennenlernten und ineinander verliebten, wie man als Baby im Bauch der Mutter heranwuchs, Geschichten über das erste Geburtstagsfest, den ersten Urlaub und vieles mehr. Das zeigt, wie wichtig Geschichten für uns Menschen sind, denn mithilfe dieser Geschichten und Erzählungen definiert sich der Mensch und entwickelt seine eigene Identität und Historie.

Bild 1.1 Warum erzählen Menschen eigentlich Geschichten? Lewis Carroll fand darauf folgende Antwort: „Erklärungen brauchen immer so schrecklich lange." Damit drückte er auch aus, dass sie schrecklich langweilig und langatmig, unspannend und uninteressant sein können.

---

[2] WWW: Herbst, Dieter Georg: Storytelling – Was ist eigentlich neu?
dietergeorgherbst.de/storytelling-was-ist-eigentlich-neu/

[3] Quelle: Häusel, Hans-Georg, Neuromarketing: Erkenntnisse der Hirnforschung für Markenführung, Werbung und Verkauf, Haufe-Lexware, Seite 171

Streng genommen ist jeder Mensch ein Erzähler. Selbst die Lalllaute im Kleinkindalter sind Vorformen des Erzählens. Und auch im Erwachsenenalter definieren wir uns durch Geschichten: Wir folgen den Lebensgeschichten der Stars und versuchen an deren Leben und vermeidlichem Erfolg teilzuhaben. Teilhaben, indem wir Kleidung oder Frisur imitieren, den gleichen Hobbys nachgehen oder Orte besuchen, an denen sich diese prominenten Personen aufhalten. Wenn man es genau nimmt, ist ein Lebenslauf einer Bewerbung oder auch das Bewerbungsgespräch nichts anderes als Storytelling: Man erzählt über sich, seinen Werdegang und seine Ausbildung mit dem Ziel, eine Anstellung zu erhalten.

■ 1.1 Storytelling gehört zum Alltag

Erzählen gehört als Bestandteil zwischenmenschlicher Kommunikation zum Alltag. Mittels Erzählungen und Geschichten verarbeiten wir Erlebnisse sowie Erfahrungen und teilen diese unseren Mitmenschen mit. So ordnet das menschliche Gehirn Fakten oder Geschehen und bringt diese in Zusammenhänge. Wir teilen uns mit und klären in Gesprächen oder durch die Verarbeitung bereits während des Erzählens unsere Gedanken, Befürchtungen, Ideen und Visionen. Dadurch, dass wir das Erlebte, unsere Geschichten teilen, fühlen wir uns erleichtert oder gestärkt. Wir reden uns Sorgen von der Seele, diskutieren mit unseren Mitmenschen Unverständliches und holen uns Verständnis, Rat oder Zustimmung bei unseren Zuhörern. So fühlen wir uns als Teil einer Gemeinschaft.

Bild 1.2 Geschichten gehören zum Alltag: Zwei Männer tauschen auf einer Straße von Marrakesch Erlebnisse aus.

Der Weg über die fünf Sinne zu den Emotionen

Menschen erfahren ihre Umwelt mittels ihrer Sinne: Sehen, Hören, Riechen, Schmecken und Tasten (siehe Bild 1.3).

Oft sind sie mehreren Sinneswahrnehmungen zugleich ausgesetzt (multisensorische Wahrnehmung). Da mit den Sinneseindrücken auch Erfahrungen und Assoziationen verbunden sind, sollten in einer Story möglichst alle Sinne angesprochen werden. Auch wenn wir beispielsweise noch nicht per TV (Video) Geruch übertragen können, so kann man mittels der Stimulierung der anderen Sinne dem Riech- und Geschmacksorgan etwas vorgaukeln. Zum Beispiel nimmt das Auge den Dampf der heißen Tasse Kaffee war und man meint das Kaffeearoma „sehen" zu können.

Bild 1.3 Der Mensch ist mit fünf Sinnen ausgestattet, welche in einer Story auch alle – oft zugleich – bewusst angesprochen werden sollten.

Exkurs: Fünf Basissinne

Tagtäglich nimmt der Mensch, meist unbewusst, viele Sinneseindrücke wahr. Mithilfe der äußeren Sinnesorgane – Augen, Ohren, Nase, Haut und Mund – werden visuelle, akustische, olfaktorische, gustatorische und haptische Reize registriert und im Gehirn verarbeitet.

- Der **Sehsinn** reagiert auf visuelle Reize wie Bilder, Logos, Farben oder Formen. Visuelle Reize werden häufig als emotionale, aufmerksamkeitserzeugende Schlüsselreize eingesetzt.
- Der **Hörsinn** nimmt akustische Reize, also Töne, Klänge, Melodien und Rhythmen, wahr. Das Gehör reagiert auf starke emotionale Stimmungen mit verhaltensbestimmender Wirkung. So kann ein Tonfall aggressiv und beängstigend oder auch vertrauenserweckend wirken.
- Der **Geruchssinn** nimmt olfaktorische Reize auf. Gerüche sind oft mit Emotionen und Erinnerungen verbunden. So erinnere ich mich beispielsweise an die Stadt Paris, wenn ich den Duft von frischen, warmen Croissants erschnuppere.
- Der **Geschmackssinn** nimmt gustatorische Reize – wie süß, sauer, salzig oder bitter – mit den speziellen Zellen in Mund und Nase auf.
- Mit dem **Tastsinn** erkennen wir haptische Reize wie Formen, Materialien und Oberflächen. Sehr schnell sind mit ihm auch Erfahrungen und Assoziationen verbunden, beispielsweise verbinden wir mit „schäfchenweichen" Angorasocken Wärme, Weichheit und Geborgenheit.
- Fast 94 Prozent aller Sinneswahrnehmungen finden mit den Augen und Ohren statt.

Martin Lindstrom beleuchtet in seinem Buch „Brand Sense"[4], wie erfolgreiche Marken die Macht der fünf Sinne einsetzen, um einen verstärkten Eindruck zu hinterlassen. Sein Werk beruht auf einer Studie in Zusammenarbeit mit Millward Brown, in der fünf Jahre lang mehr als 3.500 Teilnehmer von Fokusgruppen in dreizehn Ländern interviewt wurden. Dabei wurde die Leitfrage „Wie wichtig sind die Sinne und ihr Zusammenspiel für das Branding?" untersucht. Die Zahlen sind beeindruckend: Spricht uns eine Marke mit nur einem Sinneseindruck an, so liegt unsere Loyalität zu dieser Marke bei 30 Prozent. Zielt eine Marke zugleich (multisensorisch) auf vier bis fünf Sinneswahrnehmungen, so verdoppelt sich die Markenloyalität auf ca. 60 Prozent.

Was macht Geschichten aus?

Wie werden Geschichten medienadäquat in den verschiedenen Kanälen umgesetzt? Storytelling, Erzählungen, Vorträge, Film- und TV-Skripte, Spiele und andere „Inszenierungen" folgen Mustern. Diese sind zumindest innerhalb eines Kulturkreises bekannt und werden – oft auch unbewusst – eingesetzt. So muss sich der Erzähler nicht mehr mit der Erzählform auseinandersetzen. Sie wird als bekannt und akzeptiert vorausgesetzt, genauso wie die Sprache, die man beherrscht.

---

[4] Lindstrom, Brand Sense: Warum wir starke Marken fühlen, riechen, schmecken, hören und sehen können, Campus Verlag, 1. Auflage 2011

Erst wenn diese sich verändert, etwa wenn in einer Oper gerappt wird, wird dies als unbekannt und störend empfunden, sodass sich das Publikum zunächst nicht oder nur bei voller Konzentration auf den Inhalt, den Text des Songs, einlassen kann.

Gerade um auch bei flüchtigem und nicht voll konzentriertem „Lauschen" aufgenommen und verstanden zu werden, sollten Storys einer bekannten und akzeptierten Grundstruktur folgen. Dieses sogenannte Storyschema ist ein Handlungsschema. Hier gibt es Geschichten, in denen Helden mit einem überraschenden Erlebnis (Konfliktsituation) konfrontiert werden und am Ende der Erzählung (über das Böse) siegen. Einzelheiten zu diesem Story-Muster und dem Aufbau von Geschichten erfahren Sie in Kapitel 5.

Wir kennen aus dem europäischen Volksmärchen die typische Form der Geschichte vom Prinzen, der den Drachen besiegen muss, bevor er seine angebetete Prinzessin zurück in sein Schloss bringen und heiraten darf. Nach diesem Muster wurden die Drehbücher vieler Hollywood-Filme geschrieben. Nur kämpft ein Leinwandheld dann schon einmal gegen King Kong.

Selbstverständlich ist ein Muster nicht fest vorgeschrieben und kann variiert und erweitert werden, wie es im Crossmedia oder Multimedia Storytelling oft gehandhabt wird.

Das Sender-Empfänger-Modell des klassischen Storytellings – vom Lagerfeuer über mittelalterliche Märkte, von Büchern bis hin zu Radio und TV- bzw. Kinofilmen – hat im unternehmerischen Umfeld ausgedient. Rezipienten sind auch Konsumenten, die für ihre Love-Brands zu Produzenten werden. Erst dann fühlen sie sich diesen wirklich zugehörig, bleiben loyal, teilen Inhalte, empfehlen weiter ... und lieben uns.

„Die ganze Welt ist eine große Geschichte, und wir spielen darin mit." – Michael Ende[5]

Egal ob Sie in Public Relations, Marketing, Vertrieb, Training oder Kommunikation unterwegs sind, Ihre Zielgruppe und Kunden suchen gute Inhalte. Spätestens seit das Motto „Content is King" in den Medien gehypt wird, werden authentische und einzigartige Geschichten immer wichtiger.

Auf Geschichten als Bestandteil der Kommunikation trifft man überall – ob in Familien, unter Freunden, im Training, in der Unterhaltung, in Organisationen und Unternehmen. Denn Storytelling, also Geschichtenerzählen, ist kein neuer Trend. Es ist ein uraltes Erfolgsrezept, welches heutzutage nur genauer analysiert, beschrieben und bewusst realisiert wird.

Denken wir etwa an das Wort „Hörensagen". Es sagt aus, dass eine Person ihr „Wissen" nur aus Erzählungen anderer erfahren hat.

Storytelling wird als Methode (Werkzeug) in den verschiedensten Bereichen eingesetzt: Es wird als narratives Element sowohl in Theater, TV, Film, Game und Print als auch in der Pädagogik, in der Behandlung von Kranken, im Change-Management, in der Human-Resources-Abteilung, im Vertrieb, im Eventbereich, im Catering, in der Museumspädagogik und in der Kommunikation – Öffentlichkeitsarbeit und Marketing – eingesetzt.

Je nach Zielsetzung wird eine andere Form des narrativen Erzählens als Mittel, Tool, Werkzeug, Methode, wie man es auch immer bezeichnen möchte, eingesetzt.

---

[5] Ende, Michael: Momo, oder: Die seltsame Geschichte von den Zeit-Dieben und von dem Kind, das den Menschen die gestohlene Zeit zurückbrachte. Ein Märchen-Roman. München: DTV, 1988, S. 100.

Fragen, die man sich vor der Erstellung von Storys stellen sollte
- Werden die Geschichten in die gesamte Kommunikationsstrategie des Unternehmens integriert?
- Gibt es ein Geheimrezept für gute Geschichten?
- Wie findet man die richtigen (Ideen für) Geschichten?
- Was will ich mit meiner Geschichte erreichen?
- Wen möchte ich mit der Geschichte erreichen?
- Wie erzählt man Storys wirkungsvoll?
- Wo, auf welchen Kanälen werden die Geschichten erzählt?
- Wie werden sie medienadäquat in den verschiedenen Kanälen umgesetzt?
- Wie werden die Storys wirksam verbreitet?

1.2 Storytelling – Was ist das?

Definitionen

Der Begriff Storytelling setzt sich aus den englischen Wörtern für Geschichte (*Story*) und Erzählen (*telling*) zusammen.

Laut Wikipedia bezeichnet der Begriff Storytelling eine „Erzählmethode, mit der explizites, aber vor allem implizites Wissen in Form einer Metapher weitergegeben und durch Zuhören aufgenommen wird. Die Zuhörer werden in die erzählte Geschichte eingebunden, damit sie den Gehalt der Geschichte leichter verstehen und eigenständig mitdenken. Das soll bewirken, dass das zu vermittelnde Wissen besser verstanden und angenommen wird. Heute wird Storytelling neben der Unterhaltung durch Erzähler unter anderem auch in der Bildung, im Wissensmanagement und als Methode zur Problemlösung eingesetzt."[6]

Demnach bedeutet Storytelling zunächst nichts anderes, als Geschichten zu erzählen. Hierbei wird das Erzählen von Erfahrungen, Erlebnissen, Überlieferungen, Ideen und Visionen als Grundlage menschlicher Kommunikation verstanden, in der Wissen, Geschichte und Regeln gesellschaftlichen Zusammenhalts – wie Religion, Moral, Rechtsprechung – vermittelt und weitergereicht werden. Gerade in religiösen und philosophischen Texten tauchen häufig Bilder, Symbole und Gleichnisse auf.

So dient der bewusste Einsatz des Storytellings, also des „Geschichtenerzählens", dazu, nicht nur Wissen, sondern auch Werte, Moral und ein Rechtsempfinden weiterzugeben, Lebenserfahrung zu vermitteln, Problemlösungen aufzuzeigen, Denkprozesse einzuleiten, Rollenerwartungen zu definieren, zum Handeln zu motivieren und selbstverständlich auch zu unterhalten.

---

[6] WWW: Storytelling (Methode): de.wikipedia.org/wiki/Storytelling_(Methode)

„Gute" Story – „Schlechte" Story?

Storytelling bedeutet nicht nur Geschichten zu erfinden oder etwas nachzuplappern. Es ist vielmehr eine gezielte und strategische *Vorgehensweise*, eine Methode zur Erlangung bestimmter Ziele.

Als „gute" Story gilt eine Geschichte, welche die Aufmerksamkeit der Zielgruppe fesselt. Dies ist notwendig, damit die Rezipienten sich an Inhalte erinnern, diese weitererzählen und bestenfalls die Geschichte interaktiv mitgestalten. Hierbei ist es völlig egal, ob die Story im Freundes- oder Kollegenkreis erzählt wird, in einem Werbespot oder einem Hollywood-Epos vorkommt oder es sich um ein Online-Game oder ein Anzeigenmotiv handelt.

Eine vom Zuhörer verstandene und damit gelungene Geschichte nutzt einfache und verständliche Metaphern, die aus der Lebens- und Erfahrungswelt des Zuhörers stammen. Häufig können beispielsweise Kinder mit der „Figur des körperlosen Gottvaters" ohne Ehefrau, Eltern und Wohnort wenig anfangen – sie ist außerhalb ihres Erfahrungs- und Vorstellungsvermögens.

Dabei muss das Publikum nicht jede Einzelheit der Erzählung konkret verstehen, es sollte sich aber, um den Kern der Geschichte zu begreifen, in die Erzählung hineinversetzen können und sie bestenfalls als eine selbst erlebte Story empfinden und nachvollziehen können. Meist wirkt eine Geschichte, die uns bewegt, im Unbewussten weiter. So reifen die Erkenntnisse auch im Nachhinein noch lange weiter.

Zum Erzählen einer Geschichte können viele Ausdrucksmittel wie Sprache, Gestik, Mimik, Akustik, Bilder oder die Stimme verwendet werden. Bestenfalls werden alle Sinne angesprochen.

■ 1.3 Storytelling ist keine Einbahnstraße

 These: Storytelling passiert zunächst in den Köpfen und dann in den Herzen.

Machen wir uns nichts vor! Storytelling wird bereits seit Jahrtausenden eingesetzt.

Die Fragen der heutigen Zeit sind: Wie kann ich Storys bewusst und gezielt erstellen? Und wie kann ich es optimiert in den neuen Medien wie Websites, mobilen Geräten und Co. einsetzen?

Es geht ums Kommunizieren

Obwohl sich das Erzählen an sich nicht geändert hat, so haben sich doch die Erzählformate, Medien, Tools und auch die Form der Kommunikation geändert. Da stellt sich die Frage, ob sich auch gängige Kommunikationsmodelle verändert haben.

Wir leben heutzutage dank sozialer Netzwerke nicht mehr in einer Einweg-Kommunikation. Gängige Kommunikationsmodelle, wie das „Vier-Ohren-Modell" von Schulz von Thun (siehe Bild 1.4) oder das „Modell der fünf Axiome" von Paul Watzlawick müssen erweitert werden.

Bild 1.4 Das Vier-Seiten-Kommunikationsmodell bzw. Vier-Ohren-Modell von Friedemann Schulz von Thun.

Stellen wir zunächst einmal die gängigen Kommunikationsmodelle vor:

Vier-Seiten-Kommunikationsmodell von Friedemann Schulz von Thun

Nach Friedemann Schulz von Thun ist Kommunikation ein Wechselspiel zwischen dem Senden und Empfangen von Botschaften. Er hat die These aufgestellt, dass jede Nachricht auf vier Ebenen beleuchtet werden kann:

- **Sachebene:** das, worüber ich informiere;
- **Beziehungsebene:** was ich von der anderen Person, mit der ich spreche, halte und wie ich zu ihr stehe;
- **Selbstoffenbarungsebene:** was ich als Sender von mir zu erkennen gebe;
- **Appellebene:** was ich bei dem Empfänger erreichen möchte.

Eigentlich ist es doch recht easy, oder? Der eine redet, der andere hört zu! Doch wie sieht es in einer Gruppe oder gar in einer Community wie Facebook aus? Wer sendet, wer hört zu?

Das Vier-Ohren-Modell gibt eine Unterstützung, um die jeweilige Kommunikationsposition besser zu reflektieren.

Kommunikationsmodell von Paul Watzlawick

Kommunikation funktioniert nicht nur über den Austausch von Informationen, also den Inhalt, sondern es geht auch um Beziehungen.

Paul Watzlawick stellte fünf Grundregeln – pragmatische Axiome – auf, welche die menschliche Kommunikation erklären und ihre Paradoxie aufzeigen[7]:

---

[7] WWW: germanistik-kommprojekt.uni-oldenburg.de/sites/1/1_05.html

1. Man kann nicht **nicht** kommunizieren!
2. Jede Kommunikation hat einen **Inhalts- und einen Beziehungsaspekt**, derart, dass letzterer den ersteren bestimmt und daher eine Metakommunikation ist.
3. Die Natur einer Beziehung ist durch die „Interpunktion[8] der Kommunikationsabläufe seitens der Partner" bedingt.
4. Menschliche Kommunikation bedient sich digitaler und analoger Modalitäten. Gerade die digitale Kommunikation, die heutzutage in Social Media, Communities, via Skype oder WhatsApp getätigt wird, hat eine sehr komplexe und vielseitige logische Syntax (Grammatik). Die Semantik schafft eindeutige Beziehungen zwischen Inhalt und Objekten. Analoge Kommunikationsformen hingegen besitzen semantisches Potenzial, ermangeln aber die für eindeutige Kommunikation erforderliche logische Syntax.
5. Zwischenmenschliche Kommunikationsabläufe sind entweder symmetrisch oder komplementär, je nachdem ob die Beziehung zwischen den Partnern auf Gleichheit oder Unterschiedlichkeit beruht.

Dementsprechend benötigen wir als Erzähler Zuhörer, ein Publikum: seien es die Freunde, Kollegen, der Nachbar in der S-Bahn oder auch die Follower und Fans in den Communities.

Denn **Kommunikation ist keine Einbahnstraße**. Und das unterscheidet auch Storytelling von mancher Marketingauffassung. Wir brauchen das Gegenüber, um uns als Individuum („Ich") zu fühlen. Sobald wir als Mitteilende spüren, dass unser Gegenüber kein Interesse an unserer Erzählung hat, sind wir irritiert und der flüssige Erzählstrom bricht ab.

Ich stelle folgende These auf: In der heutigen Zeit ist das Ziel jeder Story, die Stakeholder (hier ist auch der Begriff „Beteiligte" inbegriffen) zur Interaktion und zum Dialog zu motivieren. Denn durch unsere tägliche Reizüberflutung mit E-Mails, News, Werbung, Social-Media-Meldungen etc. wird es immer schwieriger die Aufmerksamkeit und das Interesse der Beteiligten zu erlangen und zu binden. Wie lässt sich Akzeptanz, Zustimmung oder gar Begeisterung bei den Beteiligten erreichen? Professionelle Kommunikation und Information kann hier hilfreich sein. Aber auch die Begeisterung und das Engagement, die Authentizität der Storyteller, wirkt ansteckend.

 Fazit: Erzählen ist ein Dialog und benötigt Zuhörer und deren Anteilnahme.

Kommunikationsform Erzählen

Geschichten zu erzählen bedeutet also prinzipiell nicht, dass es **einen** Vortragenden und ein **stilles**, also rein „aufnehmendes" Publikum gibt. Jeder Gesprächspartner kann einen Teil zu einer Story beitragen. Denn auch wenn der Erzählende spricht, reagieren die übrigen Gesprächspartner, die Rezipienten, immer auf ihn und seine Äußerungen. Sie reagieren etwa durch nonverbale Gesten wie ein zustimmendes Nicken, ein verneinendes Kopfschütteln, ein Schulterzucken oder eine in Denkerfalten gelegte Stirn. Oft lässt sich die verbale Reaktion der Zuhörer nicht vermeiden: Im Theater hört man Gelächter, Unruhe oder kaum unter-

---

[8] Laut Wikipedia bedeutet Interpunktion „subjektiv empfundene Startpunkte innerhalb eines ununterbrochenen Austausches von Mitteilungen". de.wikipedia.org/wiki/Interpunktion_(Kommunikation)

drückte Überraschungslaute wie ein „Oh" oder „Wow". Dies erinnert an die Lautmalereien und Interjektionen, kleinen Ausrufe oder Laute, wie den Schmerzlaut „Aua" oder etwa den „Peng!"-Laut, wenn wir jemanden in der Comic-Welt „lautmalen".

Erzähler im Live-Vortrag, etwa in einer Lesung, bei einer Rede oder einem Kaspertheater, reagieren auf die Äußerungen des Publikums und beziehen diese mit ein. Dies machen auch begnadete Vortragende. Ich erinnere mich an einen Vortrag von Prof. Dr. Gunter Dueck auf einem Marketingsymposium von Adobe in München (siehe Bild 1.5). Hier bezog Dueck mich live und direkt mit in seinen Vortrag ein.

Bild 1.5 Prof. Dr. Gunter Dueck ist ein hervorragender Storyteller. Er unterhält sein Publikum mit persönlichen Anekdoten und menschelt. (Foto © Andreas Schebesta, www.der-eventfotograf.de)

Ich saß in der ersten Reihe des Vortragsraums der wunderbaren BMW-Welt in München, um eine gute Sicht und freies „Schussfeld" für meine Kamera zu haben. Prof. Dr. Dueck schien von meinen Dauerauslösegeräuschen der Kamera irritiert. Er schaute mich an und bezog mich als Beispiel mit in seinen Vortrag ein. Es ging um die Offenheit und Authentizität von CEOs gegenüber der Presse.

Dueck improvisierte und meinte: „Nehmen Sie sich Frau Kleine Wieskamp als Beispiel. Sie ist von der Presse und möchte auch überleben. Wenn Sie immer nur langweilige und längst bekannte Sachen erzählen, kann Frau Kleine Wieskamp ihre Story nicht verkaufen. Sie wird Sie solange piksen und löchern, bis sie eine Geschichte hat, also Stoff, der die Leser interessiert und den sie an die Zeitung verkaufen kann. Geben Sie ihr doch einfach von sich aus diese Inhalte. Dann sind sie beide glücklich ...".

Gunter Dueck ist ein hervorragender Storyteller, nicht nur als Autor, sondern auch als Vortragender. Er stimmt seinen Wortlaut und seine Fragen jeweils nach den zustimmenden oder ablehnenden Reaktionen des Publikums ab. Er schmückt seine Botschaften stets mit Beispielen aus seinem persönlichen Umfeld aus, die zugleich auch aus dem Umfeld jeder einzelnen Person im Publikum sein könnten. Berichtet er zum Beispiel von seiner Tante Erna, die auch ein iPad bedienen kann, so kennt zumindest vom Hörensagen jeder Zuhörer im Raum eine vergleichbare Person, die den Platz der Tante einnimmt.

 Um sich als Storyteller weiterzubilden, empfehle ich Ihnen, sich begnadete Storyteller – wie beispielsweise Gunter Dueck auf YouTube (www.youtube.com/user/Wilddueck) – anzusehen und zu studieren.

2 Vielfältiger Einsatz von Storytelling

Fast könnte man davon ausgehen, dass Storytelling als Methode hauptsächlich im Bereich Kommunikation (Marketing, Öffentlichkeitsarbeit, Vertrieb) und Unterhaltung (Literatur, Theater, TV, Kino, Webseiten usw.) eingesetzt wird. Das wird der Methode jedoch nicht gerecht, denn Storytelling wird weitaus vielfältiger eingesetzt. Nachfolgend werden einige Bereiche aufgezeigt, in denen Storytelling erfolgreich zum Einsatz kommt.

Wo Geschichten erzählt werden

„Wir verstehen alles im menschlichen Leben durch Geschichten." – Jean-Paul Sartre

Storytelling wird als bewusste Methode in den unterschiedlichsten Bereichen angewendet. Neben den Anwendungsbereichen in Schule und Training findet Storytelling in Presse- und Öffentlichkeitsarbeit, Marketing, Change-Management sowie als therapeutischer Ansatz in der Psychologie oder Medizin Verwendung. Dabei kann die Methode Storytelling, je nach

Umfang der Themen und der zeitlichen Ressourcen als Einzel-, Partner- oder Gruppenarbeit durchgeführt werden.

Geschichten nehmen, ob bewusst oder unbewusst, viele Rollen und Funktionen ein.

Hier einige Beispiele: Geschichten …

- … verstärken die Bindung zu einer Marke, einem Unternehmen, einem Thema, einer Person;
- … motivieren und lenken Aktivitäten auf gewünschte Ziele;
- eignen sich für die Kommunikation von Inhalten und Gefühlen;
- dienen der Interpretation von Vergangenem und der Beschreibung der Gegenwart und der Zukunft;
- geben Richtlinien und Entscheidungshilfen;
- unterstützen Veränderungs- und Kreativitätsprozesse;
- überzeugen Menschen von neuen Ideen;
- können das schwer zugängliche (Erfahrungs-)Wissen von Mitarbeitern und Teams weitergeben und speichern.

2.1 Storytelling in Unternehmen

Storytelling und Change- bzw. Wissensmanagement

Vor einiger Zeit wurde meine Tante gefragt, ob sie sich bereit erklären würde in der Schule ihrer Enkelin einen Beitrag zu leisten. Die Lehrerin argumentierte, dass sie gerne die Zeit nach dem Zweiten Weltkrieg anschaulich und lebensecht anhand von Zeitzeugen-Erzählungen vermitteln würde. Die Schüler sollten die Person, die sie einladen würden, kurz vorstellen, und dann sollte meine Tante ihre Erlebnisse und ihre Erfahrungen weitergeben. Dadurch, dass die Kinder auf Bekannte und Verwandte ihres Umfeldes zurückgriffen, schufen sie die Brücke zur Gegenwart. Andererseits wurde durch diese unkalkulierbare Auswahl der Zeitzeugen und Einzelschicksale eine „gut durchmischte Gesamtstory" geschaffen. Die Kinder erhielten verschiedene persönliche Eindrücke. Als Enkel oder Großneffen war das Publikum (die Schulklasse) emotional mit den Erzählenden verbunden. Die Geschichte des „nicht vorstellbaren Kriegsgeschehens in Deutschland" wurde dadurch echt, glaubwürdig und rückte näher an die Kinder heran.

Immer mehr Unternehmen, Organisationen und auch Schulungseinrichtungen haben das Geschichtenerzählen für sich wiederentdeckt, um Wissen zu bewahren und weiterzugeben.

Dahinter steht die Erkenntnis, dass der größte Schatz einer Firma/Organisation in den Köpfen ihrer Mitarbeiter steckt. Auf einen Nenner gebracht ist das Wissen vieler (Kollektivwissen) mehr als das Wissen einer einzelnen Person.

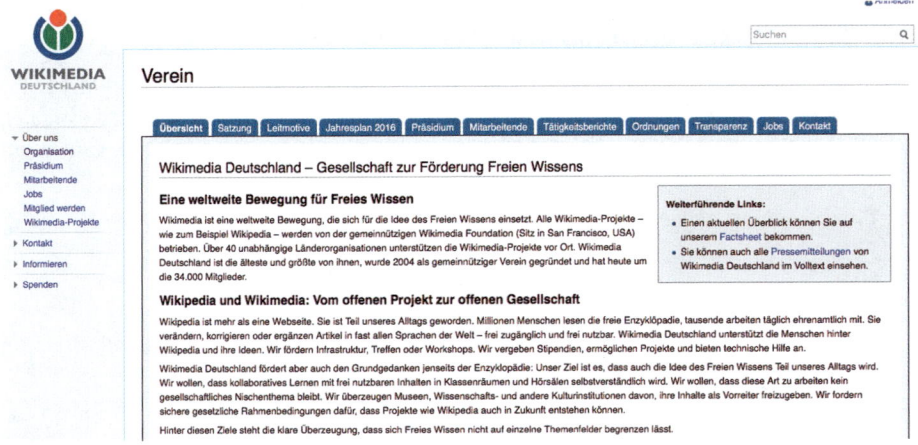

Bild 2.1 Das Beispiel Wikipedia zeigt es: Ein gesammeltes Wissen, Kollektivwissen, eines Unternehmens oder einer Gesellschaft ist größer als das Wissen einzelner Personen.

Die Erfahrungen der Eingeweihten (Mitarbeiter) und deren Wissen über Abläufe und Zusammenhänge bilden einen Großteil des Wertes einer Gemeinschaft (eines Unternehmens).

So funktionierten bereits ganze Kulturen. Oft wurde das Wissen in einem „Berufsstand" - etwa Schamanen, Priester, Hebammen oder Heilkundige - weitergegeben. Wenn eine Berufsgruppe mit dem gesammelten, nicht schriftlich überlieferten Wissen ausstirbt - oder Mitarbeiter die Firma verlassen -, geht meist auch deren Wissen für die anderen Mitarbeiter verloren.

Daher wird gerade vor großen Veränderungsprozessen versucht, das Wissen und die Erfahrungen bestimmter Personen zu erfassen. Storytelling wird hierbei als Methode angewendet, um auch unbewusstes und durch reines Befragen oft nicht zugängliches Wissen zu erfassen und weiterzugeben. Beispielsweise erzählen Mitarbeiter einer Firma Begebenheiten und Anekdoten über das Unternehmen, Kollegen, Kunden und Partner. Sie überliefern gesammelte Erfahrungen vergangener Projekte, analysieren, was erfolgreich lief oder welches Projekt scheiterte. Und immer spielen die Emotionen des Erzählers eine große Rolle, denn dieses Wissen ist keine Ansammlung reiner Fakten, es sind „persönlich erworbene Erfahrungen". Als Ergebnis erhält man wichtige Erkenntnisse über das, was das Denken und Handeln im Unternehmen im Umgang mit Wissen leitet.

Mitte der 1990er-Jahre wurde mit dem „Learning-Histories-Ansatz" eine sehr bekannte Methode des Storytellings im Wissensmanagement entwickelt. Hierbei wird anhand von Interviews das Erfahrungswissen Einzelner über spezielle Themenbereiche, etwa Messe- und Eventprojekte oder Projekte mit Neukunden, zu einer gemeinsamen, umfassenden Erfahrungsgeschichte aufbereitet. Mit dieser Methode werden Erfahrungen, Tipps und Tricks dokumentiert und zugleich als „Wissenspool" der Gemeinschaft (dem Unternehmen) zugänglich gemacht.

Als weiteres Beispiel möchten wir den amerikanischen „Guerilla"-Journalisten und Pulitzer-Preisträger Studs Terkel - er gilt als „der Mann, der Amerika interviewte" - einbringen. Er nutzte das „narrative Interview" als Stilelement seiner Bücher: Viele seiner Werke basieren vor allem auf mündlichen Nacherzählungen seiner umfassenden Gespräche und Interviews mit Zeitzeugen. Er gilt als Chronist, der das Leben des „einfachen Mannes" im Amerika des

20. Jahrhunderts festhielt. Er dokumentierte Gespräche und Meinungen von Menschen, die normalerweise nicht im Mittelpunkt stehen.

Christine Erlach, Karin Thier und Andrea Neubauer haben die „Story-Telling-Methode" (siehe Bild 2.2), ein Modell des Storytelling-Prozesses, aufgezeichnet.[1] Sie gehen davon aus, dass Storytelling letztendlich „den Entwicklungsprozess zu einer lernenden Organisation unterstützt, was z. B. die Bereitschaft zu einem kulturellen Wandel beinhaltet".

Der Prozess umfasst folgende Phasen, welche durchlaufen werden:

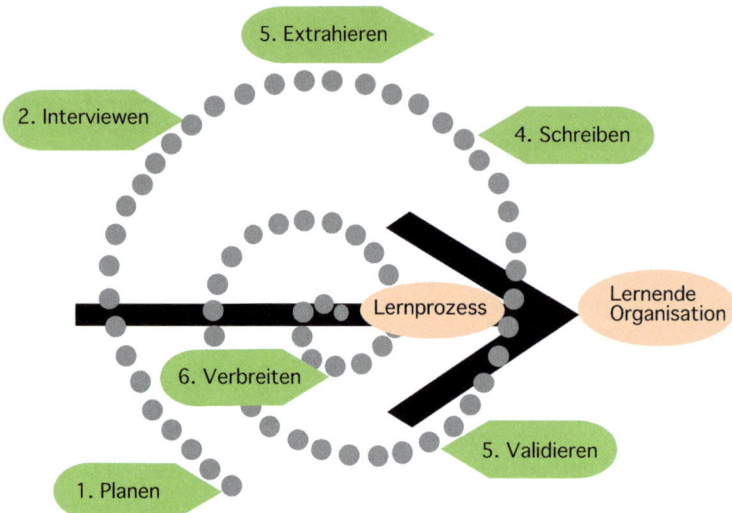

Bild 2.2 Diese Phasen durchläuft man während eines Storytelling-Prozesses in einem Change-Projekt.

Storytelling als Methode im Human Branding

Storytelling ist ein hervorragendes Instrument zum Selbstmarketing (Personal Branding). Gerade Selbstständige, Unternehmensleiter, Künstler oder Politiker bilden ihre eigene „Personenmarke". Hier zählen Charakter, Authentizität, Individualität. Grundsätzlich wird hierbei zunächst eine Geschichte um die Person, eine Legende, herausgearbeitet (Storybuilding). Solche Hintergrundgeschichten laden die Ich-Marke mit Emotionen auf. Wer erinnert sich nicht an die „Legende" der Marke Apple, in der zwei junge Männer, „Steve und Steve" in einer Garage eine Firma gründeten? Und was wäre das Britische Königshaus ohne die Queen?

Viele Unternehmen erhalten gerade durch eine Person – sei es der CEO oder der Gründer – ein unverwechselbares Gesicht. Personen wie Steve Jobs oder Mark Zuckerberg werden zu einer eignen Ich-Marke, denken wir nur daran, dass sie Vorlagen und „Stoff" für Hollywoodfilme wurden. Die Ich-Marken geben der Firma oder Organisation eine unverwechselbare und persönliche Note.

---

[1] Dipl.-Psych. Christine Erlach, Karin Thier M. A., Dipl.-Päd. Andrea Neubauer, Story Telling – mit Geschichten Organisationen bewegen,
www.community-of-knowledge.de/fileadmin/user_upload/attachments/Story_Telling_NARRATA.pdf

Nehmen wir das Beispiel der **TED Talks**[2] (Abkürzung für Technology, Entertainment, Design). Hier stehen Menschen auf der Bühne, die ihre Geschichten, Ideen und Visionen erzählen. Das Motto all dieser Vorträge lautet: „Ideas worth spreading". Im Mittelpunkt des jeweiligen Vortrags, der Story, stehen meist das eigene Leben und sehr persönliche Erfahrungen des Vortragenden. Hierbei erfährt das Publikum echte und authentische „Lebensgeschichten". So kann es sich mit den Erzählern (Vortragenden) und den Inhalten der Erlebnisse identifizieren. Ziel dabei ist es, Ideen und Visionen zu verbreiten und Entscheidungsprozesse zu beeinflussen. Das Publikum kann Ideen oder aus den Storys gewonnene Erfahrungen auf das eigene Leben und Tun übertragen.

Brand-Storytelling: Die eigene Geschichte

Ob auf Netzwerkveranstaltungen, der eigenen Webseite, Business-Portalen wie Xing und LinkedIn oder in der Facebook-, Instagram- und Twitterbiografie – überall wird der Mensch aufgefordert, etwas über sich und sein Unternehmen zu berichten. Oft sind hierbei auch die Anzahl der Zeichen eingeschränkt und in dem Wald von Millionen von Biografien soll die eigene aussagekräftig und zugleich einprägsam sein. Hierbei hilft das Erzählen der eigenen Geschichte. Die wichtigste Frage ist zunächst: Wie findet man seine eigene Geschichte? Also wie kommen Sie zur eigenen Brand-Story?

Gerade Selbstständige oder Startups stehen vor der Aufgabe sich als Person oder Gründer ins Rampenlicht zu stellen. Inhalte sollten natürlich auch so „vermittelt" werden, dass potenzielle Kunden sie aufnehmen, verstehen und letztendlich auch konsumieren.

Die Core-Story aufbauen

Jeff Bezos, Gründer und Präsident von Amazon, sagt: „Eine Marke ist das, was Menschen über Dich sagen, wenn Du nicht im Raum bist." Besser ist es, die eigene Markenstory aufzubauen und zu streuen. Erzählen Sie Ihre Geschichte und untermauern Sie diese mit verschiedenen Beispielen bzw. Facetten der Geschichte. Streuen Sie Ihre Story immer wieder auf verschiedenen Kanälen oder in einem anderen Zusammenhang. Ein Meister dieser Markenstory war Steve Jobs. Mit der Zeit wird sich das Bild in den Köpfen der Leute verdichten.

Je einfacher, klarer und authentischer Ihre Geschichte ist, umso mehr wird über Sie gesprochen. Die Brand-Story schafft Identifikation und Vertrauen.

Fünf zentrale Elemente für Ihre Geschichte

Zum Aufbau Ihrer Brand-Story sollten Sie sich folgende Fragen stellen und beantworten:

Warum gibt es Sie?

Simon Sinek, amerikanischer Hochschullehrer und Autor, hat einen „goldenen Kreis" (siehe Bild 2.3) als Grundstruktur zur Entwicklung einer Marke entwickelt, worin er das „Warum" als Start hervorhebt: „Start with the why"[3], lautet seine Empfehlung.

---

[2] WWW: ted.com/about/programs-initiatives/tedx-program
[3] WWW: Simon Sinek, Start with the Why, startwithwhy.com; schauen Sie sich dazu auch das Video „How great Leaders inspire action" an, youtube.com/embed/u4ZoJKF_VuA

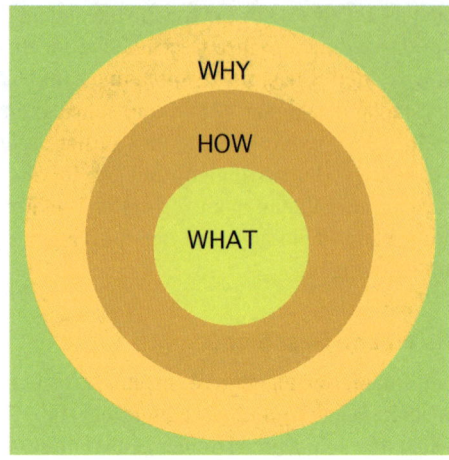

Bild 2.3 Der „Goldene Kreis" nach Simon Sinek: Erst kommt das „Warum", dann kommt das „Wie" und zuletzt das „Was".

Warum gibt es Ihre Firma/Ihren Service/Ihre Dienstleistung?

Beschreiben Sie nicht, was Sie tun oder herstellen, sondern was Sie bewegt, genau das zu tun – Ihre Beweggründe, Ihren Antrieb, Ihren Motor.

- Was ist Ihnen besonders wichtig?
- Woran glauben Sie?
- Mit welcher Mission treten Sie und Ihr Unternehmen an?
- Was begeistert Sie?
- Was möchten Sie erreichen (und hier sind nicht materielle Werte gefragt)?
- Was nervt Sie?
- Welchen Missstand möchten Sie beheben? (Was möchten Sie verbessern und warum möchten Sie es verbessern?)
- Was im Leben der Menschen, in der Welt wollen Sie verändern?
- Was ist die Überzeugung, der Antrieb, der Sie tagtäglich zur „Arbeit" antreibt?
- Welches Ideal verfolgen Sie?
- Was wollen Sie mit Ihrem Unternehmen grundlegend erreichen?

Mit Mission ist der Glaubenssatz, der einen antreibt, oder eine Wertvorstellung, der alles andere untergeordnet ist, gemeint.

Die Frage nach dem „Wie"

Nachdem für den Aufbau einer Brand-Story zunächst wichtig ist zu erzählen, warum man etwas tut (Mission), sollte man nun die Frage nach dem „Wie", also wie man etwas tut, beantworten.

- Mit welchen Mitteln setzen Sie Ihre Vision um?
- Warum haben Sie diese Mittel und Wege ausgesucht?
- Wie ist Ihr Produkt/Ihr Service beschaffen?

Die Frage nach dem „Was"

- Was ist Ihr Alleinstellungsmerkmal?
- Wie unterscheidet sich Ihr Angebot von dem der Mitbewerber?
- Was macht Sie einzigartig?

Inspirationsquellen

Oft lässt sich die Firmengeschichte an persönlichen Erfahrungen oder Brüchen in der Biografie des Gründers festmachen. Ideen und Entwicklungen entstehen häufig in Zeiten, wenn Ereignisse, Emotionen und Erfahrungen zusammenkommen. Überlegen Sie, welche zehn wichtigsten Ereignisse dazu geführt haben, das zu tun, was Sie heute tun.

- Wer oder was hat Sie inspiriert?
- Warum hat es Sie inspiriert?
- Welche Emotionen hat es bei Ihnen ausgelöst?
- Und womit inspirieren Sie andere Menschen (Ihre Zielgruppe)?

Fazit
Nach Sinek „folgen" Menschen keiner Person, keinem Produkt oder Service, sondern einer Wertvorstellung.

2.2 Storytelling in der Erziehung

Geschichten begleiten den Menschen ein Leben lang und erworbenes Wissen wird häufig als alltäglich und nicht organisiert wahrgenommen, es wird daher auch als informelles Lernen bezeichnet. So wird spielerisch und ohne Lerndruck unbewusst gelernt. Gerade in der vorschulischen oder außerschulischen Erziehung wird die Storytelling-Methode verwendet.

Bereits Plato, Aristoteles und viele weitere Philosophen und Lehrer untersuchten die Welt und deren Ursprünge. Sie vermittelten ihre Gedanken durch Geschichten und Gleichnisse. Sie gründeten „Schulen" und lehrten über die Methode des Erzählens mit Erzählungen, Gleichnissen und in Gesprächen. Denn das gesprochene Wort lädt zum Zuhören ein und ermöglicht es dem Rezipienten oder Schüler, sich mittels der eigenen Vorstellungskraft in die Geschichten hineinzuversetzen und diese so – als beinahe persönlich erlebte Erfahrung – zu verinnerlichen. Die Geschichten werden durchlebt und erlauben eigene Schlussfolgerungen, eine eigene Meinung der Rezipienten. Diese ist die Grundlage für mögliche Fragen, Diskussionen, eine Auseinandersetzung mit dem Thema – einen Dialog.

Mit Geschichten schafft man Raum für mögliche Fragen und Gespräche. Als Resultat steht die erfolgte Erkenntnis, das selbst erlebte Wissen im Vordergrund.

Durch Erzählungen weitergegebenes Wissen ist das Gegenteil von sturem Auswendiglernen; es ist vielmehr eine Methode, um sich Wissen anzueignen, Situationen und Aufgaben zu durchdenken und zu erleben.

Geschichten können also Wissen, Fakten, Erfahrungen und Werte vermitteln sowie zu kreativem und systemischem Denken anregen. Daraus entstehen häufig Verhaltensänderungen.

Zudem wird Wissen, das über Geschichten vermittelt wird, leichter und schneller im Gedächtnis verankert.

Bei Storytelling und narrativem Denken stehen Kontext, Systemzusammenhänge, Sinn und Relevanz im Vordergrund. Dementsprechend beziehen Geschichten ihre Zielgruppe mit ein und regen dazu an, sich selbst eine Meinung zu bilden.

Storytelling wird gerade in den letzten Jahren vermehrt sowohl in der Bildung als auch im kulturellen Umfeld als Methodik zur Vermittlung von Inhalten und Werten oder als Kunstform eingesetzt, und oft werden folgende Ziele und Kernkompetenzen vermittelt:

- Muttersprachliche Kompetenz
- Fremdsprachliche Kompetenz
- Lernkompetenz, also „Lernen lernen"
- Medienkompetenz
- Soziale Kompetenz und Bürgerkompetenz
- Religiöse und ethische Kompetenz
- Eigeninitiative und unternehmerische Kompetenz
- Kulturbewusstsein und kulturelle Ausdrucksfähigkeit

■ 2.3 Storytelling im Gesundheitswesen

Auch die Medizin profitiert von der Storytelling-Methode. Hierbei klären Ärzte oder Healthcare-Unternehmen Patienten mithilfe von Geschichten über Krankheitsbilder und Therapien auf (siehe Bild 2.4). Der Erfolg dieser Wissensvermittlung ist messbar: die „Therapietreue" und Heilungschancen der durch Storytelling informierten Patienten steigt und vermindert Kosten im Gesundheitssystem.

Der britische Neurologe und Geschichtenerzähler Oliver Sacks[4] beschreibt in seinen Büchern allgemeinverständlich und zugleich unterhaltsam komplexe Krankheitsbilder anhand von Fallbeispielen. Er betont: „Für mich ist Schreiben und Medizin, Schreiben und Wissenschaft nichts Getrenntes. Sie ergänzen einander".[5] Sowohl der Arztberuf als auch das Geschichtenerzählen prägten seine Kindheit. So schreibt Sacks: „Ich wuchs in einem Medizinerhaushalt auf, meine Eltern waren beide Ärzte, meine älteren Brüder studierten Medizin, und jedes

---

[4] Sacks, Oliver, www.oliversacks.com
[5] WWW: Sendung des HR (Manuskript zum Download) auf www.hr-online.de/website/specials/wissen/index.jsp?rubrik=68728&key=standard_document_48889985

Bild 2.4 Storytelling ist als Methode immer dann sinnvoll, wenn ein Verhalten oder eine Einstellung verändert werden soll.

Gespräch beim Abendbrot ging mehr oder weniger immer um Patienten oder Fälle. Meine Eltern waren die geborenen Geschichtenerzähler. Eigentlich glaube ich sogar, Ärzte sind meistens Geschichtenerzähler, denn Geschichten bilden das Herz der ärztlichen Tätigkeit."

Storytelling als Methode in der Psychoanalyse

Automatisch fallen uns bei diesem Thema Begriffe wie Gesprächstherapie ein. Doch durch Storys können auch „positive Prozesse" im Unterbewusstsein angestoßen werden. Der amerikanische Psychiater Milton Erickson nutzte u. a. Anekdoten, um mit deren Hilfe psychotherapeutische Inhalte zu vermitteln. Diesen Ansatz kennen wir auch aus dem Storytelling im Training oder beim Vortrag. Hierbei wird versucht, bestimmte Botschaften am bewussten Denken vorbeizumogeln und direkt im Unbewussten zu platzieren. Dort einmal verankert, sollen sie weitere Prozesse intuitiv in die gewünschte Richtung lenken. Storytelling wird hierbei also eingesetzt, um therapeutische Veränderungen zu initiieren.

Auch in der Psychoanalyse wird Storytelling genutzt. Im Gegensatz zum Vortragenden oder Lehrenden ist hier der Patient der Erzähler. Er berichtet von Erlebnissen aus seinem Leben, ob in Einzel- oder Gruppengesprächen. Oft gibt der Patient in diesen Erzählungen auch Dinge von sich preis, die bislang unterdrückt und im Verborgenen geblieben sind.

Den gleichen Effekt findet man in Vorstellungsgesprächen. Allein die Story, die der Bewerber erzählt, verrät viel über seine Persönlichkeit, seine Motive, seine Emotionalität, seinen Sachverstand und seine persönlichen Einstellungen zur angestrebten Position und zum Unternehmen. Auch hier ist zu beachten, dass Menschen nicht nur mithilfe der Sprache kommunizieren, sondern auch mit dem Körper. Sie nutzen Gesten und Mimik, also die Körpersprache.

Storytelling als Methode der Problemlösung

Storytelling wird nicht nur zur Unterhaltung und zum Zweck des Lernens bzw. des Wissenserwerbs genutzt, sondern auch als Methode zur Problemlösung in der Menschenführung, in der Pädagogik oder in der Psychotherapie u. a. eingesetzt.

Mittels Storytelling können ...
- eigene Verhaltensmuster bewusst gemacht,
- Denkprozesse eingeleitet,
- Rollenerwartungen definiert,
- Möglichkeiten der Verhaltensänderung aufgezeigt,
- kreative Prozesse (Vorstellungskraft) angeregt,
- Motivation erzeugt,
- Handlungen angeregt werden.

Ein bewegendes Beispiel, wie Denkprozesse mittels Storytelling angekurbelt werden, sind die von Siemens erzählten Story „The Helping Hand"⁶ (siehe Bild 2.5). In diesem Beispiel sehen wir die Geschichte von Daniel, seinem Handicap, seiner Familie, dem Hund. Daniel entwickelt zusammen mit Informatikstudenten und Siemens eine Prothese. Das Video vermittelt einen beinahe witzigen Eindruck von der Entwicklung einer medizinischen Prothese

Bild 2.5 Bewegende Geschichten helfen zu verstehen, was eine Firma warum produziert. Hier ein Beispiel von Siemens. Mit dem Video „The Helping Hand" wird nicht nur die Geschichte eines Jungen erzählt, sondern auch die Firmenmission dargelegt. – Bild © Siemens

---

⁶ WWW: The Helping Hand, youtu.be/9X-_EEIhurg

mit der Unterstützung des Helden, des kleinen Jungen. Das Video zeigt nicht nur den Nutzen und die Hilfestellung der Brand Siemens, es erzeugt auch Emotionen im Hinblick auf unsere gehandicapten Mitmenschen. Es zeigt den Jungen und seine Geschwister als lustige Familie.

Die in diesem Kapitel aufgezeigten Einsätze von Storytelling sind nur einige Beispiele. Ihnen werden sicherlich weitere Möglichkeiten und Einsatzgebiete einfallen.

3 Wie wirken Storys im Gehirn?

Gehen wir noch einmal näher auf die Stelle ein, die Geschichten erstellt, verfolgt und behält: Das menschliche Gehirn ist sowohl das Zentrum der Emotionen als auch der Vorstellungskraft, der Kreativität und des Lernens. Es ist zugleich Datenbank und Server in unserem Körper.

Das Gehirn ist sehr komplex strukturiert und vollbringt unglaubliche Leistungen: Es träumt von fernen Reisen, es sehnt sich nach einer süßen Torte, es liebt und leidet, knackt mathematische Aufgaben und ersinnt Strategien. Alles, was wir denken, fühlen, lieben oder hassen, wird über das Gehirn gelenkt. Unser Gehirn erbringt diese Hochleistungen tagtäglich.

■ 3.1 Emotionen sind gespeicherte Erfahrungen

Im Zusammenspiel mit Geschichten sind gerade Emotionen interessant. Sie gilt es zu erwecken, denn sie sind der Weg der Botschaft über den Umweg des Verstands (und der Zweifel) in unser Gedächtnis. Unsere Emotionen sind sowohl für schnelle Entscheidungen als auch für die Speicherung in gewisse „Schubladen" zuständig. Das sogenannte Bauchgefühl ist häufig das letzte Wort bei spontanen Einkäufen oder etwa bei der Vergabe von Sympathien für Menschen und Marken (siehe Bild 3.1).

Bild 3.1 Hirni: Emotionen haben oft bei unseren Entscheidungen das Sagen.

Es stellt sich auch die Frage, wie rational und/oder emotional unsere Entscheidungen, die wir treffen, eigentlich sind? Das Erforschen des menschlichen Gehirns steckt teilweise noch in den „Lauflernschuhen" und wir verstehen nur in Grundzügen, was bei Entscheidungen in uns vorgeht. Jeder Entschluss, den der Mensch trifft, wird von vielerlei Komponenten beeinflusst: von Hormonen, der eigenen Herkunft und den gesammelten Erfahrungen und natürlich auch von spontanen Gefühlen.

Wer kennt das nicht: Alte, sehr emotionsgeladene Situationen unseres Lebens „kochen wieder auf" und fließen in die Entscheidungsfindung der gegenwärtigen Situation mit ein. Damit importieren wir quasi einen emotionalen Fahrplan, ein Schema, in unsere aktuellen Entscheidungsprozesse.

Fest steht, dass Gefühlsreaktionen – wie beispielsweise Hass, Angst, Neid, Wut oder Mitgefühl – durch Selektion, Abstraktion, Generalisierung oder Bedeutungsverleihung einen Prozess durchleben und Veränderungen in ihrer Intensität und dem Wirkungsgrad erfahren.

So entwickeln sich individuell unterschiedliche Verhaltensmuster im Hinblick auf bestimmte Emotionen.

Oft sind unsere Emotionen schlauer als unser Verstand!

Wir kennen es alle, das, was wir „Bauchgefühl" oder „Intuition" nennen. Unser Sinn etwas zu erahnen, der spezielle „Riecher", ist teilweise angeboren. Doch größtenteils greifen unsere Emotionen auf unseren persönlichen Erfahrungspool zurück.

Denken wir an Mr. Spock, Halb-Vulkanier der Serie Raumschiff Enterprise (Star Trek), der weder Emotion noch Intuition kennt. Seine Entscheidungen werden nicht durch Gefühle beeinflusst. Dagegen hatte Doktor Leonard McCoy, „Pille", den emotionalen, menschlichen Gegenpart. Wer ist nun „schlauer" bzw. hat die bestmöglichen Voraussetzungen, um funktionierende Entscheidungen zu treffen? Der rational denkende Mr. Spock oder der emotional handelnde Dr. McCoy?

Da unser Unterbewusstsein einen Blick für das große Ganze hat, trifft es bei komplexen Fragen die bessere Entscheidung. Unser Bewusstsein hingegen würde bei komplexen Fragen sehr schnell an die natürlichen Kapazitätsgrenzen gelangen und sich in der Not an einige wenige Details klammern, was oft zu falschen Entscheidungen führt. Dementsprechend ist Dr. McCoy lebenstauglicher, da sein Gehirn im Unterbewusstsein sehr schnell bereits vorselektierte Handlungsmuster miteinander vergleicht.

■ 3.2 Wie funktioniert Neuromarketing mithilfe von Geschichten?

Storytelling kann bewusst als Methode eingesetzt werden, wenn wir verstehen, was in den Köpfen der Menschen vor sich geht. Zwar sind in den letzten Jahren einige Erkenntnisse im Bereich Hirnforschung gewonnen worden, dennoch meinen Neurowissenschaftler, dass dieses Wissen nur knapp die Spitze eines riesigen Eisberges erkennen lässt.

Wissenschaftliche Erkenntnisse beschreiben die Funktion von Geschichten auf zwei Ebenen:

1. Storys ermöglichen einerseits einen nachhaltigen Lerneffekt und
2. rufen zugleich beim Rezipienten Emotionen hervor.

Fakten und Bilder im Gehirn

Machen wir nochmals einen kurzen Abstecher zu Hirni (siehe Bild 3.2): Das menschliche Gehirn besteht aus zwei Hirnhälften. In der linken Hirnhälfte befindet sich das Langzeitgedächtnis, auf das wir bewussten Zugriff haben. Stellen Sie es sich als eine „Ansammlung von Fakten" vor. Das bildhafte Gedächtnis ist mit dem Frontallappen der rechten Hirnhälfte assoziiert.

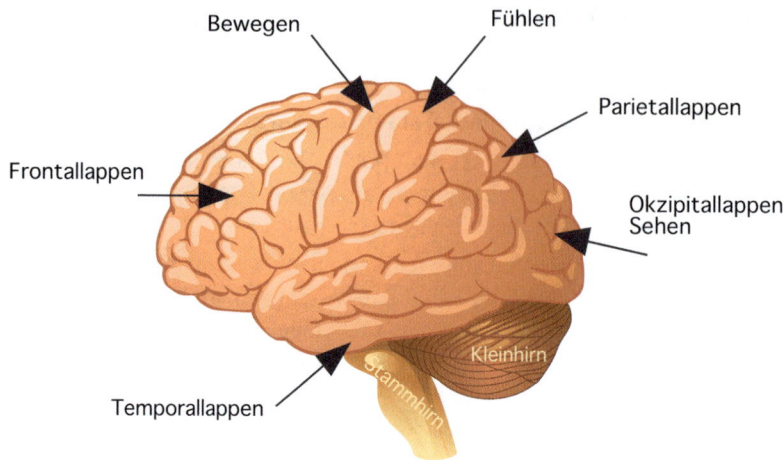

Bild 3.2 Eine schematische Darstellung des Gehirns zeigt die einzelnen Bereiche und deren Zuständigkeit.

Den Unterschied können Sie sich im folgenden Beispiel verdeutlichen:

Fragt man Sie nach Ihrem Wissen zu der Firma Apple, so können Sie vielleicht antworten, dass es eine Firma aus den USA ist, die in einer „Garage" gegründet wurde, und dass Innovationen wie das iPhone oder der iPod aus dieser Firma stammen. Dies ist ein Zugang zu Ihren Erinnerungen, der über das faktische Gedächtnis („Hörensagen") läuft.

Ganz anders verhält es sich aber bei einem Ereignis, in dem Sie direkt involviert waren, beispielsweise wenn Sie von Ihrer Reise nach Kalifornien erzählen und Erinnerungen und Bilder aus Ihrem Gedächtnis hervorholen. Sie können das Meer geradezu riechen und die Wärme der Sonne auf Ihrer Haut spüren. Sie fühlen, wie ausgeglichen und zufrieden oder beinahe glücklich Sie damals waren, und in Ihrem Gehirn spielt sich nun ein regelrechter Film mit allen Sinnen und Gefühlen ab.

Und da Bilder bei dieser Erinnerung die wichtigsten Eindrücke sind – etwa 50 Prozent aller sinnesverarbeitenden Nervenzellen in der Großhirnrinde sind mit den visuellen Informationen beschäftigt –, spricht man bei dieser Art der Erinnerung vom bildhaften oder **episodischen Gedächtnis**.

Die Frage ist nun – ob nun episodisches oder Faktengedächtnis (das bedeutet erlerntes Wissen wie etwa auswendig eingetrichterte Vokabeln) – was davon eigentlich Wissen ist?

Was ist Wissen?

Nun denn, Geschichten transportieren Wissen. Doch was ist darunter zu verstehen? Das Wissenspotenzial einer Gesellschaft wird in explizites, implizites und bildliches Wissen untergliedert (siehe Bild 3.3):

- **Explizites Wissen** bedeutet hierbei, über etwas Bescheid zu wissen. „Ich weiß, dass es auf dem Mond keinen Sauerstoff gibt, da ich es gelernt habe und Astronauten mit Raumanzügen im TV gesehen habe." Dieses explizite Wissen ist angeeignet und kann bei Verlust wieder angeeignet werden. Es beruht nicht auf persönlichen Erfahrungen, solange man kein Astronaut ist, der bereits den Mond besuchte.

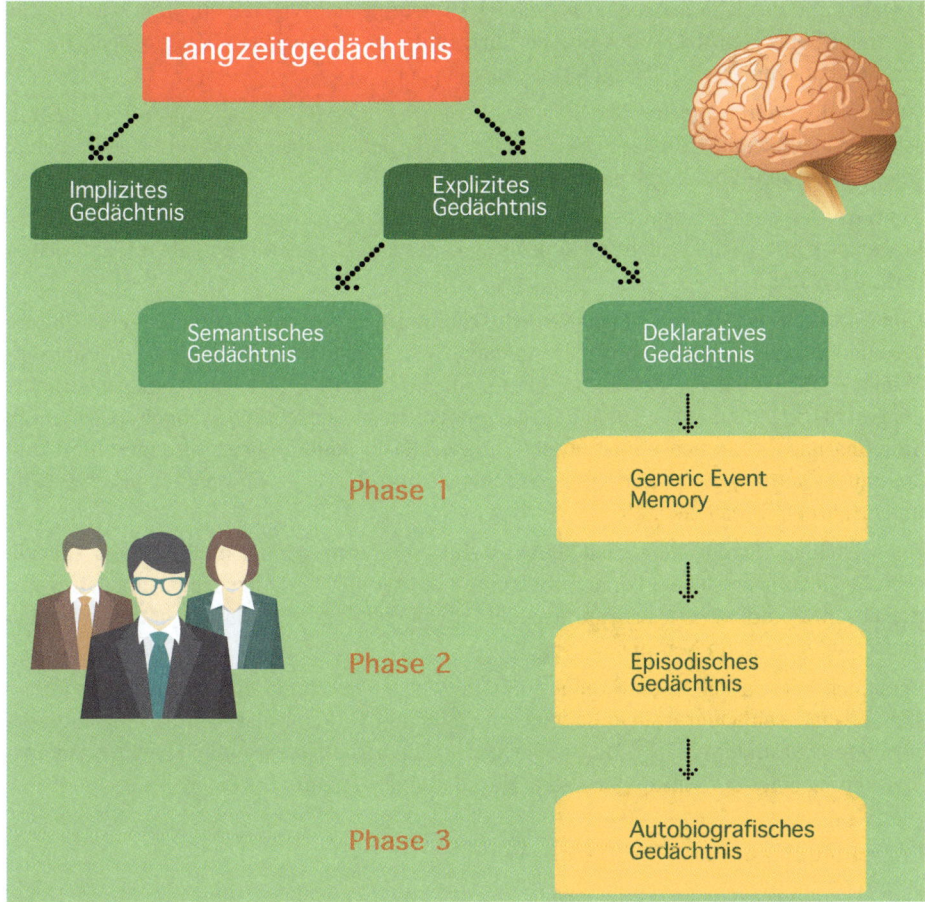

Bild 3.3 Darstellung: Menschliches Langzeitgedächtnis.

- **Implizites Wissen** (intuitives Wissen) bezieht sich auf Wissen und Können, das wir besitzen, ohne dass wir Erklärungen hierfür haben. Beispielsweise können Neugeborene schlucken, ohne zu wissen, wie das geht und dass es notwendig ist.
- Die dritte Form des Wissens wird als **bildliches Wissen** bezeichnet. Dabei wird zwischen Anschauungswissen (alles, was wir sehen und erkennen), Erinnerungswissen (oder auch episodischem Wissen) und abstrahierendem Wissen unterschieden.

Bei Letzterem werden komplexe Vorstellungen in Form von Bildern und Modellen abstrahiert dargestellt. Man denke nur an die Darstellung von Zellen in der DNA-Helix.

Das episodische Gedächtnis „verwaltet quasi als Datenbank" sowohl bewegte als auch unbewegte Bilder, also Grafiken, Fotografien, Animationen und Videos usw. Dagegen beinhaltet das Faktengedächtnis Informationen in Form von Fakten, Zahlen, Formeln oder Vokabeln.

Unser Hirni macht es uns nicht leicht, denn das Einspeichern von Bildern und von Fakten funktioniert nach unterschiedlichen Regeln. Bis zu 80 Prozent der im episodischen Gedächtnis (persönlichen Erfahrungsgedächtnis) entschlüsselten Bilder sind von starken Emotionen begleitet und besitzen meist eine persönliche Wertung und Wichtigkeit. „Erst wenn etwas Gesehenes oder selbst Erlebtes uns berührt, findet es Zugang ins bildhafte Gedächtnis", ergaben Forschungen des Psychologen Ernst Pöppel.

Der kanadische Hirnforscher Endel Tulving stellte fest, dass das Faktengedächtnis (semantische Gedächtnis) und das episodische Gedächtnis (die persönliche Erfahrung) zwei funktionell voneinander getrennte Bereiche des Gehirns sind.

Nur unsere eigenen Erfahrungen, unsere Lebensgeschichte, machen uns zu Individuen. Dabei prägen sich nur solche Ereignisse in unser episodisches Gedächtnis ein, die mit Emotionen verbunden sind.

Laut Katherine Nelson besteht ein hierarchischer Bezug dreier aufeinanderfolgender Phasen des autobiografischen Gedächtnisses: Auf das „Es ist immer so"-Gedächtnis („Generic Event Memory") folgt die Phase des episodischen Gedächtnisses (z. B. „Ich habe heute ein leckeres Eis geschleckt.") und anschließend das autobiografische Gedächtnis, beispielsweise „Diese Situation habe ich schon einmal erlebt." Diese Phasen können bewusst angesteuert und abgerufen werden, denn unser Gedächtnis speichert derartige Informationen als erlebte und erfahrene Geschichten ab.

Der Münchner Hirnforscher Ernst Pöppel meint, „nur, wenn wir das bildhafte oder episodische Gedächtnis erreichen, können wir Menschen zu einer Verhaltensänderung bewegen". An diesem Punkt werden Erkenntnisse der Hirnforschung vom Marketing aufgenommen und verschmelzen im Neuromarketing.

Verstehen wir Marketing und Kommunikation als zielgerichtete und bewusste Beeinflussung des menschlichen Wahlverhaltens, erscheinen die Erkenntnisse der Hirnforschungen in einem ganz anderen Licht. Da Geschichten unser Verhalten wesentlich beeinflussen, ist Storytelling eines der wirkungsvollsten Marketinginstrumente.

Entscheidungen und die Qual der Wahl

Laut Erkenntnissen diverser Hirnforscher wird das menschliche Verhalten primär vom Unbewussten gesteuert. Wesentliche Informationen des Unbewussten sind im autobiografischen Gedächtnissystem gespeichert.

Der portugiesische Neurologe Antonio Damasio[1] berichtet von seinem Patienten Elliot, der nach der Entfernung eines Hirntumors nicht mehr entscheidungsfähig war. So brachte ihn beispielsweise die Wahl zwischen einem schwarzen und einem blauen Kugelschreiber dazu, vor lauter Entschlussunfähigkeit das Bankformular nicht unterzeichnen zu können. Dabei war Elliots Intelligenzquotient nach seiner Operation unverändert. Aufgrund seiner Unfähigkeit Entscheidungen zu treffen, war Elliot quasi handlungsunfähig geworden.

Damasio kam nach diversen Tests und Befragungen des Umfelds seines Patienten zu dem Ergebnis, dass Elliot emotional erkaltet war. Er zeigte keinerlei Emotionen, weder Traurigkeit noch Ungeduld oder Frustration.

Dies ist kein Einzelfall. Damasio fand ähnliche Fälle und somit Menschen, die mit ihrem Fühlen auch ihre Fähigkeit, Entscheidungen zu treffen, verloren hatten.

---

[1] Damasio, Antonio R.: Descartes' Irrtum: Fühlen, Denken und das menschliche Gehirn, 2004

Fest steht: Emotionen sind keinesfalls lediglich ein tierisches Erbe der Evolution, das uns oft „den Weg zu Weisheit und Vernunft" verbaut und das es zu bekämpfen gilt. Vielmehr sind Emotionen sehr nützlich, denn sie fördern richtiges Entscheiden und Verhalten. Leider verleiten sie aber auch zu Überreaktionen oder falschen Entscheidungen.

Von der Antike bis ins 20. Jahrhundert war man der Ansicht, dass Menschen rational entscheiden und Emotionen dabei nur störend seien. Es galt sie mit dem Verstand zu bezwingen. Nach den Untersuchungen und Studien der „gefühlskalten" Patienten zeigte sich, dass ohne Gefühl der Verstand hilflos und entscheidungsunfähig ist.

Dank der Hirnforschung weiß man, dass eine Hauptaufgabe des Gehirns darin besteht, die verschiedensten Empfindungen und Wahrnehmungen, die gleichzeitig auf das Gehirn einströmen, zu einer schlüssigen Geschichte zu vereinen.

Für ein Unternehmen, eine Marke (Brand) ist es wichtig, Vorstellungsbilder zu erzeugen, die das „Kopfkino" der Kunden motiviert, die gewünschte Geschichte zu erstellen.

■ 3.3 Geschichten als Mustervorlagen

Der Mensch liebt Ordnung. Wer gerade meinen Schreibtisch anschauen könnte, würde dies zwar nicht glauben, Fakt jedoch ist, dass Menschen einen Sinn für Geschichten, genauer gesagt für übergeordnete Muster haben, in denen sie etwas wiedererkennen oder zuordnen können. Unser Gehirn kann nicht anders, als das Erlebte in einen größeren Zusammenhang einzubinden. Auch wenn unser Gehirn so angelegt ist, dass es ständig Neues (Relevantes) dazulernt und Altes (Irrelevantes) verwirft, ist es bestrebt mit seinen Ressourcen (seiner Energie) hauszuhalten. Es fügt nur dann Neues hinzu, wenn es sein muss.

Wenn unbekannte Informationen (etwas Neues) mit bereits vorhandenem Wissen (etwas Bekanntem) verbunden werden können, kann der Mensch sie sofort verwenden. Daher ist unser Gehirn stets bestrebt, neue Informationen in bestehende Muster zu integrieren, um Synergien zu schaffen.

Stellen Sie sich das Ganze wie ein Puzzle vor: Fehlen einzelne Elemente, können unserer Emotionen als „Bindeglied" wirken und Informationen ergänzen. Beispielsweise haben Emotionen, die Angst hervorrufen, miteinander zu tun: Sie schaden, können schmerzhaft sein. So sortiert und schlussfolgert unser Gehirn und gesellt Gleiches zu vermeintlich Gleichem. Damit bei diesem Prozess nicht allzu viele Fehler passieren, speichert es Informationen codiert ab. Dazu nutzt es unterschiedliche Codes, Muster und Methoden, wie etwa das Storytelling.

3.4 Expertenbeitrag: Storytelling – warum wirkt das überhaupt?

Experten-Biografie: Carsten Rossi

Carsten Rossi ist Geschäftsführer bei der **Kammann Rossi GmbH**[2]. Sein Hauptaugenmerk gilt der Digitalen Transformation seiner Kunden aus Unternehmenskommunikation und Marketing. Nach einem Studium der Vergleichenden Literaturwissenschaft arbeitete er als Kommunikationsberater für die Europäische Union und später auch für Kunden in den USA. 1997 gründete er seine erste Agentur. Als Berater für Kunden wie Adidas, Novartis, Telefónica, Continental, Mann & Hummel, SwissLife, Wintershall, Communigate und Real,- entwickelt er heute Konzepte für das Social Business und die Digitale Kommunikation von morgen. Dazu gehören Enterprise 2.0 Initiativen genauso wie Content Marketing Kampagnen oder die Prozess- und Projektberatung für digitales Corporate Publishing.

Abstract: Warum wirkt Storytelling?

Kurz gesagt: Weil wir lieber glauben als wissen. Weil Geschichten selbst dann Sinn stiften und Orientierung geben, wenn sie unvollständig, dafür aber gut erzählt sind.

Kommunikation, insbesondere als Unternehmenskommunikation oder Marketing, hat eine einfache Aufgabe: sie soll Verhalten so beeinflussen, dass beim Absenderunternehmen positive ökonomische Konsequenzen entstehen. Aus diesem Grund beginne ich diesen Beitrag mit einem Exkurs in die Verhaltensökonomie. Denn dort gibt es einige interessante Fakten, die uns bewusst sein müssen, um gute Arbeit zu leisten. Und um gute Geschichten zu erzählen. Beziehungsweise, um mit dem Erzählen zu beginnen.

---

[2] Kammann Rossi GmbH, www.kammannrossi.de

3.4.1 Wir sind zwei

Seit William James[3] wissen wir: Jeder Mensch denkt doppelt. Oder anders gesagt: Er verfügt über zwei unterschiedliche Denk-Systeme. Es gibt das implizite Denken und das explizite, das assoziative und das rationale, das intuitive und das logische Denken. Es gibt, wie es der Nobelpreisträger Daniel Kahneman[4] sehr lapidar nennt: System 1 und System 2 (siehe Bild 3.4).

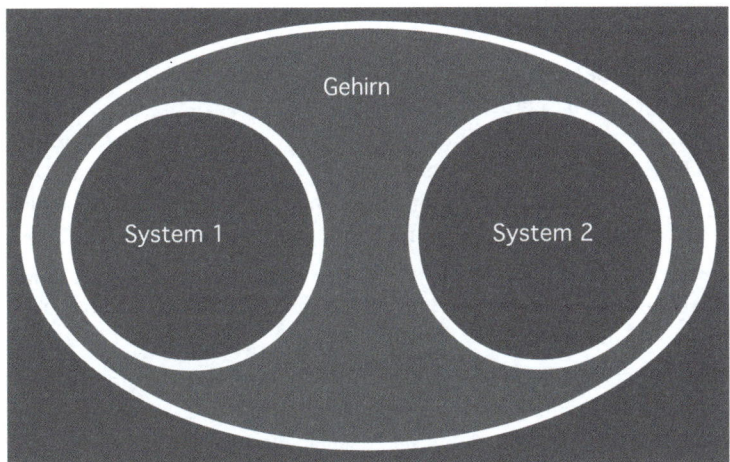

Bild 3.4 System 1 und System 2 nach Daniel Kahneman.

Unser System 1 ist für schnelle Eindrücke und spontane Gefühle zuständig. Es schätzt ein, es steuert unsere Gefühle, es hilft uns, Menschen und Dinge und soziale Situationen einzuschätzen, Ekel oder Freude zu empfinden, einfache oder oft gehörte Sätze spontan zu vervollständigen. Es ist intuitiv und liebt Stereotype. Es hilft uns, zu überleben.

System 2 kann mehr. System 2 kann Kausalketten konstruieren, Gedanken ordnen, Statistik verstehen. System 2 kann schwierige Probleme lösen und wissenschaftliche Aufgaben erledigen. Es kann konstruieren und Innovationen hervorbringen. Es hilft uns, weiter zu denken.

> „System 1 arbeitet automatisch und schnell, weitgehend mühelos und ohne willentliche Steuerung. System 2 lenkt die Aufmerksamkeit auf die anstrengenden mentalen Aktivitäten, die auf sie angewiesen sind, darunter auch komplexe Berechnungen."[5] – Daniel Kahneman.

Im Allgemeinen denken wir, dass System 2 uns definiert. Aber es gibt eine Besonderheit: System 1 ist viel schneller als System 2 (weswegen Kahneman auch von schnellem und langsamem Denken spricht). Und so kommt es, dass wir von System 1 dominiert werden, weil es schon beurteilt hat, bevor System 2 überhaupt in Aktion getreten ist.

---

[3] William James gilt als Begründer der Psychologie in den USA.
[4] Daniel Kahneman, ein israelisch-US-amerikanischer Psychologe, erhielt 2002 zusammen mit Vernon L. Smith den Wirtschafts-Nobelpreis.
[5] Kahneman, Daniel: Schnelles Denken, langsames Denken, Siedler Verlag 2012

3.4.2 Wir sind faul

In System 1 entstehen also spontan die Eindrücke und Gefühle, die die Hauptquellen der expliziten Überzeugungen und bewussten Entscheidungen von System 2 sind.

Häufig genug schalten wir deshalb unser logisches Denken gar nicht erst an. Wir vertrauen blind unserer Intuition – und sind als Denker letztlich ziemlich faul.

Hier beginnt die Arbeit der Berufskommunikatoren. Denn die Art, wie wir etwas erzählen, ist maßgeblich dafür verantwortlich, wie schnell und wie stark unser Publikum das Erzählte zu akzeptieren bereit ist.

In psychologischen Experimenten hat man z. B. nachgewiesen, dass **fett Gedrucktes** eher geglaubt wird als schwach Gedrucktes, Gereimtes eher als Ungereimtes. Der Grund dafür ist, dass das (schnellere) System 1 die Eindrücke bevorzugt, die leichter eingängig sind. „**Fett**" ist leichter zu lesen als „normal", (sinnvoll) gereimt leichter verständlich als kompliziert ausgedrückt. System 1 akzeptiert nur zu gern die einfache Variante – selbst wenn diese falsch sein sollte – und lässt System 2 gar nicht mehr zum Zug kommen.

Als Kommunikatoren können wir diesen Mechanismus ausnutzen: Präsentieren wir unsere Inhalte in einer eingängigen Form, wird unser Publikum unsere Botschaften leichter verstehen und schneller akzeptieren.

Eine gute Story hat genau diese Form: Sie macht mithilfe gelernter Strukturen und unterstützender (visueller) Formate Komplexes leicht verständlich und damit sehr eingängig. Sie spricht System 1 an und macht unsere Arbeit deshalb effektiver. Wir „kommen besser an", als wenn wir nackte Zahlen, Bleiwüsten und langweilige Pressemitteilungen präsentieren.

3.4.3 Wir lieben Kohärenz

System 1 ist dabei aber nicht nur auf „leichte Erfassbarkeit", sondern zusätzlich noch darauf spezialisiert, aus jeder noch so spärlichen Informationsmenge eine kohärente Geschichte zu machen, die dann zur akuten Bewertung einer Situation dient. Kahneman bringt dafür ein schönes Beispiel.

> „Das Erfolgskriterium von System 1 ist die Kohärenz der Geschichte, die es erschafft. Die Menge und Qualität der Daten, auf denen die Geschichte beruht, ist weitgehend belanglos. Wenn Informationen knapp sind – was häufig der Fall ist –, fungiert System 1 als eine Maschine für »Urteilssprünge«. Betrachten wir folgendes Beispiel: »Wird Mindik eine gute Führungskraft sein? Sie ist intelligent und stark ...« Ihnen fiel schnell eine Antwort ein, und diese lautete Ja. Sie wählten auf der Grundlage der sehr beschränkten Informationen, die verfügbar waren, die beste Antwort aus, aber Sie haben überstürzt geurteilt. Was, wenn die nächsten beiden Adjektive »korrupt« und »grausam« lauteten?" – Daniel Kahneman.[6]

Hier geht die Arbeit der Berufskommunikatoren weiter. Denn es ist nicht nur wichtig, wie wir erzählen, sondern auch was wir erzählen: Präsentieren wir alle vorhandenen Fakten unterschiedslos nebeneinander oder wählen wir aus den vorliegenden Fakten die wichtigsten aus? Langweilen wir oder setzen wir Highlights?

---

[6] Kahneman, Daniel: Schnelles Denken, langsames Denken, Siedler Verlag 2012

System 1 braucht keine vollständige Information, um zu verstehen. Es braucht nur die wichtigsten. Zu viele Informationen (ohne gute Form) schaden sogar. **WYSIATI** nennt das Kahneman: „*What you see is all there is*".

System 1 macht aus allen gegebenen Fakten eine kohärente Geschichte, egal wie unvollständig sie eigentlich sein mag.

Unsere Aufgabe als Kommunikatoren ist es also nicht nur, die richtige Form zu finden, sondern auch, die wichtigsten Informationen auszuwählen und sinnvoll miteinander zu verknüpfen. Auslassungen sind dabei willkommen und fördern manchmal sogar die Verständlichkeit.

Unser aller Leben besteht, dank System 1, eigentlich meistens aus Geschichten. Wir vertrauen auf System 1, vertrauen unserer Intuition viel mehr als „bloßen Fakten" und „machen uns die Welt, wie sie uns gefällt" (Pippi Langstrumpf). Anders gesagt:

 Wir lieben das Eingängige und das Einfache, das gut Dargebotene und sinnvoll Kuratierte.

Unser Denken besteht aus Geschichten, die wir uns selbst erzählen. Wir sind sozusagen Geschichten. Und genau deshalb lieben wir Geschichten. Weil sie intuitiv sind und unser Leben einfacher machen. Das ist der eigentliche Grund, warum Kommunikatoren Geschichten erzählen lernen müssen und Geschichten einsetzen sollen: Sie erreichen ihre Zielgruppen einfacher und machen ihnen das Leben leichter.

Schaffen wir eine eingängige Form und verknüpfen dabei die wichtigsten Fakten, haben wir eine gute Geschichte, die uns bei den Zielgruppen erfolgreich macht. Weil sie System 1 anspricht und damit schnell und effektiv unsere Botschaften transportiert.

Hingegen zielt das meiste, was heutzutage an Kommunikation produziert wird – von der Pressemitteilung bis zum Geschäftsbericht – auf System 2 ab. Es sind Fakten, Fakten, Fakten, die niemand rezipiert, weil wir System 2 nicht einschalten, wenn es nicht unbedingt sein muss.

Das sollte sich ändern

In einer Welt, die viel zu viele, ja sogar eine stetig wachsende Zahl von Fakten zur Verfügung stellt, sind Geschichten der Schlüssel zum Erfolg, der Schlüssel zu System 1 und damit zu den Köpfen unserer Zielgruppen.

Natürlich birgt Storytelling – gerade digitales Storytelling – auch die Gefahr der Manipulation durch bewusste Auslassung und Irreführung. Menschen sind, wie wir gesehen haben, leicht manipulierbar. Aber ich glaube jetzt mal an das Gute in uns allen. Wir werden Storys nicht erzählen, um falsches Zeugnis abzulegen, sondern um

- leichter verständlich zu sein;
- besser rezipiert zu werden;
- Orientierung zu schaffen;
- emotionale Nähe herzustellen, und damit letztlich
- erfolgreicher zu sein.

3.4.4 Wie eine gute Geschichte funktioniert

Dazu muss man allerdings wissen, wie eine gute Geschichte überhaupt funktioniert.

Die Struktur einer guten Story

Wenn man die gängigen „3/5/7/10-Tipps zum Digitalen Storytelling" verfolgt und wirklich liest, gewinnt man häufig den Eindruck, dass Online-Geschichtenerzählen nichts anderes ist als eine Art *Rich Media Format*. Man nehme einen vorhandenen journalistischen Text, mische ein paar Videos und Infografiken hinein und schon entsteht eine faszinierende Geschichte, die Leser, Kunden, Stakeholder begeistert. Dass zu einer guten Geschichte mehr gehört, nämlich Struktur, scheint den meisten nicht klar zu sein.

In meiner Agentur unterscheiden wir der Einfachheit halber zunächst einmal zwischen drei unterschiedlichen Story-Typen:

Die **literarische Story** ist jede Form von frei geschaffener, häufig fiktiver, manchmal dokumentarischer Kreation, gerne als Roman, Novelle, Comic, Drehbuch, Film etc.

Die **journalistische Story** ist all das, was wir in Zeitungen, Zeitschriften, Online-Magazinen und anderen Publikationen lesen. Es gibt die unterschiedlichsten Story-Formen, z. B. Reportagen, Berichte, Features, Porträts, Interviews und andere.

Die **Business Story** ist im Gegensatz zu den beiden anderen weniger durch ein spezifisches Format definiert, als vielmehr durch den Absender und die Absicht. Der Absender ist im Allgemeinen die Kommunikationsabteilung, die Absicht ist die proaktive Beeinflussung der Rezipienten im Sinne der strategischen oder ökonomischen Ziele des Unternehmens.

Die Formate, die zu diesem Zweck genutzt werden, sind meistens vor allem journalistische. Im Corporate Publishing, dem zentralen Spielfeld der Business Story, finden sich sehr viele Reportagen und Interviews, aber nur wenige literarische Formate.

3.4.5 Können Kommunikatoren Journalisten sein?

Die Fokussierung der Business Story auf journalistische Formate hat viele Vorteile, aber einen sehr zentralen Nachteil. Die Vorteile sind die Anschlussfähigkeit an das Bekannte (nahezu jeder kennt Reportagen und Interviews) und die recht einfache Nutzung vorhandener Kompetenzen (viele Kommunikatoren waren früher Journalisten).

Der eigentliche Nachteil ist für mich jedoch die mangelnde Glaubwürdigkeit der journalistischen Formate im Unternehmens-Umfeld.

Denn auch wenn sich durch den „New Journalism" die subjektive Stimme in das Medienkonzert gemischt hat, ist im am weitesten verbreiteten Sinne doch die Neutralität der Berichterstattung das Hauptkennzeichen journalistischer Formate. Und genau diese Neutralität kann und will Corporate Publishing, soll eine Business Story nicht leisten. Denn Business Storys verfolgen ein Ziel.

Aufgrund einer Unternehmensgeschichte sollen Kunden mehr kaufen, Mitarbeiter besser mitarbeiten und Stakeholder die Firma unterstützen. Deshalb kann Corporate Publishing niemals neutral sein. Es stellt nicht frei, es bietet keine Optionen, sondern es tut sein Bestes, um zu beeinflussen. Dazu muss man nicht lügen, aber man kann sicher auch nicht wirklich neutral und objektiv beschreiben. Wer nennt schon alle Wettbewerber, wenn es um das eigene Produkt geht? Wer zeichnet ein objektives Persönlichkeitsbild des eigenen CEOs während eines Change-Prozesses?

Diese Tatsache erklärt den häufig doch recht faden Nachgeschmack mancher Reportagen oder Berichte in Kunden- oder Mitarbeitermagazinen, besonders dann, wenn sie eigene Prozesse oder Produkte beschreiben. Jeder weiß doch um die Subjektivität, Gefärbtheit und das Absichtsvolle dieser Artikel, egal ob sie analog oder digital geschrieben sind. Und jeder liest deshalb in gewisser Weise „reserviert".

Diese Reserviertheit wiederum steht der Zielerreichung im Weg. Wie soll ich ein reserviertes Publikum begeistern, beeinflussen und leiten? Wie soll ich meine Ziele erreichen, wenn niemand mitgeht?

 Ich kann deshalb die Maske ganz fallen lassen. Das nennt sich dann Werbung.

Oder ich lerne ein paar neue Tricks, die meinen Standortnachteil als subjektiver und absichtsvoller Vertreter eines Unternehmens ausgleichen. Und diese Tricks kommen aus dem literarischen Schreiben.

3.4.6 Nein. Sie sollten Geschichtenerzähler sein

Literarisches Schreiben, vor allem das genrespezifische, ist fast immer absichtsvoll. Ich will erheitern, erregen, erschrecken. Ich will eine Reaktion. Und ich will Identifikation. Mit meinem Helden und meiner Geschichte.

Das will der Kommunikator auch. Für ein Produkt begeistern. Die Identifikation mit dem Unternehmen fördern. Weswegen er wie ein Autor lernen sollte, wie man dieses Ziel erreicht. Stilistisch vielleicht, ganz sicher aber strukturell. Denn letztlich macht meistens der Plot die Story. Und wer könnte Plot besser als Hollywood.

Die meisten großen Hollywood-Geschichten – von Star Wars bis Titanic – berufen sich auf eine zentrale Strukturidee, die sogenannte Heldenreise (siehe auch Kapitel 5.3). Auch einige literarische Blockbuster, wie z. B. Harry Potter, rekurrieren auf den **Monomythos**, der von Joseph Campbell identifiziert und von seinem Schüler Christopher Vogler popularisiert wurde. All diese Filme und Bücher beruhen dabei auf einem sehr ähnlichen Entwicklungsmodell in 12 Schritten:

Bild 3.5 Campbells Heldenreise
(Quelle: The Writer's Journey: Mythic Structure for Writers, Christopher Vogler)

Was macht diese Erzähl-Struktur so erfolgreich? Warum berufen sich so viele Schreiber, Regisseure und andere Kreative auf dieses Modell?

Weil es – als Produkt der Auswertung tausender von Geschichten durch **Joseph Campbell** – einen narrativen Blueprint vorgibt, der immer funktioniert und begeistert, weil er …

- einen oder mehrere Helden präsentiert, mit denen wir uns identifizieren können;
- eine stetige Vorwärtsbewegung beschreibt, die niemals statisch, sondern immer dynamisch ist und im wahrsten Sinne des Wortes „bewegt";
- auf ein Ziel hin ausgerichtet ist, einen Preis, ein Ergebnis, das die Welt verändert und zu einem besseren Ort macht.

Und nun vergleichen Sie diese drei Eigenschaften einmal mit Ihren Zielvorgaben als Kommunikator. Wollen Sie nicht genau das? Eine Person, ein Projekt, ein Produkt als Held in den Köpfen der Zielgruppen? Ihren Arbeitgeber dynamisch darstellen, stetig in Bewegung, vorwärtsschreitend und innovativ? Auf ein Ziel hin ausgerichtet, das die Welt – ihrer Kunden, Mitarbeiter, Stakeholder – besser macht?

Sehen Sie! Genau deshalb sollten Sie sich mit diesem Strukturmodell auseinandersetzen und es in Ihre Arbeit als Storyteller einfließen lassen.

Wenn Sie also das nächste Mal die Wahl haben, ob Sie ein Change-Projekt als Feature dokumentieren und

- einen kurzen Überblick über den Status geben;
- den Projektleiter interviewen;
- drei CEO-Statements einfließen lassen;
- auch ein Gruppenbild des Projektteams einfügen und
- schließlich auf die Intranet-Community für weitere Informationen verweisen;

oder ob Sie eine Geschichte erzählen, die

- beschreibt, warum eine Veränderung dringend notwendig war;
- wie schwierig es war, das Projekt ins Leben zu rufen;
- mit wessen Hilfe es dann doch gelungen ist;
- welche wirklich schwierigen Hindernisse bewältigt werden mussten,
- bis jetzt wir alle vom Ergebnis profitieren können,

dann versuchen Sie einmal Letzteres.

Keine Angst, Sie sollen keinen Roman schreiben. Aber Sie sollen eine Struktur schaffen, die erzählerisch ist und die eine **Heldenreise** beschreibt, statt einem Statusbericht zu gleichen.

Und falls Ihnen die Heldenreise zu kompliziert ist, bleibt Ihnen immer noch der sogenannte **Pixar Pitch**. Der hat nur die Hälfte der Stufen und den beherrscht sogar meine Tochter, wenn sie Nemo nacherzählt:

- **Once upon a time**, there was a widowed fish named Marlin who was extremely protective of his only son, Nemo.
- **Every day**, Marlin warned Nemo of the ocean's danger and implored him not to swim far away.
- **One day**, in an act of defiance, Nemo ignores his father's warnings and swims into the open water.
- **Because of that**, he is captured by a diver and ends up as a pet in the fish tank of a dentist in Sydney.
- **Because of that**, Marlin sets off on a journey to recover Nemo, enlisting the help of other sea creatures along the way.
- **Until finally**, Marlin and Nemo find each other, reunite, and learn that love depends on trust.

Die sinngemäße Übersetzung des Textes lautet:

- **Es war einmal** ein verwitweter Fisch namens Marlin, der seinen einzigen Sohn, Nemo, sehr beschützen wollte.
- **Jeden Tag** warnte Marlin Nemo vor den Gefahren des Ozeans und flehte ihn an, nicht zu weit hinaus zu schwimmen.
- **Eines Tages**, in einem Akt des Trotzes, ignoriert Nemo die Warnungen seines Vaters und schwimmt hinaus in das offene Wasser.
- **Aus diesem Grund** wird er von einem Taucher gefangen und landet als Zierfisch im Aquarium eines Zahnarztes in Sydney.
- **Aufgrund dessen** begibt sich Marlin auf eine weite Reise, um Nemo zurückzuholen. Er findet die Unterstützung anderer Meeresgeschöpfe, welche er auf seiner Reise kennenlernt.
- **Bis schließlich** Marlin und Nemo einander finden und lernen, dass Liebe und Vertrauen zusammengehören.

Wer ein **begeisternder Storyteller** werden will, der sollte sich nicht mehr nur als „Unternehmensreporter" betrachten. Das ist die wichtigste Lektion, die es meines Erachtens zu lernen gilt.

Zumal gerade das digitale Erzählen so viele tolle Möglichkeiten bietet, ein Publikum zu begeistern, zu fesseln und letztendlich zu überzeugen.

3.4.7 Digitale Formate in einer guten Story

Digital Storytelling ist als Thema und Format ein enorm weites Feld, das sich nahezu krakenartig in allen Disziplinen von Kommunikation, Marketing und Bildung findet. Die unterschiedlichsten Experten und Praktiker verstehen darunter emotional aufgeladene Filme genauso wie Online-Artefaktsammlungen, vertonte Drehbücher genauso wie „crowdgesourcete" Geschichten- und Kommentarsammlungen einzelner User zu einem gemeinsamen Thema, narrativ aufgeladene Online-Rollenspiele genauso wie komplett interaktive Apps. Ich selbst will mich hier allerdings auf die spezifischen Gegebenheiten einer Story im Rahmen der Unternehmenskommunikation konzentrieren – und auf die digitalen Formate, die aus einer guten Struktur eine moderne Geschichte machen.

Text allein hat keine Chance

Storytelling in der Unternehmenskommunikation ist zunächst einmal Text. Geschriebener Text ist die Grundlage, mit der wir alle arbeiten und auch noch recht lange arbeiten werden. Weil wir in unserer Profession „Text" beherrschen, weil Texten günstig ist, weil Text gut komplexe Informationen vermitteln und auf sich selbst reduziert schon eine gute Geschichte „erzählen" kann. Text – als Ersatz für den Erzähler am Lagerfeuer – ist das einfachste Mittel zum Geschichtenerzählen.

Das Problem ist nur: **Text allein genügt nicht mehr.** Text ist nur noch der kleine Bruder, die piepsige Stimme, die niemand hört, auch wenn der Besitzer aufgeregt auf- und abspringt.

Denn wenn wir in unserem Kontext den Fokus jetzt endlich von „Storytelling" auf **digitales Storytelling** verschieben, bleibt zunächst festzuhalten, dass die digitale Transformation unseres Lebens vor allem ein „Format" gestärkt hat: das Bild, sei es bewegt oder unbewegt.

Mit den zunehmenden Bandbreiten unserer Netzinfrastrukturen wurden die Möglichkeiten zur Bildübertragung immer besser – und das Bild immer wichtiger, weil ein Bild einem Text in puncto Verarbeitungsgeschwindigkeit immer überlegen ist. Denn da das Gehirn – wie wir nun wissen – faul ist und nach der energiesparendsten Lösung sucht, sind Kommunikatoren mit Bildern grundsätzlich auf der sicheren Seite.

Dieser Trend zeigt sich in den unterschiedlichsten Statistiken zur digitalen Welt. So hat die Anzahl der Videos im Facebook Newsfeed 2014 um 360 % zugenommen. Wir wissen, dass Tweets mit Fotos 35 % höhere Retweet-Raten erreichen als ohne. 2014 wurden je nach Branche zwischen 8 und 58 % mehr Videos im Business-to-Business-Marketing eingesetzt. Und so ist es kein Wunder, dass nach einer Untersuchung des Social Media Examiners Marketer eine absolute Priorität auf das Erlernen des Umgangs mit visuellen Assets legen wollen (siehe Bild 3.6).

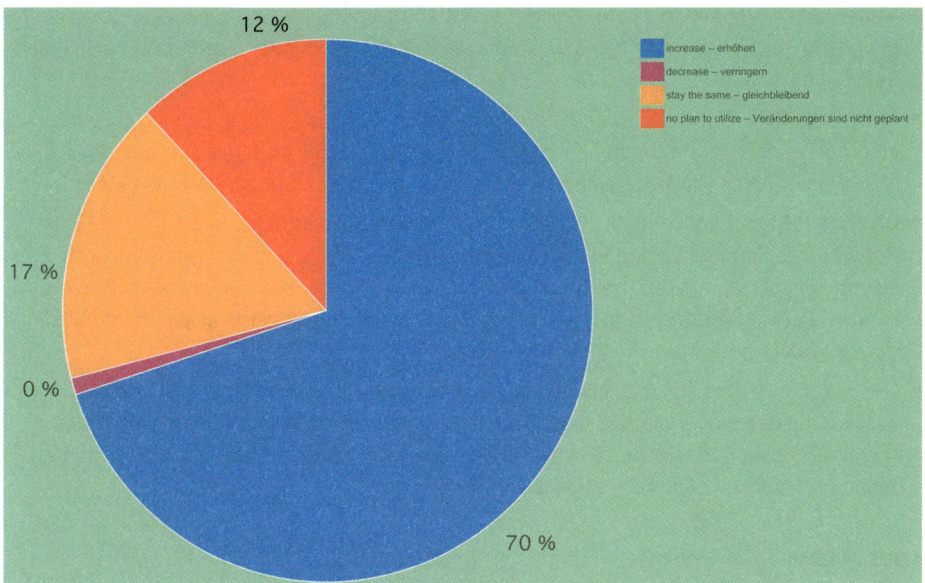

Bild 3.6 Grafik nach Social Media Marketing Industrie Report, Social Media Examiner. In der Planung vieler Marketingaktionen 2014 stand die Nutzung von Original-Grafiken (wie Infografiken) im Fokus: 70% wollten den Einsatz von Visual erhöhen.

Wenn wir also von digitalem Storytelling reden, müssen wir zuallererst von visuellen Inhalten reden. **Rich Media im Storytelling ist vor allem Text + Bild oder Text + Video.** Wenn Sie Ihre Heldengeschichte fertig haben, müssen Sie als Storyteller zuerst einmal untersuchen, an welchen Stellen Bilder und Videos sinnvoll sein könnten.

Hier einige Beispiele:

- Ersetzen Sie ein Textinterview durch ein Videointerview.
- Ersetzen Sie eine Ortsbeschreibung durch eine Slideshow mit Fotos.
- Ersetzen Sie die Darstellung eines komplexen Sachverhaltes durch eine Infografik.

Sie werden Ihre Leser länger in der Story halten, mehr Response erzielen und letztlich mehr von Ihrer Botschaft vermitteln, wenn Sie solche Anker anbieten und sie organisch in ihre Geschichte einbinden.

Das sind aber viele Formate

Mittlerweile stehen Ihnen dabei die unterschiedlichsten, teils neuen, teils schon nahezu kanonischen Formate zur visuellen Unterstützung zur Verfügung.

- Als Allererstes ist sicherlich das „klassische, lange" **Video** als Interview, Rundgang, Kurzreportage, Collage, Newsbyte, Panorama etc. zu nennen. (Wenn ich hier von lang rede, meine ich übrigens maximal drei Minuten. Wir wissen von YouTube, dass danach die Zuschauerakzeptanz dramatisch abstürzt.)
- Dann gibt es **Kurzvideoformate**, allen voran die **Vines** des gleichnamigen zu Twitter gehörenden Video-Dienstes inklusive der dazugehörigen App. Diese Videos sind nur sechs Sekunden lang, laufen im Loop, arbeiten häufig in der Stilistik von „Stop-Motion" und

eignen sich besonders für humorvolle Visualisierungen oder auch dramatische Beschleunigungseffekte (Neu- und Umbau des Corporate Headquarters oder eigenen Büros in sechs Sekunden).

- **Animierte Gifs**: Bewegte Bilder dieser Form haben eine erstaunliche Renaissance erlebt, gefördert vor allem von Buzzfeed und Portalen wie Giphy. Sie lassen sich problemlos – ohne Mediaserver – in Texte einbetten und haben ähnliche Einsatzzwecke wie Vines.
- **Digitale Infografiken** sind die Könige der komplexen Sachverhalte. Wichtig ist die Anpassung des Formats an den Bildschirm. Besonders bekannt sind die Longform-Grafiken, die am Bildschirm – gerade auf Mobilgeräten – immer weiter nach unten gescrollt werden können. Portale wie z. B. Piktochart haben das Entwickeln solcher Grafiken maßgeblich vereinfacht.
- Und natürlich **Fotos**, einzeln, als Slideshow, Collage oder mithilfe digitaler Filter aufbereitet. Insbesondere die App Instagram – zu Facebook gehörend – setzt hier Trends. Die Möglichkeit, Collagen aus existierenden Bildern zu visuellen Geschichten zusammenzusetzen, ist schon selbst ein Storytelling-Format.

Laut geben

Nach dem Bild der Ton. Wobei dieser allein – ohne Bild – meist ein rechtes Schattendasein führt.

Ein gutes Beispiel ist der Podcast. In Deutschland hören laut ARD/ZDF-Onlinestudie nur ca. 7 % der Online-Population Podcasts (Tendenz allerdings steigend), zudem ist der typische Podcast zu lang für die Einbindung in eine Online-Story. Durchaus möglich und sinnvoll sind allerdings Kurzformate von wenigen Sekunden, die die Stimme eines Protagonisten hörbar machen und die typischen Kurzzitate angenehm anreichern können. Des Weiteren können Soundeffekte Slideshows von Bildern begleiten (das Martinshorn zum Polizeiwagen). Ein nicht ganz unwichtiges „tonales" Medium ist natürlich Musik, allerdings ist deren Einsatz wahlweise teuer oder schlecht. Lizenzfreie Musik ist im Allgemeinen zum Abgewöhnen, aktuelle Hits sind unbezahlbar, wenn Sie kein großes Marketingbudget haben, und der eigene Gesang ist – seien Sie ehrlich – peinlich.[7]

Heute schon gespielt?

Storys können natürlich auch angereichert werden durch spielerische Elemente. Das können interaktive Grafiken sein, bei denen „auf Klick" etwas passiert (ein Bild eingeblendet wird, eine Videosequenz, die Grafik sich verändert). Aber auch ganze Spiele. Insbesondere der Trend zu sogenannten „Casual Games", von denen viele auch im Browser gespielt werden können, fördert die Akzeptanz solcher Anwendungen. Es gibt Puzzles, Schatzsuchen, Action-Spiele, Kartenspiele etc. Ein gutes Spiel kann die Botschaft einer Story unterstützen, vielleicht sogar ein Meilenstein (Milestone) in einer solchen Geschichte sein.

General Electric (GE) setzt in seinen sogenannten „GE Shows"[8] regelmäßig solche Spiele ein, wie hier zum Beispiel in einem Multimedia Special zum Thema Healthcare[9] (siehe Bild 3.7).

---

[7] Anmerkung des Herausgebers: Es gibt zum Beispiel bezahlbare Musikstücke bei audiojungle.net oder premiumbeat.com.
[8] WWW: GE-Shows, www.ge.com/thegeshow/
[9] WWW: www.ge.com/thegeshow/healthyhospitals/

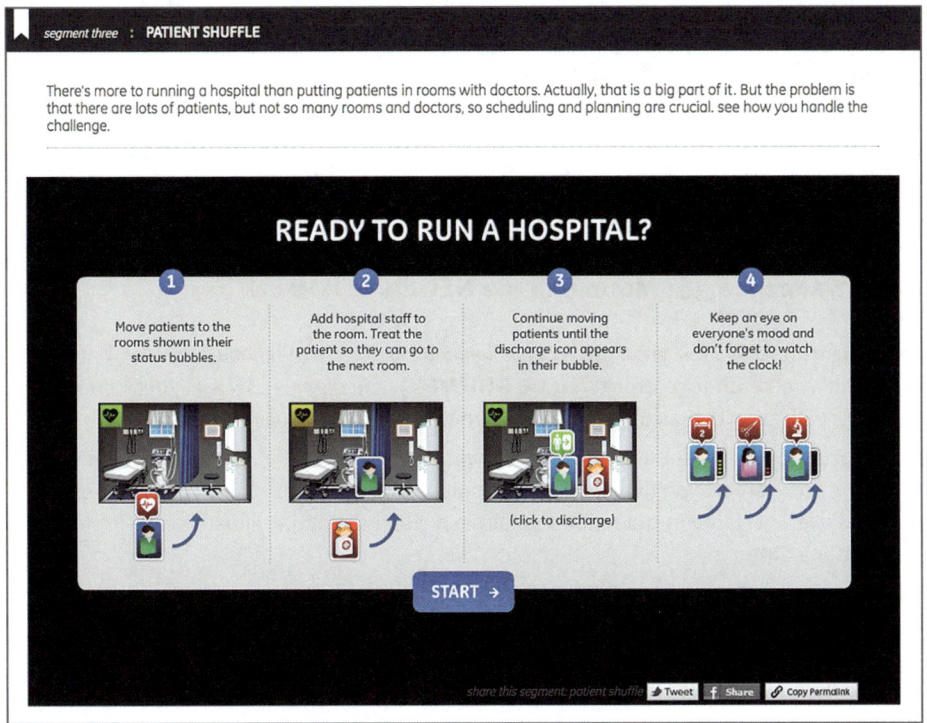

Bild 3.7 Online-Spiele erfreuen sich immer größerer Beliebtheit. Hier das Beispiel Healthy Hospitals von GE.

Der Spieler kann sich darin ausprobieren, ein Krankenhaus zu führen – um am Ende, so wahrscheinlich die Absicht, die Experten von GE zu Hilfe zu rufen.

 Aber Vorsicht: **Spiele haben durchaus die Tendenz, den Rezipienten zu stark von der Geschichte zu entfernen.** Und übermäßig günstig sind sie in der Herstellung natürlich auch nicht.

Die Geschichten der Leser

Bleibt jetzt noch – wobei diese Aufzählung kaum vollständig ist oder sein kann – der Rezipient selbst als Anreicherung, Erweiterung oder sogar Kernbestandteil der Geschichte. Die beste Story ist jene, mit der man sich selbst identifizieren kann – und die einen dazu bringt, eine vergleichbare Story aus dem eigenen Leben zu erzählen. Mit diesem Mechanismus können Sie bewusst spielen. Fordern Sie Ihre Leser auf, in der Kommentarfunktion von eigenen Erlebnissen zu berichten. Sammeln Sie vorher Geschichten in der Geschichte, wiederum als Interviews oder kurze Text+Bild-Kombinationen, die das Thema aufnehmen.

Kuratieren Sie User Storys aus sozialen Netzwerken oder Ihrem (Social) Intranet und binden Sie diese Storys ein. Wenn Sie wollen, dass Ihre Story „viral geht", sollten Sie (neben guter Promotion) für so viel Identifikation wie möglich sorgen. Letztendlich erzählt jeder am liebsten von sich selbst.

Wenn Sie mich an dieser Stelle fragen, was für mich ganz objektiv der Archetyp einer guten digitalen Story ist, wie ich sie mir in der Unternehmenskommunikation vorstelle, dann sind das die „New York Times Multimedia Features".[10]

Keine andere Redaktion hat so viele gute Rich Media Storys entwickelt und dabei die Kombination aus einer textbasierten Geschichte mit sinnvollen, dramaturgisch passenden, gut strukturierten und zudem exzellent produzierten digitalen und interaktiven Erweiterungen perfektioniert.

3.4.8 Nadezhda, Liz Mohn und die NEUEN STIMMEN

Wenn Sie mich aber ganz subjektiv fragen, was die zurzeit beste digitale Story ist, dann nenne ich auch gerne **change.story – NEUE STIMMEN**[11], ein digitales Magazin der Bertelsmann Stiftung, an dessen Umsetzung ein Team aus meiner Agentur mitwirken durfte.

Der international sehr renommierte Gesangswettbewerb NEUE STIMMEN wurde 1987 auf Anregung von Herbert von Karajan und durch die Initiative von Liz Mohn ins Leben gerufen und wird alle zwei Jahre in Gütersloh ausgetragen. Er ist damit das älteste Kultur-Projekt der Bertelsmann Stiftung.

Im Kern geht es im Wettbewerb darum, junge Nachwuchstalente – im Alter bis zu 30 Jahren – aus dem Opernfach aufzuspüren, sie zu fördern und ihnen Wege in nationale oder sogar internationale Karrieren zu öffnen. Die Teilnehmer müssen mit nachweislichem Erfolg an einer anerkannten Hochschule Gesangsunterricht nehmen oder idealerweise an einem Opernhaus Rollen auf der Bühne gespielt haben.

Die Finalisten des Wettbewerbs, die 2015 weltweit aus mehr als 1300 Bewerbern ausgewählt wurden, werden schließlich für eine Woche nach Gütersloh eingeladen, erhalten dort diverse Coachings und stellen sich am Ende dieser Woche dem Urteil einer hochkarätigen Fachjury. Der Preis selbst ist mit 60.000 Euro dotiert.

Eine Website zum Projekt NEUE STIMMEN (siehe Bild 3.8) gibt es natürlich schon lange, aber für 2015 beschloss die Bertelsmann Stiftung, dem Wettbewerb zusätzlich eine digitale Sonderausgabe ihres Change-Magazins zu widmen.

Und das Produkt dieser Idee kann sich im Kontext des digitalen Storytellings wirklich mehr als sehen lassen. Es enthält nahezu alle Elemente, die ich in meinen bisherigen Ausführungen als besonders wichtig für modernes digitales Storytelling identifiziert habe.

- Die Kapitel-Dramaturgie des Magazins folgt einer Heldenreise. Sie beginnt bei der alltäglichen Liebe zur Musik und führt über die „Prüfungen von Gütersloh" bis hin zum Finale, zum großen Preis für den Gewinner. Es gibt Hürden, aber es gibt auch Mentoren, in diesem Fall die Mitarbeiter der Stiftung und Unterstützer des Wettbewerbs, die die Teilnehmer coachen und aufs harte Leben im Operngeschäft vorbereiten.

- Es gibt auch Helden. Namentlich Nadezhda Karyazina (siehe Bild 3.9), eine junge Sopranistin, deren Geschichte im Magazin stellvertretend für viele erzählt wird. Und natürlich Liz Mohn, deren Engagement im Vorstand der Bertelsmann Stiftung die ganze Reise erst möglich macht.

---

[10] WWW: New York Times Multimedia Story,
nytimes.com/interactive/2014/12/29/us/year-in-interactive-storytelling.html
[11] WWW: Neue Stimmen, www.neue-stimmen.de

Bild 3.8 Praxisbeispiel für Corporate Storytelling: Change Story – Neue Stimmen[12] – ein Wettbewerb der Bertelsmann Stiftung

Bild 3.9 Nadezhda Karyazina, die nach der Teilnahme am Wettbewerb mittlerweile Mitglied des Ensembles der Hamburger Staatsoper ist.

- Das Magazin (siehe Bild 3.10) ist voll mit Bildern, mit Videos und Audio-Ausschnitten. Es gibt viel Text, natürlich, aber überall können wir Sängern zusehen, lauschen und an ihren Lebensgeschichten und Interviews teilhaben.
- Es wurden sogar spielerische Elemente und Inhalte aus sozialen Medien integriert. Auf einer großen Weltkarte kann der Nutzer die diesjährigen Teilnehmer des Wettbewerbs lokalisieren, von hier aus auf ihre Facebook-Seiten springen und dort ihren weiteren Weg verfolgen.

---

[12] WWW: Welcome to change.story – the Bertelsmann Stiftung's digital magazine, story.change-magazin.de/neue-stimmen/

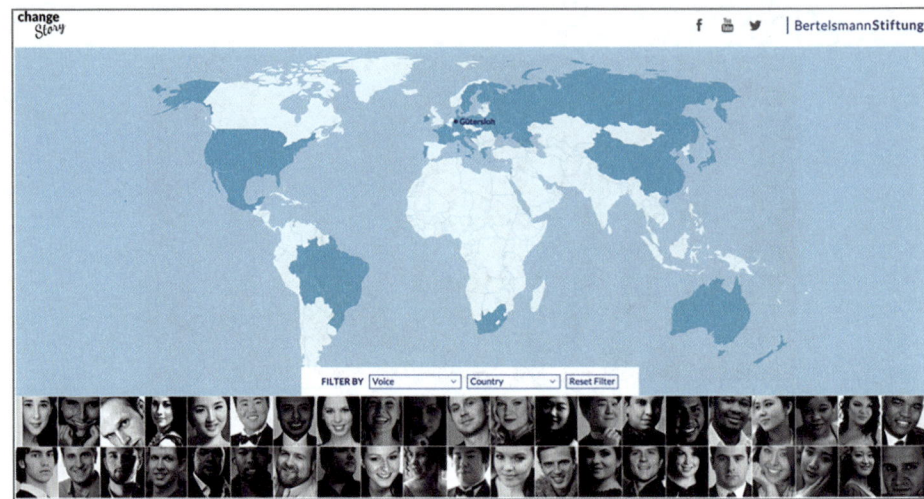

Bild 3.10 Change Story der Bertelsmann Stiftung.

Auch auf der technischen Seite hat das Magazin einiges zu bieten. Durch die Integration einer einfachen Wordpress-Installation (für mich grundsätzlich das Tool der Wahl für digitales Storytelling) mit einem Magazin-Plugin namens **Storyform**[13] (siehe Bild 3.11), war es möglich, ein responsives Magazin-Layout zu gestalten, das an Print erinnert, aber auf allen stationären und mobilen Endgeräten komfortabel rezipierbar ist. Das zeigt sehr deutlich, was heute ohne horrende Lizenzkosten digital machbar ist und wie niedrig mittlerweile die technologischen Hürden sind.

Bild 3.11 Einblick in das Dashboard von Storyform, ein einfaches Tool und Plugin für Wordpress.

---

[13] WWW: storyform.co

Resümee

Zusammengefasst heißt das für mich: Es ist im Kontext von Unternehmenskommunikation und Corporate Publishing nicht nur theoretisch möglich, modernes digitales Storytelling zu realisieren, Leser zu fesseln und neue Wege zu gehen – sondern auch ganz praktisch. Das Sujet dieses Magazins mag für diesen Zweck hilfreich gewesen sein. Aber letztendlich ist die Umsetzung eines solchen Projektes auch dann noch kein Automatismus, sondern braucht Expertise, Kreativität und Mut. Die Bertelsmann Stiftung hat all das bewiesen – und ich bin mir sicher, dass Ihnen das genauso gelingen kann.

4 Neues Storytelling braucht die Content-Maschinerie

„Content is King!" rufen Kommunikationsfachleute, Vertriebler und Marketer, denn gute und originäre Inhalte stärken nicht nur die Marke, sie binden auch Kunden und helfen beim Verkauf der Produkte.

Wer über den Begriff **Content-Marketing** stolpert, der wird früher oder später auch dem Konzept des Storytelling begegnen und sich verwundert fragen: „Ich soll Geschichten erzählen?"

Ja, Geschichten schon, aber keine Märchen. Kunden sollen unterhaltsam, emotional berührend, informativ in eine Geschichte „verwickelt" und nicht übers Ohr gehauen werden.

Obwohl die Auswahl der Medien und Kanäle darüber entscheidet, in welcher Form eine Story erzählt wird, ist zunächst einmal immer die **Relevanz der Inhalte** entscheidend für den Kommunikationserfolg. Ein vorausschauend, strategisch geplantes Storytelling erzählt Geschichten an vielen unterschiedlichen Stellen und nutzt hierfür diverse Kanäle. Aus dem Zusammenspiel der gesamten „Story-Lebenswelt" (Story Environment) geht der Erfolg des Kommunikationsprozesses hervor.

Die Macht der Geschichten

Die Inhalte sollten natürlich auch so „vermittelt" werden, dass Kunden sie aufnehmen, verstehen und letztendlich auch konsumieren. Nun kommt Storytelling ins Spiel, als Methode, um „Geschichten bewusst zu erzählen" und damit gute Inhalte (leicht verständlichen, spannenden und zielgruppengerecht aufbereiteten Content) zu erstellen. Dies ist aus dem Inbound-Marketing[1] nicht mehr wegzudenken.

Vorsicht, Content-Schock!

Werden wir in Zeiten von Social Media, wenn quasi jeder seine Geschichte in „Medien" erzählen kann, von Storys überschwemmt? Besteht die Gefahr, dass wir „Geschichten zu erzählen" als Methode überreizen und damit Geschichten uninteressant machen? Gibt es eine Übersättigung? Und wird das kommerzielle Storytelling an seine Grenzen stoßen?

Das ist geradezu ein Bombardement an Fragen, die diejenigen von uns beschäftigen, die sich mit Kommunikation auseinandersetzen.

Obwohl gerade in letzter Zeit Content Marketing als der „Heilsbringer" in Sachen Kundenansprache gilt, wird genauso häufig bereits vor dem „Content-Schock" gewarnt. Darunter ist zu verstehen, dass immer mehr Content jeglicher Art die Konsumenten durch alle möglichen Kommunikationskanäle nahezu überschwemmt.

Doch auch die Nutzer und Konsumenten produzieren in den sozialen Netzwerken immer mehr Inhalte. Das ist seitens der Unternehmer wichtiger und ernstzunehmender Inhalt, da er von der Community als wahr, glaubwürdig und aus „den eigenen Reihen kommend" anerkannt wird.

 Um aus der Masse der verschiedenen Inhalte herauszustechen, gilt **Qualität vor Quantität:** Gerade Content neuer Marken bzw. neuer Produkte hat es schwer, ein Publikum für sich zu begeistern.

Agenturen, Personen und Unternehmen müssen bessere Inhalte produzieren, um mehr Aufmerksamkeit bei ihren Kunden zu erwecken. Daraus folgend werden Unternehmen zu „Medienhäusern", die gezielt Inhalte für diverse Kommunikationskanäle wie YouTube, Blogs, Webseiten etc. produzieren.

Unternehmen wie Adidas arbeiten mit eigenen Redakteuren und stellen „Marken-Journalisten"[2] oder „Content Manager" ein, um Kunden immer maßgeschneiderte Inhalte liefern zu können.

Die Optimierung des Contents sollte gerade in Zeiten von Mobilität auf die „Immer-und-überall-dabei"-Geräte ausgerichtet sein. Inhalte und Storys sollten in kleinen Häppchen, responsive und App- oder Chat-optimiert auf dem Buffet der Inhalte angeboten werden. Nicht zu vergessen, dass die Interaktionen mit den Kunden und der Kunden untereinander selbst wichtige Faktoren für die Verbreitung von Inhalten sind.

---

[1] Inbound-Marketing ist laut Wikipedia „eine Marketing-Methode, die darauf basiert, von Kunden gefunden zu werden." Quelle: de.wikipedia.org/wiki/Inbound-Marketing

[2] Quelle: WirtschaftWoche Online: Mehr Präsenz im Social Web: Adidas stellt „Marken-Journalisten" ein, vom 13. Januar 2014, www.wiwo.de/unternehmen/handel/mehr-praesenz-im-social-web-adidas-stellt-marken-journalisten-ein/9323352.html

Das Nutzerverhalten ändert sich mit der breiten Aufstellung und Fächerung der Medien und Kanäle zunehmend. Eine steigende Verschmelzung bei der Nutzung von Medien ist mehr und mehr zu beobachten. Fragen Sie einfach in Ihrem Umfeld nach, und Sie werden beobachten und hören, dass Nutzer beim Frühstück ihre E-Mails checken, auf dem Weg zum Arbeitsplatz im Auto die Nachrichten im Radio verfolgen, auf LinkedIn Pulse interessante Artikel eines Themengebietes lesen, in der Mittagspause sich die neuesten Koch- und Einkaufstipps auf Blogs und YouTube anschauen, online die passenden Lebensmittel bestellen und am Abend, neben dem TV am Second Screen Meinungen zum Tatort in der Facebook- und Twitter-Timeline verfolgen.

Immer wichtiger werden die weniger werbelastigen, intelligenten und gut initiierten Storys, wie sie beispielsweise die Marken Dove oder British Airways[3] realisieren. Sie zeigen, dass Geschichten auch oder gerade im Bereich der Werbung funktionieren. Anstatt platt ein Produkt zu bewerben, wird im Content Marketing die Geschichte, die dahintersteht, erzählt.

Bild 4.1 Die Teilnehmerin schaut sich die gezeichneten Porträts an: Eines ist als „Selbstbild" nach ihrer Beschreibung der eigenen Person, das zweite nach der Beschreibung einer Person über sie (Fremdbild) angefertigt worden.

Sie erinnern sich bestimmt an das Video „Dove Real Beauty Sketches"[4] (siehe Bild 4.1). Es handelt von Frauen, die einem Zeichner, der hinter einem Vorhang sitzt und die Frauen nicht sieht, von sich erzählen. Nach diesen Erzählungen zeichnet der Künstler Porträts. Im nächsten Schritt beschreibt eine zweite Frau ihr Gegenüber; auch hier porträtiert der Zeichner die Frauen nur nach den Beschreibungen. Die Porträts, die er nach den Selbstbeschreibungen

---

[3] Die Kampagne „A Ticket to Visit Mum" ist einerseits eine schön erzählte Story im Video-Format, andererseits wurden auch Elemente der Geschichte auf der Website der British Airways aufgegriffen. Hier gab es das Rezept seiner Leibspeise zum Download. Es war das „handschriftlich" verfasste Rezept, in leicht krakeliger Schrift und mit Flecken verziert. Die Story war so erfolgreich, dass sie fortgesetzt wurde. Im zweiten Teil wurden die Emotionen des Vaters gezeigt. youtube.com/watch?v=WPcfJuk1t8s

[4] WWW: YouTube Dove Real Beauty Sketches, youtube.com/watch?v=bN0AuIl40ZM

angefertigt hat, sind weniger schön, zeigen weit mehr die Nachteile auf. Die Zeichnungen dagegen, die nach der „Fremdbeschreibung" angefertigt wurden, wo Frauen ihr Gegenüber beschrieben haben, sind viel freundlicher und treffen eher die Realität. Eine der Teilnehmerinnen fängt sogar an zu weinen, als sie den Unterschied zwischen ihrer Selbstwahrnehmung und der Fremdwahrnehmung vor Augen geführt bekommt. Das sind pure Emotionen (siehe Bild 4.2)! Die Message ist klar: Wir sind schöner, als wir denken.

Bild 4.2 Das Video zeigt Emotionen. Es handelt von der Message „Auch du bist schön!"

Das Produkt Dove wird während des gesamten Spots mit keiner Silbe erwähnt. Stattdessen stehen die Frauen mit ihrer natürlichen Schönheit im Mittelpunkt. Dieses Video wird mit seiner Problematik, sich als Person und seinen Körper zu akzeptieren, von vielen Frauen verstanden. Aussagen der Frauen in dem Video wie „Meine Mutter sagt, ich habe ein rundes Gesicht" wecken Erinnerungen an die eigene Mutter, an Aussagen über die eigene Erscheinung. Hier transportiert die Marke Dove ein Image: „Wir sind für alle Frauen da und alle Frauen sind schön!" (Nebenbei bemerkt gibt es auch eine Dove-Produktreihe für Männer).

 Neuer Umgang mit Content, neue Medien, neue Kanäle, neue Erzählformen – das alles ruft nach einer erweiterten, neuen Herangehensweise an das Thema „Strategisches Storytelling".

4.1 Expertenbeitrag: Architekten gesucht

Experten-Biografie: Tobias Dennehy, Corporate Story Architect, ehemaliger CvD und Themenmanager im Siemens-Newsroom

Tobias Dennehy ist Blogger, Vortragsreisender und Corporate Story Architect[5]. Als solcher berät er zu allen Aspekten rund ums unternehmerische Geschichtenerzählen – von der übergreifenden „Big Brand Story" und deren narrativer Beweisführung bis hin zu redaktioneller und organisatorischer Umsetzung. Tobias Dennehy war viele Jahre bei der Siemens AG für das digitale Storytelling-Magazin **„/answers"**[6] sowie für Themenmanagement und redaktionelle Planung im **Siemens Newsroom** in der Unternehmenszentrale in München verantwortlich.

Abstract: Neue Story-Architekten braucht das Land

Notizen über eine mediale Gegenwart, in der gutes Geschichtenerzählen allein nicht mehr reicht.

> „You better start swimmin'
> or you'll sink like a stone,
> for the times, they are a-changin'."
> Bob Dylan, 1964[7]

Es ist mal wieder Revolutionszeit. Die Revolution von gestern ist zwar längst kalter Kaffee. Die von heute hingegen der letzte heiße Scheiß. Und die von morgen? Wartet schon an der nächsten Ecke.

Angeblich revolutionäre Trends schießen wie kontaminierte Pilze aus unseren medialen Böden, seit Jahren. Werden uns professionell Kommunikativen auf dem Altar der digitalen Eitelkeiten feilgeboten wie heilige Grale: Folgt dem Messias – oder gehet unter im Fegefeuer der Followerlosen! Und was tun wir? Folgen, natürlich. Wie *Brians Jünger der liegengebliebenen Sandale*[8].

---

[5] WWW: https://storycodex.com
[6] WWW: youtube.com/answers
[7] WWW: The Times They Are A-Changing: bobdylan.com/songs/times-they-are-changin
[8] WWW: Das Leben des Brian (Originaltitel: Monty Python's Life of Brian) ist eine Komödie der britischen Komikergruppe Monty Python aus dem Jahr 1979. Weitere Infos auf de.wikipedia.org/wiki/Das_Leben_des_Brian

Schluss damit, liebe Volksfront von Digitalien!

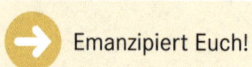 Emanzipiert Euch!

Und übt Euch in kritischer Distanz zur selbsternannten Content Revolution.⁹ Zu altem Wein in neuen Schläuchen.

Zum Beispiel zum Advertorial, das reüssiert in neuem Gewand und mit hippem Namen als **Native Advertising**. Wolf im pixeligen Schafspelz, den schon früher gedruckt keiner lesen wollte.

Zu seinem Cousin **Branded Content**, der ähnlich verbrannte Erde hinterlässt und jeden Ansatz von Authentizität in Schutt und Asche legt.

Zum **Brand Journalism**, der vorgibt, aus scheinbar unabhängiger, weil journalistischer Warte über Marken zu berichten und diese so erlebbar zu machen. Der sich, bei allen wohlgemeinten Ansätzen, doch nur als verkappte PR entpuppt.

Und selbstredend zum aktuellen Klassenprimus **Content Marketing**, dem „New Kid on the Block", der von vielen im sozialmedialen Nebel stochernden Marketingverantwortlichen zum Heilsbringer verklärt wird. Das angebliche Ende der Reise, das aber maximal ein kleiner, wenngleich richtiger, längst überfälliger Anfang und Schritt in die richtige Richtung ist.¹⁰

4.1.1 Demut vor der Geschichte

Doch vor allem: Übt Euch in demütiger Bescheidenheit, bevor Ihr das Wort *Revolution* in Mund oder Feder nehmt! Demut vor der Geschichte, die retrospektiv mit Geduld und langem Atem gnadenlos so manches ins rechte Licht rückt – oder in den Schatten stellt. Was ein echt revolutionärer *Game Changer* wird, weiß allein die Zeit.

Aber bemerkenswert: Seit der massenmedialen Initialzündung vor 565 Jahren verzeichnen die Annalen der Mediengeschichte sage und schreibe **vier(!) echte Revolutionen**:

1. Die **Erfindung des Buchdrucks** mit beweglichen Lettern durch den Mainzer Johannes Gensfleisch, genannt Gutenberg im Jahre 1450. Bis zu diesem Zeitpunkt war die Verbreitung von Information, geschweige denn der Austausch darüber, wenigen Privilegierten vorbehalten. Der Rest – die Mehrheit – hatte, selbst wenn er des Lesens mächtig war, und das waren nicht viele, keinen Zugang zu diesem in mühsamer und kunstvoller Handarbeit niedergeschriebenen Wissen. Die beweglichen Lettern des Herrn Gutenberg sind der „Giant Leap" in Richtung Bildung, Aufklärung und Diskursfähigkeit breiterer Bevölkerungsschichten, von dem wir heute noch zehren.

---

⁹ Siehe u.a. sparksheet.com/the-content-revolution/ und Masters, Mark: Content Revolution: Communicate What You Stand For by Telling a Better Story, 2015
¹⁰ Zur Einordnung des Content Marketings in die Heilsgeschichte der Marketers siehe auch: www.cpwissen.de/Internationales/items/a-fool-with-a-tool-is-still-a-fool.html

Bild 4.3 Medien als Game Changer.

2. Die **„Erfindung"** des Radios durch Nicola Tesla[11] im Jahre 1891. Die durch Teslas Spule erstmals ermöglichte drahtlose Übertragung von Radiowellen schlägt Wellen bis in unsere Gegenwart, verändert nachhaltig das Rezeptionsverhalten der Menschen und beschert Unzähligen unzählige unvergessliche Momente – aber auch autokratischen Regimen ein willkommenes Propagandainstrument zur Beeinflussung der Massen. Bis heute.

3. Die **„Erfindung"** des Fernsehens durch die Entwicklung von Paul Nipkow[12] im Jahre 1884. Nach Lesen und Hören nun das Sehen – das Sehen bewegter Bilder, die über viele Jahrzehnte und bis in unsere Gegenwart zentrales mediales Element vieler Leben und Wohnzimmer werden sollten.

4. Die **„Erfindung"** des Hypertext Transfer Protocols (HTTP) durch den Engländer Tim Berners-Lee (TimBL) im Jahre 1989. Man könnte lapidar sagen: Der Rest ist Geschichte. Ist er aber nicht. Er ist Gegenwart und ganz sicher Zukunft. Denn dieses HTTP-Ding, dieses Internet, dieses World Wide Web hat als Hybrid der vorangegangenen Revolution alles auf den Kopf gestellt, ungeahnte Möglichkeiten eröffnet, aber auch unglaubliche Herausforderungen mit sich gebracht, derer wir alle (!) noch nicht so recht Herr werden wollen.

4.1.2 Vom Lemming zum Punk

Genug zurückgeblickt, keine Atempause, Geschichte wird gemacht, es geht voran! In diesem Sinne nun, in gehörigem Abstand, mit gebührender Demut und mit dem Weitwinkelobjektiv der Geschichte, ein Annäherungsversuch an diese bislang letzte, uns aktuell dominierende Revolution: das Internet.

Ein Versuch, der helfen soll, technologische Meisterleistungen von ihrem technischen Charakter zu lösen, und vielmehr festzustellen, dass alle massenmedialen Revolutionen vor allem eines waren und sind: Medien für Menschen. Und Menschen sind Gefühle, Menschen sind Geschichten, Menschen sind subjektiv und individuell, nicht objektiv und kollektiv.

---

[11] Am 20. März 1900 erhielt Tesla sein erstes Patent über die drahtlose Energieübertragung, das heute als erstes Patent der Funktechnik gilt, obwohl er damit Energie zur Beleuchtung übertragen wollte.
[12] WWW: Nipkow-Scheibe, de.wikipedia.org/wiki/Nipkow-Scheibe

Vielleicht geht der Begriff des Massenmediums ja an der Realität Internet vorbei, will überholt werden vom „Individualmassenmedium", in dem der Mensch Teil jeweils unterschiedlich beschaffener, unterschiedlich großer Massen (Neudeutsch: Communities) ist, aber eben nicht mehr nur Rezipient, Konsument und Lemming, sondern Produzent, Prosument und spielregelverändernder Punk?

Eingangs zitierter Erkenntnis folgend, dass die einzige Konstante in unserem Leben „A-Change" sei, dabei lediglich Tempo und Intensität variieren, stellt sich die scheinbar banale Frage:

Was genau ist es denn, das sich durch TimBLs HTTP-Revolution verändert hat, von den Einbahn-Kinderschuhen (im Fachjargon: Web 1.0) hin zum Dialogischen, Interaktiven (gerne Web 2.0 oder einfach nur Social Media genannt)?

Durch den Siegeszug sozialer Medien[13] sind drei grundlegende Veränderungen festzustellen, denen sich das unternehmerische Kommunizieren stellen muss, und die wiederum sehr konkrete, umwälzende Anforderungen an dieses stellen.

4.1.3 Ein Plädoyer wider die Selbstbefriedigung in drei Thesen

1. Wir müssen nachprüfbare, **authentische Geschichten** erzählen.
2. Wir brauchen mehr **Offenheit und Zusammenarbeit**.
3. Wir müssen **schneller reagieren und mehr agieren**.

These 1: Wir müssen nachprüfbare, authentische Geschichten erzählen

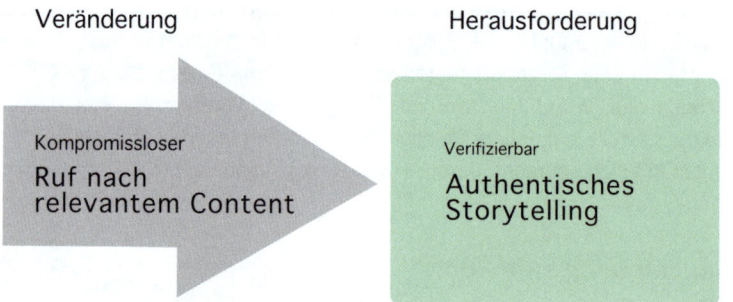

Bild 4.4 These 1: Ruf nach relevantem Content!

---

[13] **Einspruch:** Soziale Medien? Seit wann ist denn ein Medium bitte sozial? Das Soziale daran ist der Mensch darin, der war nämlich schon immer sozial. Das ist auch das, was ihn von anderen Lebewesen unterscheidet, was ihn zum Menschen macht: das verbale und non-verbale Kommunizieren mit anderen, beim Kaffeeklatsch, auf Marktplätzen, in Foren. Die Leistung der Medien, also Plattformen, also Technologien hinter Social Media ist eine verbindende zwischen Menschen. Und denen geht es ums Sozialsein, schon immer, um Gespräche, um Konversationen, ums Geschichtenerzählen, Geschichtenhören, Geschichtensehen, Geschichtenkommentieren, Geschichtenteilen usw. Social Media und Storytelling sind somit untrennbar miteinander verknüpft, mit dem Medium als Vermittler, als Enabler, aber dem Menschen als Akteur, als Helden. Jaja, ist ja schon gut: **Einspruch stattgegeben.**

Klingt einleuchtend? Es sei dennoch erlaubt, zur stichhaltigen Beweisführung ein wenig auszuholen.

Strapaziert ist er, missbraucht, missverstanden, der arme „König Content". King war er ja schon, als die virtuelle Tinte des **Cluetrain Manifestos**[14] noch nicht einmal getrocknet war. Bei aller Technikverliebtheit und kindlicher Freude über das pixelige Aufblitzen eben noch gedruckter Zeichen und Bilder auf Bildschirmen rund um die Anfänge der Nullerjahre, da war für Qualität nicht so wirklich viel Zeit. Was frustrierend ist: 16 Jahre nach den glasklaren, wegweisenden Erkenntnissen (oder Clues) der Herren Levine, Locke, Searls und Weinberger hat sich das vielerorts immer noch nicht so recht verändert. Warum, ist bei näherem Hinsehen naheliegend.

Die wenigsten Menschen, die in Unternehmen Contents verantworten – und das sind oft unglaublich viele – haben auch nur die geringste Ahnung, was Content eigentlich bedeutet, sein will, sein soll. Ohnehin viel zu selten fragen wir nach Ursprung und Bedeutung alltäglicher Begriffe, Rückbesinnung und Hinterfragen könnte ja das eigene Konzept bedrohen, und – oh, Zöpfe abschneiden, das geht gar nicht.

4.1.4 Nun, dennoch, oder erst recht, der Versuch einer Definition von Content

In seiner basalen und banalen Bedeutung bedeutet das englische Wort Content:

„*Something that is to be expressed through some medium, as speech, writing, or any of various arts ... something that is contained.*"[15]

Bild 4.5 Content ist *Inhalt*.

Ziemlich allgemein, ziemlich unspezifisch, ziemlich langweilig. So wie die meisten Contents, die uns „Information Overload"-Geplagten tagtäglich oberflächlich und unterirdisch daherkommen. Diese Inhalte haben per se vielleicht einen faktischen Informationswert, aber erfüllen sie die an die zweite Bedeutungsnuance gestellten Erwartungen?

„*Significance or profundity; meaning.*"

---

[14] WWW: cluetrain.com, 1999
[15] WWW: dictionary.reference.com/browse/content (gilt auch für die folgenden beiden Zitate)

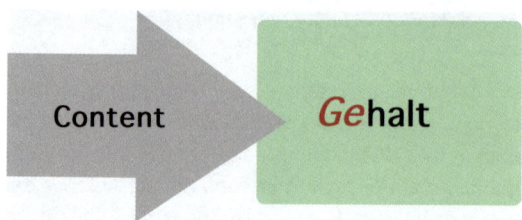

Bild 4.6 Content ist *Gehalt*.

Mal Hand aufs Herz:
- Wie viele der Inhalte, denen wir uns tagtäglich analog oder digital ausgesetzt sehen, würden wir das Präfix „*Ge*" verleihen?
- Wie viele haben für uns tatsächlich Signifikanz, Tiefe oder Bedeutung?
- Wie viele verlangen danach, noch auf einer anderen Ebene rezipiert, somit durchdacht und hinterfragt zu werden?

Schrecklich eigentlich. Dass wir uns auf eine fast hedonistische Art damit abgefunden haben, dass Irrelevanz ein zu tolerierendes Übel der sozialmedialen Content-Überflutung ist.

 Anders gefragt: Wie sollte ich auch wissen, was für mein Publikum relevant ist, wenn ich nur hin-, aber nicht zuhöre? Wenn ich nicht verstehe (oder verstehen will?), dass „content" gar kein Substantiv ist, sondern ein Adjektiv?

„*Satisfied with what one is or has; not wanting more or anything else.*"

Noch deutlicher vom Synonym „satisfy" auf den Punkt gebracht:

„*To fulfill the desires, expectations, needs, or demands of (a person, the mind, etc.).*"[16]

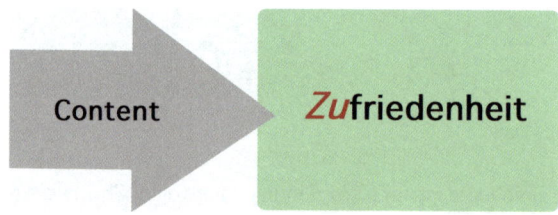

Bild 4.7 Content bedeutet *Zufriedenheit*.

 Moment mal: Content soll etwas mit Zufriedenheit zu tun haben? Jetzt mal nicht esoterisch werden!

---

[16] WWW: dictionary.reference.com/browse/satisfy

Andererseits ... Bei allem Gerede von „Customer Centricity", „Outside In" oder auch „Community" – die meisten Kommunikatoren und Marketers[17] wollen doch nach wie vor primär eines: sich selbst zufriedenstellen. Nicht als Person, nicht einmal notwendigerweise das Abstraktum Unternehmen, sondern am allermeisten diejenigen, die firmenintern Inhalte freigeben müssen, denn freigegebene Inhalte sind gute Inhalte, oder?! Und da diese Freigeber wahlweise eine bis x Hierarchiestufen über einem stehen oder als Fachexperten zwar Faktenahnung haben, aber den Dreiklang Inhalt – Gehalt – Zufriedenheit ungefähr so verinnerlicht haben wie ein Löwe das vegane Lebensmodell, bleiben die meisten Corporate Contents, die publiziert werden dürfen, eindimensional auf der *In*haltsebene stecken wie Fliegen auf heißem Teer.

Der Schrei nach relevantem Content, der den Rezipienten und nicht den Sender zufrieden oder gar glücklich macht, wird immer lauter, beinahe unüberhörbar, allein anhand der vielen ignorierten Inhalte im Netz.

Wenn ich mich dieser Veränderung wirklich stellen will, muss ich mit einer komplett anderen Einstellung und Perspektive an meine eigenen Inhalte herangehen, muss ich weg vom Ich und hin zum Du. Muss ich zuhören und das Gehörte nicht nur zur Kenntnis, sondern ernst nehmen.

Irrelevanz wird im Zeitalter kompletter Vernetzung und Echtzeit-Vergleiche schnell erkannt und schnell verbannt. Lügen, verdrehte Wahrheiten und Fakes werden sofort entlarvt, vervielfältigt, verteilt. Insofern hat uns TimBLs HTTP ermöglicht, durch blitzschnelle, grenzüberschreitende Kontakte zu anderen Individuen und Communities Unauthentisches aufzudecken und zu bestrafen.

Die Lösung: Überzeugende, überraschende, berührende, etwas in uns verändernde Contents. Und das sind keine Bullet Points auf Power Points. Keine Hochglanzbroschüren mit perfekt gecasteten Models. Keine zu Bewegbild gewordenen Corporate Messages, bei denen in drei Minuten zig Menschen aus aller Welt und aller Couleur zu bevormundend emotionalisierender Musik in eklatanter Text-Bild-Schere zu den Botschaften eines sonoren Off-Sprechers happy durch urbane Zentren oder grüne Wiesen hüpfen.

 Nein, die Lösung sind ... Überraschung: Geschichten.

---

[17] **Einspruch:** Was soll denn diese Unterscheidung aus den Achtzigern? Kommunikation und Marketing sind zwei Seiten der gleichen Medaille, gleichsam Dr. Jekyll und Mr. Hyde: Je mehr sie sich einreden, sie gehörten nicht zusammen, sie müssten ohne einander klarkommen, ja seien sich gar spinnefeind ... They are one and the same. Denn ob Presse, Interne, MarCom, Marketing, Advertising, Government Affairs und wie sie nicht alle heißen: Im Endeffekt publizieren alle auf unterschiedlichen Wegen für unterschiedliche Publika ihre Contents und ... genau: kommunizieren. Watzlawick hat ja auch nie behauptet, dass wir nicht nicht marketern können, sondern ... In Ordnung, in Ordnung: **Stattgegeben. Ab sofort nur noch** *Kommunikation*.

4.1.5 Aha, warum denn Geschichten?

„Stories are a metaphor for life [and] stories are *the currency of human contact*", schreibt Robert McKee in seinem nicht nur für Hollywood-Drehbuchautoren wegweisenden Buch „Story"[18] (Transferdenken ausdrücklich erlaubt!).

Und in der Tat: Geschichten sind unser Leben. Leben wird in Geschichten erinnert – nicht umsonst teilen sich Geschichte (Historie) und Geschichten (Erzählung) das gleiche Wort. Leben wird gegenwärtig in Geschichten erlebt. Unser Leben malt sich die Zukunft in Geschichten so aus, dass diese einmal erinnernswerte Geschichten werden.

Das Hirn (der angeblich rationale, faktenbasiert operierende Teil unseres Körpers) funktioniert in Bildern, in Bildergeschichten, verarbeitet riesige Datenmengen seit Menschengedenken und ist seit jeher in der Lage, das zu tun, was groß angelegte Marketing-Kampagnen neuerdings versprechen, nämlich aus Big Data Smart Data zu machen. Aufgenommene Eindrücke, Bilder, Töne, Gerüche und auch Fakten werden in Windeseile dekodiert und über synaptische Schnittstellen an die Abteilung „Herz-Bauch" weitergegeben, wo dann entschieden wird, ob die übermittelten Daten und Fakten beachtenswert sind oder eben nicht.

Und wann gibt mir das System Bauch das Signal, dass ich mich gerne näher mit dem Input aus der zerebralen Schaltzentrale beschäftigen sollte? Wenn ich etwas fühle. Und wann fühle ich etwas? Wenn ich mich damit identifizieren kann. Und womit identifiziere ich mich? Mit Menschen und deren Erzählungen, in denen ich mich wiedererkenne. Menschen, die Dinge erleben, die ich selbst liebe, hasse oder einfach nur kenne. Den „Like me"-Effekt nennen das die Anglizisten, und damit ist nicht der Facebook-Daumen gemeint.

Selbst wenn es zu großen Lebens- oder Geschäftsentscheidungen kommt, macht sich das Hirn nur wichtig und suggeriert, es wäre durch die ihm vorliegenden Fakten der maßgebliche Entscheidungstreiber. Das ist aber nur ein Teil der Wahrheit. Erst wenn die Knochen sämtlicher zur eigenen Beruhigung konsultierten Daten und Fakten mit dem Fleisch des berühmten „Bauchgefühls" komplementiert werden, sind wir in der Lage, wirklich zu entscheiden.

Leider haben wir unsere **urmenschlichste Kompetenz des Geschichtenerzählens** im professionellen Umfeld komplett verlernt, verdorben von den Massenmedien des 20. Jahrhunderts. Eine Fähigkeit, die wir privat, zu Hause, bei der Gutenachtgeschichte für die eigenen Kinder, beim Erzählen der Wochenenderlebnisse am Montag in der Kaffeeküche, oder auch beim Verfassen der eigenen privaten Posts im Web ohne nachzudenken und ohne es *Storytelling* zu nennen, einfach anwenden.

Wir trauen uns als Unternehmenskommunikatoren nicht mehr, auf unseren Bauch zu hören, einfach das zu erzählen, was uns selbst auch interessieren und als gedachtem Rezipienten zum „Sharen" animieren würde. Vielleicht hätten wir (aus deutschsprachiger Perspektive) das Geschichtenerzählen niemals „Storytelling" nennen dürfen. Seitdem meinen wir, das sei ein wundersam kompliziertes Phänomen, so ein Ding aus Amerika, eine Methode wie viele andere, die (rational) verstanden und immer gleich umgesetzt werden kann, und schon klappt's mit dem Nachbarn.

---

[18] McKee, Robert: Story. Substance, Structure, Style, and the Principles of Screenwriting. Harper Collins, New York 1999, S. 25

Storytelling ist keine Methode, kein Prozess

Storytelling ist ein Gefühl, ist Emotion, ist Erfahrung, ist Empathie. Ein immer dagewesener Begleiter der Menschheitsgeschichte. Ein in die kollektive Menschenseele Eingebrannter, dem menschlichen Herzen Naheliegender – und dennoch aus dem Reich der ‚ernsthaften' Corporate Communication als unwürdig ins Exil der schönen Künste, Lagerfeuer und kindlicher Bettkanten Verbannter.

Doch für jeden Verbannten kommt, mit ein bisschen Geduld, die Zeit der Rückkehr, so auch für Gevatter Geschichte. Als über alle Zeiten Wandelbarer, Anpassungsfähiger, stets Kontemporärer war er nie wirklich weg und ist nun professionell im multitransmedialdigitalen Gewand wieder da, aus Amerika prophetisch auf den Olymp gehoben – und plötzlich finden ihn alle geil. Erheben ihn zum letzten heißen Scheiß, fragen sich aber, in ungeduldiger Ignoranz, bald schon: Und was kommt danach?

Nichts, das war's jetzt. Suche zu Ende, Gral gefunden!

4.1.6 Der *storycodeX*: Expectation! Surprise! Change!

Es gilt: Just because you call it a story, doesn't make it one![19] Und eine Geschichte ist nicht gleich eine Geschichte ist nicht gleich eine Geschichte. Und dennoch gibt es klassische Muster, denen sie folgen, grundlegende Elemente, die sie enthalten muss.

Versuchen wir uns an einer gattungsfreien, zeitlosen und allgemeingültigen Definition von „Story", einer Art Kodex, an den sich zu halten vielleicht nicht Pflicht, aber mindestens ratsam ist für alle, die sich von einer Messagingraupe in einen Storytellerschmetterling verwandeln möchten.

Der storycodeX lässt sich schematisch, PPT- bzw. managementkompatibel folgendermaßen ins Grafische überführen (siehe Bild 4.8):

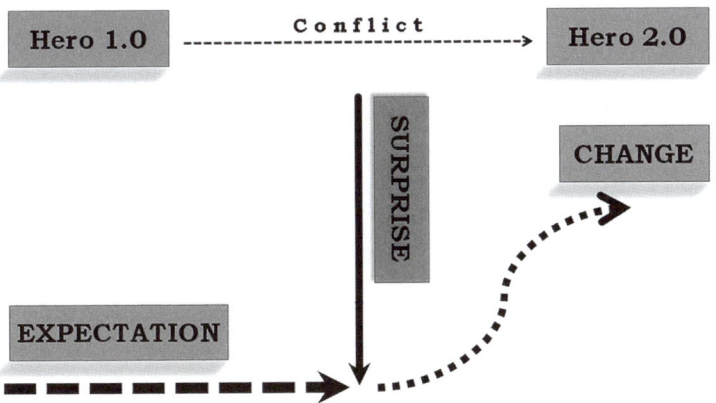

Bild 4.8 Der storycodeX. (Copyright @herrdennehy, Tobias Dennehy)

---

[19] Frei übersetzt bedeutet es: Nur weil man es eine Geschichte nennt, ist es noch lang keine.

Wenn ein Kommunikationsprodukt, egal welcher Machart, sich von Anfang bis Ende verhält wie der grob-gestrichelte Pfeil links unten, hat das vor allem einen Effekt beim Rezipienten: Langeweile.

Keine Neugier, wie es denn weitergehen könnte. Neugier wiederum schaffe ich durch geschicktes, wohldosiertes *Erwartungsmanagement*, indem ich das Publikum, gerade im Kurzzeitumfeld des Internets, wie ein klassischer Journalist eben, an der Hand nehme, im ureigenen Sinne des Wortes reize. Durch reißerische, doppeldeutige oder bewusst simplifizierende Überschriften, durch aus dem Rahmen der gewohnten Rezeptionsumgebung fallende Einstiege, die stilistischer Natur sein können (Musik, Schreibstil, Schnitte etc.), oder auch durch inhaltliche oder besser thematische Kniffe (skurrile Helden, unerwartete Aussagen und Zitate etc.). In jedem Fall muss etwas „teasen". Beim YouTube-Video etwas schneller vielleicht als beim Aufmacher der gedruckten Kundenzeitung, aber: Es muss (an)reizen und glaubhaft versprechen, dass da noch was kommt.

Und versprochen ist versprochen: Da muss dann auch was kommen. Im Idealfall nichts allzu Vorhersehbares oder Erwartbares, denn ein „War ja klar!" soll's als Reaktion dann doch nicht sein. Das Ereignis, das der erfolgreich aufgebauten Erwartung folgt, muss vor allem eines sein: *überraschend*. „Das hätte ich jetzt nicht gedacht!" wollen wir hören. Die Überraschung muss idealerweise so groß sein, dass ich auch beim Blick auf die Zeitanzeige des Videos unten rechts bis zum Ende dranbleiben will und mir denke: „Wenn DAS jetzt passiert ist, was könnte dann wohl als Nächstes kommen?"

Aber alle Überraschung bringt uns nichts, wenn diese auf die Handlung der Geschichte keinen nachhaltigen Effekt hat. Will heißen: Es muss nach Eintritt des *Inciting Incident*, wie McKee[20] das nennt, eine spürbare *Veränderung* zutage treten, im Verlauf der Handlung und/oder im inneren oder äußeren Leben des Protagonisten. Überraschung um der Überraschung willen wollen wir als Zuschauer, Zuhörer oder Leser nicht (das nennt sich in Hollywood Special Effects und versucht gerne über Substanzlosigkeit der Handlung und Charaktere hinwegzutäuschen). Wir wollen Fundamentales, Elementares, Relevantes. Für Handlung und Helden, und somit für uns selbst.

 Wo wir gerade von Helden sprechen: The product is the hero, oder? Natürlich nicht, niemals! Geht nicht!

Warum? Sprachen wir nicht erst von Identifikation, Gefühlen, dem „Like me"-Effekt? Also. Auch wenn wir Produkte wie unser iPhone, unser Auto oder unsere neue Jeans „lieben", wie steht's mit der Identifikation? Können diese Dinge etwas erleben? Kann ihnen etwas im menschlichen Sinne zustoßen? Können wir mit ihren Geschichten mitfiebern, weil wir spüren, die sind genau wie wir? Ist all das aber wiederum mit den Menschen möglich, die durch und mit diesen Produkten etwas erleben, deren Leben sich durch diese Produkte auf die eine oder andere Art verändert? Eben.

---

[20] WWW: Can the Inciting Incident Come From Within the Protagonist?
http://mckeestory.com/can-the-inciting-incident-come-from-within-the-protagonist/

Bild 4.9 Ein Held, ein Held! (Foto © GG Green)

> Somit: Helden und Heldinnen sind Menschen. Nothing else.

Das **Story-Rezept** (siehe Bild 4.10) ist fast fertig, die Zutaten sind kredenzt. Fehlen noch Würze und Schärfe, im Falle einer guten Geschichte ist das *der Konflikt*, das Pepperoncino im Storytelling. Genau die Würze, die beim Einnehmen manchmal so angenehm vertraut schmerzt und brennt, aber im Endeffekt guttut wie ein Sommerregen, der die Luft aufklart und mindestens Veränderung, wenn nicht gar Besserung verspricht. Extrem unbeliebt in der Unternehmenskommunikation, weil man ja zugeben müsste, dass eben nicht alles perfekt ist, man nicht für alles (alleine) eine Lösung hat, man nicht immer alles gleich und ohne Probleme geschafft hat.

Der storycodeX zusammengefasst:

Ohne Handlung keine Story.
Ohne Veränderung keine Handlung.
Ohne Konflikt keine Veränderung.
Ohne Menschen kein Konflikt und keine Identifikation.
Und ohne Identifikation keine Story.

Bild 4.10 Der storycodeX auf einen Blick.

Unternehmen müssen Fehler zugeben, Schwächen zeigen, die dunkle Seite der Welt und des eigenen Selbst anerkennen, nicht herunterspielen, ja vielleicht sogar bewusst thematisieren, um daraus Stärke, Klärung und Profil zu gewinnen. Ein lohnendes Wagnis, die Ergebnisse werden überraschen und überzeugen – andere, aber auch einen selbst.[21]

These 2: Wir brauchen mehr Offenheit und Zusammenarbeit

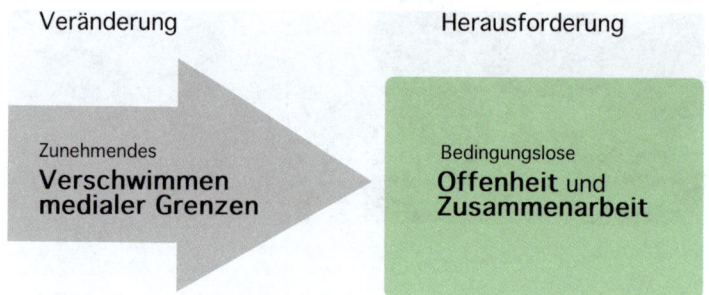

Bild 4.11 Verschwimmen medialer Grenzen.

 So, nun habe ich eine gute Geschichte. Alles gut jetzt?

Weit gefehlt, denn, leider, leider: Keine müde Sau wartet da draußen auf meinen *Corporate Content*. „Wie das?", höre ich schon den Einspruch. Mein Content ist doch voll *high-quality*, *unique* und *relevant* sowieso.

Das mag sein, nur: Die meisten Firmen, die sich aufmachen, Geschichten zu erzählen oder Content zu vermarkten, sind alles, nur eines nicht: Content-Produzenten im klassischen, nachrichtlich-narrativen Sinn. Vor allem nicht in der Erwartung des Publikums. Sie sind Produzenten von und Vertriebshäuser für zum Beispiel Autoreifen, Backmischungen oder Gasturbinen. Oder sie sind im Dienstleistungsgewerbe und bieten eben diese an. *Uniqueness* ist hier mittlerweile ganz schwierig, da müssen schon Nuancen herhalten. Das Potenzial zu überraschen ist durchaus groß, die Gefahr im sogenannten „Battle for Awareness" unterzugehen und in der Kakophonie der Corporate-Schreihälse nicht gehört zu werden aber noch größer.[22]

---

[21] **Einspruch:** Für einen Journalisten alter Schule sind zwei Elemente unabdingbar für eine gute Story, hat mir mal ein Redakteur des TIME Magazine erzählt: „The Element of Surprise" (also das Überraschungsmoment), sagte er, und „Conflict in the pursuit of objective truth" (der Konflikt bei der Jagd nach objektiver Wahrheit). Das ist ja wohl utopisch für Unternehmen, egal wie gut gemacht ihre Geschichten sind, dort geht es immer um deren Version der Wahrheit! In Ordnung: **Einspruch stattgegeben** – mit der kleinen Einschränkung, dass es zum einen eine objektive Wahrheit schlicht nicht gibt, und zum anderen dieser Aspekt des journalistischen Ethos eher in den Bereich der Mythen gehört.

[22] **Einspruch:** Da schmeiß ich doch einfach ein paar Millionen Media-Dollar in den Markt, dann werden mich die Leute schon hören! Na ja, das gilt wohl nur für die wenigen Global Player dieser Welt, die sich das leisten können – was ist mit Mittelstand und kleinen Agenturen? Und außerdem: Ist das nachhaltig? Kurze Aufmerksamkeit, dann wieder Unaufmerksamkeit? **Einspruch abgelehnt.**

Erschwerend kommt hinzu, dass die alten Grenzzäune, hinter denen wir dereinst Kommunikation planten und planungsgemäß im Anschluss für Zielgruppensilos exekutierten, schlicht und einfach nicht mehr existieren – theoretisch schon, in altertümlichen Organigrammen, faktisch allerdings schon lange nicht mehr. Das sind die Grenzen zwischen innen und außen, zwischen Mitarbeitern und Kunden und anderen – Achtung: grausamer Anglizismus! – Stakeholdern. Zwischen Online und Offline, zwischen Marken und ihren Organisationseinheiten, und und und.

Gibt es nicht mehr, hat TimBL aufgelöst bzw. geholfen aufzulösen. Der Mitarbeiter ist ebenso Fan der eigenen Facebookseite oder Follower des Corporate Twitter-Accounts wie er (oder sie natürlich) Beobachter oder Kommentierer von Intranet-News, Leser der Mitarbeiterzeitung oder Abonnent des CEO-Mails ist. Macht das externe soziale Medien, Pressemeldungen, YouTube Brand Channels oder auch Anzeigen im SPIEGEL zu Mitarbeitermedien? Ja, natürlich. Macht das interne News, Posts in unternehmensinternen Sozialnetzen oder auch interne Events zu Kundenmedien? Ja, natürlich. Denn die Grenzen sind längt verschwommen, Firewalls permeabel (nicht technisch, sondern menschlich).

Mitarbeiter und Kunden rezipieren Unternehmensinhalte ähnlich vernetzt und verzahnt, wie sie das aus dem Rest ihres Smartphone-Lebens gewohnt sind:

> „What's happening to markets is also happening among employees. A metaphysical construct called ‚The Company' is the only thing standing between the two."[23]

Die Menschen[24] da draußen nehmen Unternehmen als *eine Marke* wahr, sie kennen deren Organisations- oder Machtstrukturen nicht, ja wollen diese gar nicht kennen, weil sie herzlich irrelevant sind. Für sie gibt es nur die Menschen im Unternehmen, mit denen sie auf dem einen oder anderen Weg, zu dem einen oder anderen Thema in Kontakt treten wollen – mit dem CEO genauso wie mit dem Kommunikationschef, dem Erfinder oder dem Fließbandarbeiter.

 Im Netz sind wir alle gleich, nämlich Menschen. Auch ist es ihnen egal, in welchem Kanal (ein Wort, das ohnehin nur Kommunikationsstrategen verwenden, ihre Zielgruppen sicher nicht) sie mit den Inhalten einer Firma konfrontiert werden, können sich vermutlich gar nicht mehr daran erinnern, wo sie was gesehen oder gehört haben, wichtig ist nur, dass sie es wahrgenommen haben und es sich eingeprägt hat.

Die daraus resultierenden Konsequenzen für die Organisation und deren Kommunikationsplanungen sind ebenso naheliegend wie sie weitgreifend und umbrüchig sind:

Kommunikationsplanung muss **Themen- und Storyplanung** sein, alles andere ist untergeordnet. Oder anders gesagt: Die Themen kommen und erster Stelle, und erst, wenn ich weiß, worüber ich sprechen will, überlege ich mir, für wen ich das wo tue, themenorientiertes Arbeiten eben.

---

[23] WWW: cluetrain.com, 1999, These 13
[24] **Diesmal kein Einspruch**, eher ein bestätigender Kommentar: Jawoll, bitte nennt diese Wesen nicht Zielgruppen, nicht Stakeholder und schon gar nicht User! Nennt sie Menschen! Denn das sind sie (http://cluetrain.com; Thesen 1 und 2). **Das musste mal gesagt werden, wenn auch nur in einer Fußnote. Danke.**

Das Verschwimmen sämtlicher Grenzen schreit nach einer **neuen Offenheit**, zwischen Unternehmen und den Menschen, die sie ansprechen, begeistern und überzeugen wollen, aber auch – und das ist vielleicht noch viel wichtiger – zwischen den Menschen im Unternehmen, die bislang nebeneinander oder aneinander vorbei an Inhalten gearbeitet haben, die dann auf inkongruente Weise zu unterschiedlichen Zeitpunkten (meist, wenn Freigaben vorlagen) diese hinausposaunt haben. Und es schreit nach einer neuen Qualität der Zusammenarbeit, ehrlich gemeint und mit der Sache bzw. dem Rezipienten im Sinn – Zusammenarbeit innerhalb von Organigrammen, aber auch mit den Rezipienten.

Bevor wir uns einem Lösungsansatz nähern, noch abschließend die letzte, scheinbar selbstverständliche, aber nichtsdestotrotz elementare Veränderung, der wir uns durch die Natur sozialer Medien gegenübersehen.

These 3: Wir müssen schneller reagieren und mehr agieren

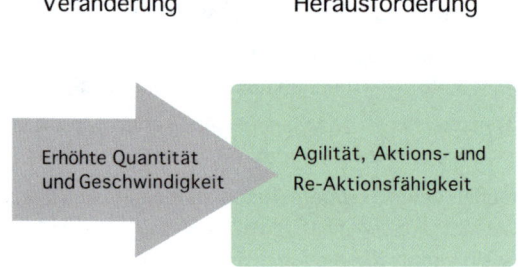

Bild 4.12 Storys benötigen schnellere Reaktionen und mehr Agilität.

Speed, Speed, Speed. Alles wird schneller (siehe Bild 4.12). Da wäre zunächst die Geschwindigkeit des Erscheinens neuer Konversations-Plattformen und die damit verbundene Herausforderung des Amballbleibens und permanente Neuevaluation des eigenen Medienmixes.

Aber auch die Geschwindigkeit der Konversationen selbst. Wenn 140-Zeichen-Gezwitscher in Minuten einen medialen Tsunami am anderen Ende der Welt auslösen kann, gesnapte Inhalte gar nicht länger als 24 Stunden existieren wollen, spätestens dann sollte auch der letzte Dinosaurier merken, dass man Print nicht sharen kann. Und dass man als Organisation jenseits von Shitstorm-Monitoring durch gutbezahlte Digitalagenturen schnell, sehr schnell, aber dennoch fundiert, strategisch und abgestimmt auf potenzielle Bedrohungen reagieren können muss. Aber es geht nicht nur um Bedrohungen; es geht auch, oder noch viel mehr darum, als Organisation proaktiv und (wieder) schnell (weil sonst macht's ein anderer, dessen Portfolio dem meinen zum Verwechseln ähnlich sieht) auf Opportunitäten reagieren zu können, die mir der Markt anbietet – aus überraschenden Ecken des Themen- und Anlassspektrums unserer Welt. Denn, wenn ich nicht in der Lage bin zu überraschen, durch meine Inhalte, deren Darbietung, aber auch deren Kommunikationszeitpunkt, dann werde ich im großen Kampf um Aufmerksamkeit nicht nur verlieren, sondern möglicherweise gar nicht erst mitkämpfen dürfen.

Und wenn ich eine solche ungewöhnliche Opportunität ausgemacht habe, muss ich als Organisation in kürzester Zeit kampagnenfähig werden – nicht im Sinne einer groß angelegten Werbekampagne, sondern kleiner, agiler, punktgenauer. Ein Kurzprojekt auf Zeit sozusagen.

Mit einem Mini-Projektleiter, der in der Lage, aber auch mandatiert ist, für den bestimmten Zeitraum dieser Kampagne aus verschiedenen Abteilungen Kollegen „abzuziehen", die bei Konzept, Inhalten und Umsetzung dieser Kampagne mithelfen und dafür sorgen, dass cross- oder gar transmedial jeder Content zur richtigen Zeit am richtigen Ort ist, die richtigen Menschen erreicht und somit gehaltvoller, zufriedenstellender Content wird.

Da lacht der Journalist und meint: „Das mache ich doch schon immer, früher, als ich noch Layouts einer Zeitungsseite geklebt habe – und früher nannten wir das Redaktionsplanung." Und Recht hat er!

 Kommunikationsabteilungen müssen Redaktionen werden. Redaktionen, die keine Grenzen mehr kennen, keine Mauern, weder in Organigrammen noch in Köpfen noch in Räumen.

Die einzigen Abgrenzungen sind thematischer und zeitlicher Natur. Niemand ist mehr verantwortlich für einen „Channel", sondern für ein Thema, das, je nach Anlass, in einem oder mehreren Ressorts oder Medien umgesetzt werden kann – und zwar in jedem auf unterschiedliche Art, damit das Ergebnis punktgenauer und relevanter wird.

4.1.7 Raum schafft Wirklichkeit

In Zukunft müssen andere Regeln gelten in den Räumen einer Kommunikationsabteilung. Teilweise können diese den eingespielten Mechanismen journalistischer Redaktionen entlehnt werden und müssen das auch. Da klassische Industrieunternehmen aber im Kern weder Redaktionen noch Medienhäuser, müssen diese auch eigenen Regeln oder Systemen folgen.

Das System, nach dem Unternehmen in ihrer gesamten grenzfreien und menschzentrierten Kommunikation arbeiten und funktionieren müssen, ist die *Corporate Story Architecture*. In der Mitte dieses Konzepts steht selbstverständlich die Story in all ihrer Mannigfaltigkeit.

Bild 4.13 Corporate steht naturgemäß am Anfang, denn bei allem vorgegaukelten Altruismus: Es geht doch immer ums Anbiedern des eigenen Portfolios – auch wenn das heute oft geschickter verpackt ist und der euphemistisch „Call to Action" genannte „Kauf mich, Du Sau!"-Button, hinter tatsächlich guten Geschichten oder aber nur effektreichen Animationen versteckt, erst viel später eingesetzt wird. Unterm Strich geht es im Endeffekt immer ums Verkaufen.

Und das ist auch nicht schlimm, das ist sogar in Ordnung so, man sollte nur sich und seinen Publika gegenüber ehrlich sein, und nicht so tun, als wäre es nicht so. Die wissen das ohnehin und entscheiden sich nicht dafür, einen unserer Filme auf YouTube bis zum Ende anzusehen, weil sie glauben wir wären plötzlich Arte oder CNN. Nein, sie sehen sich diesen an, gerade weil sie die Wahrheit kennen, sich aber angenehm überrascht fühlen von der Geschichte, die wir ihnen auf ungewöhnliche Art aufbereitet an ungewöhnlichem Ort zur rechten Zeit servieren. Denn:

> „Through the Internet, people are discovering and inventing new ways to share relevant knowledge with blinded speed. As a result, markets are getting smarter. And getting smarter than most companies."[25]

Warum wir im Zusammenhang mit Corporate Storys von einer *Architektur* sprechen und wir unsere kommunikative Arbeit wie Architekturen angehen müssen, strategisch durchdacht und stabsmäßig exekutiert, soll das folgende Bild 4.14 veranschaulichen:

---

[25] WWW: cluetrain.com, 1999

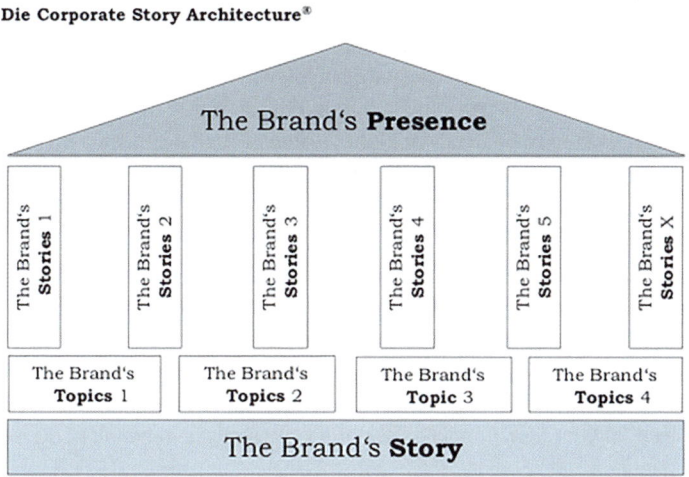

Bild 4.14 Jeder Hausbau beginnt mit dem Finden eines geeigneten Grundstücks, dem Ausheben des Kellers und: dem Fundament. In unserem Fall ist das die Marke. Deren DNA, Wesen, Charakter und grundlegende Eigenschaften – die „Big Brand Story". Manche nennen das *Mission*, andere *Brand Ambition*, wiederum andere *Brand Promise*. (Copyright @herrdennehy, Tobias Dennehy)

Wie auch immer man das Kind taufen mag (und die Kreativität hochbezahlter Agenturen wird hier auch in Zukunft keine Grenzen kennen), es ist und bleibt dies die ganz große Geschichte, die Idee, die übergreifende „Story Arc", die eine Marke im Innersten zusammenhält, die einem Unternehmen jenseits trockener Verkaufszahlen ein Existenzrecht verleiht, die Spannung aufbaut, Drama impliziert und Katharsis verspricht.

Diese Brand Story ist nichts, was ich mir ausdenken kann, nichts, was in Intensivworkshops zwischen Markenabteilung, Markenagentur und Vorstand ausbaldowert und dann „ausgerollt" werden kann.

Bild 4.15 So sieht die „Timeline" einer *Brand Story* aus.

Die Brand Story setzt sich, ganz im Grass'schen Zeitverständnis der „Vergegenkunft"[26], aus Geschichte, Gegenwart und antizipierter Zukunft gleichermaßen zusammen (siehe Bild 4.15). Aus dem, was ein Unternehmen einmal gewesen ist, wo es herkommt, was es bisher geleistet hat, wie es erlebt und wahrgenommen wurde. Ebenso aus dem Hier und Jetzt seiner Geschichte (im historischen wie narrativen Sinne), seinen Handlungen, seinen Helden, seinen Leistungen und Verfehlungen. Und schließlich auch aus dem Morgen des Unternehmens, das zwar offen, aber dennoch bereits angedacht ist, fiktiv weitererzählbar aus den dokumentierten Analen des Gestern und Heute.

Und wer ich als Marke wirklich bin, das bestimme ich nicht mehr selbst, heutzutage nicht mehr. Das bestimmen die menschgewordenen Konversationsmärkte da draußen, jeder einzelne Held mit all seinen eigenen Geschichten und Handlungssträngen, die sich im ein oder anderen Kapitel, in der ein oder anderen Szene irgendwie mit meiner Marke gekreuzt haben, unauslöschbar, ob positiv oder negativ. Vor der HTTP-Revolution konnte ich mir mich selbst noch ausdenken und mit monomedialer Wucht so lange etwas behaupten, bis es alle glauben.

Those days are gone, ein für alle Mal.

Darum tut jedes Unternehmen gut daran, beim Rekalibrieren und bei der erneuten Standortbestimmung der eigenen Brand Story (ein regelmäßiger „Reality Check" hat noch nie geschadet), gleichermaßen die endogenen Kräfte, die Mitarbeitermenschen, wie die exogenen, alle Nicht-Mitarbeitermenschen, zu befragen und das Gehörte dann offen und selbstkritisch zu analysieren, auszuwerten und in die Headline einer angepassten, evtl. sogar neuen Brand Story zu überführen.

Die ganze Arbeit mit dieser übergreifenden Markengeschichte ist aber kein Selbstzweck oder lediglich Tagline-Geber für die nächste Werbekampagne, nein: Das ist die Blaupause (oder das Fundament, um architektonisch zu bleiben) für ALLES, was danach kommt (oder danach gebaut wird).

Auf dem Fundament baut nun ein *Themen*-Plateau auf, das später die Story-Säulen dieser „Corporate Akropolis" tragen werden. Dieses Plateau besteht aus wenigen, aber wirklich großen, wirklich wichtigen Themen, die zur Brand Story passen und diese glaubhaft mit Leben füllen. Wie aber finde ich „meine" großen Themen, zu denen ich diese Geschichten erzählen soll? Wie filtere ich aus dem thematischen Füllhorn, das mein Portfolio mir darbietet, die Themen heraus, die für mich aus gesamtunternehmerischer Sicht strategisch und gleichsam für mein Publikum interessant und wichtig sind?

Auch hier wirken Kräfte von innen und von außen:

- **Geschäftsstrategie:** In welchem Bereich will ich mich neu positionieren oder wieder mehr Geld verdienen oder Märkte vom Wettbewerb erobern?
- **Kommunikationsstrategie:** Was passt zu meiner Brand Story, wo muss ich an meiner externen Wahrnehmung arbeiten, wo muss ich justieren, wo gar von null beginnen, um kommunikativ Geschäftsstrategien zu unterstützen?
- **Zuhören:** Themen des Zeitgeistes, gesellschaftliche Entwicklungen, politische Strömungen, wirtschaftliche Rahmenbedingungen usw.

---

[26] Grass, Günter: „Schreiben nach Auschwitz". In: Essays und Reden III 1980-1997. Steidl Verlag. Göttingen 1997, S. 251

Diese drei Ebenen übereinandergelegt, das ergibt erst einmal ein heilloses Chaos. Dieses zu dekodieren, zu ordnen und zu fokussieren, ist eine der grundlegenden Aufgaben einer Corporate Story Architecture. Das schmerzt (weil gute Strategien immer mehr weg- als zulassen) und das dauert lange (die Linie zwischen Konsens und Relevanz ist immer dünn), aber es zahlt sich aus, ist thematisches Gebot und Blaupause fürs Corporate Storytelling: Nur Geschichten erzählen, die zur Brand Story und zur Themenarchitektur passen. Kleine und große, kurze und lange, lustige und traurige, nachvollziehbare oder unglaubliche, aber immer echte und nachprüfbare Geschichten, die das Unternehmensleben schreibt. Mit all seinen Helden: den Mitarbeitern, den Kunden, den Journalisten, den Investoren, den Politikern, den Meinungsführern und vor allem auch den vielen, vielen Menschen auf der Straße, die entweder bewusst oder unbewusst mit unserer Marke in Berührung kommen, ihre eigenen Erfahrungen damit machen, ihre eigenen Geschichten mit der Marke, den Produkten der Marke und den Menschen der Marke erleben. All diese Geschichten können und wollen oft auch erzählt, wollen aus dem Schatten ins mediale Licht, gedruckt, gebroadcastet oder gepostet werden. Das sind die echten Geschichten des Lebens, die – möglichst nah, möglichst dokumentarisch, möglichst echt – ein Unternehmen vom anderen unterscheiden, nicht seine Produkte mit all den austauschbaren Features.

Viele Geschichten zu wenigen Themen (maximal zwei bis drei große Themen pro Jahr sind empfehlenswert), das erhöht die Chance, wahrgenommen zu werden.

4.1.8 Neue Kompetenzen braucht das Unternehmensland

Während für das Fundament des **Corporate Story-Hauses** der altbekannte „Brand Manager", frisiert mit einer kleinen Horizonterweiterung, durchaus noch einsetzbar ist, sieht das für den klassischen Inhaltsschaffenden, digital gerne auch „Content Manager" genannt, schon ein bisschen düsterer aus. Sein Job war es lange Zeit nicht, Inhalte zu erschaffen, sondern eben zu managen. Inhalte, die irgendwoher kamen (von Agenturen, aus dem Management, aus dem Vertrieb), mussten, meist technisch, weiterverarbeitet und publiziert werden. Der Pressesprecher reiht freigegebene Hohlphrasen aneinander und nennt dies dann Pressemeldung. Der „Redakteur" der Mitarbeiterzeitung macht dasselbe, nennt es Titelstory. Und der Marketing Manager schleust diese Inhalte 1:1 an seine Agentur weiter, die dann Anzeigen produzieren muss. Zugegeben, ganz so schlimm ist es nicht mehr überall, aber vielerorts doch immer noch.

Die grundlegend neue Qualität und Qualifizierung, die in Unternehmen und deren Kommunikationsabteilungen Einzug halten muss, ist eine journalistische. Nicht etwa wegen des vermeintlichen und ohnehin mythischen Ethos des Journalisten, sondern vielmehr wegen seiner in unzähligen Einsätzen in Wort, Bild und Ton geschulten Fähigkeit, aus Daten und Fakten echte Heldengeschichten zu produzieren. Geschichten, bei denen Thema und Botschaft das Publikum nicht anschreien, sondern subtil hinter einer fokussierten Geschichte zum Vorschein kommen und so auch ohne Holzhammer verstanden werden. Und zwar nicht in der Schaltzentrale Hirn, sondern weiter unten. Und da bleiben sie dann auch hängen und erfahren Bedeutung.

Folgt nun der Aspekt der **Corporate Story Architecture**, den der Journalist landläufig Redaktionsplanung nennt. Mit den Augen und Ohren nicht nur am Puls der für mich relevanten Medien, sondern auch an den Themen, die meine Publika interessieren, die gerade in der

Gesellschaft, zu der ich als Unternehmen maßgeblich gehöre, en vogue sind, aber auch an den Zeitpunkten, zu denen diese Themen besondere politische, gesellschaftliche und mediale Aufmerksamkeit genießen.

Nehmen wir mal an, ich habe nun diese vielen guten Geschichten zu diesen wenigen Fokusthemen. Was nun? Einfach mal online stellen? Kann man machen, nutzt aber nichts. Da ist es wenig kreativ, aber trotz allem notwendig, ein bisschen (oder ein bisschen mehr) Budget zur Seite zu legen. Für gezielte **Storykampagnen**, die helfen, die Menschen da draußen überhaupt darauf aufmerksam zu machen, dass ich etwas Neues publiziert habe – weil sonst merkt's vermutlich wirklich keiner, egal wie gut die Story ist. Eine derartige Anschubfinanzierung lohnt aber erst richtig, wenn ich dies auch zum richtigen Zeitpunkt tue, also dann, wenn der Nährboden für das Thema, dem sich meine Geschichte oder Geschichten zu nähern versuchen, besonders groß ist. Zum Beispiel wegen einer wichtigen Messe, einem gesellschaftlich wichtigen Jahrestag, einem politischen Ereignis, das ich geschickt flankieren kann, und so weiter und so fort. Sky's the Limit. Und wenn ich es sogar schaffe, ein medial relevantes Thema zu einem überraschenden Zeitpunkt auf eine überraschende Art zu veröffentlichen, am besten noch so, dass ich zum gleichen Zeitpunkt in unterschiedlichen Medien für unterschiedliche Menschen unterschiedliche Variationen der gleichen Geschichte erzähle ... dann ist das schon ganz großes Kino.

Dieses große Kino braucht große Menschen, neue Führungsfiguren und kreativ selbst denkende Mitarbeiter mit neuen Aufgaben und Rollen, die es so bisher noch nicht gegeben hat.

Das wären zum Beispiel:

- der **Chefredakteur** (oder Corporate Story Architect)
- der **Chef vom Dienst** (oder Themenmanager)
- der **Ressortleiter** (oder Themenleiter)
- der **Redakteur** (oder Transmedia-Autor)
- der **Producer** (oder Channel Manager)

4.1.9 Die Technik

Einspruch (hoffentlich letzter): Das wird aber auch Zeit, dass hier mal einer über Technik spricht! Wir leben in Zeiten, in denen ohne Technik nichts mehr geht und in denen wir Redaktionsplanungssysteme, Content Management-Systeme, Monitoring-Tools, Data Mining-Tools, Demand Generation-Tools und CRM-Tools brauchen. Wo bleiben denn die in der wundersamen Corporate Story Architecture?

Diese sind hier nicht verbannt, weil ich sie für überflüssig erachte, im Gegenteil: Das sind alles wichtige Hilfsmittel und Instrumente, die mir bei der Erreichung meiner Ziele helfen, die wiederum aus meiner Content-Strategie, dem Zement der Corporate Story Architecture, abgeleitet worden sind. Ob ich ein Tool brauche oder nicht, entscheide ich, wenn das Kommunikationskonzept fertig ist, wenn ich sehen kann, wo ich technische Unterstützung benötige, um mich – ganz im Sinne der drei großen sozialmedialen Herausforderungen – auf die Zusammenarbeit mit Menschen (drinnen oder draußen) und die gemeinsame Produktion wunderbarer Geschichten zu konzentrieren, denn:

> *A fool with a tool is still a fool.*

4.1.10 Großes Kino braucht große Räume

Großes Kino im übertragenen Sinne braucht aber auch ein großes Kino im räumlichen Sinn. Einen Ort, in dem diese Veränderungen, die nicht nur organisatorisch-prozessual sind, sondern auch konzeptionell, inhaltlich, zwischenmenschlich und am Selbstverständnis nagend sind, Raum zur Entfaltung und zum Leben haben. Diesen Veränderungsprozess kann ich nicht anordnen, ich kann ihn anregen, vorleben, und dann begleiten – Change-Management im besten Sinne.

Denn Change-Management ist das Management von Geschichten. Und das Management durch Geschichten. Das sprichwörtliche Päckchen, dass jede Organisation mit sich trägt, als Abstraktum Unternehmen bis hin zu jedem einzelnen Mitarbeiter, darf nicht ignoriert, aber auch nicht überbewertet werden. Eine kleine Einheit wandelt sich vielleicht schneller, ein Großkonzern verhält sich da eher wie ein Sattelschlepper – wenn ich dem einen U-Turn zumute, kippt er um. Es geht also darum, den Zement der Corporate Story Architecture behutsam zu mischen: aus Zuhören, Verstehen, Erzählen, Führen und Überzeugen. Change endet nicht mit der PDF-Version eines neuen Organigramms, es ist ein immerwährender Prozess, in dem ich aus all den vergangenen Geschichten eines Unternehmens, gemeinsam mit seinen Helden, neue Geschichten kreiere. Kein Eswareinmal und keine Propaganda, eher emotionales Dokumentarkino, oft auch Improtheater, aber immer lebendig.

Doch jede Idee bleibt trocken, jedes Organigramm blutleer, wenn es nicht gelebt werden kann. Neue Ideen in alten Räumen, das wird nicht funktionieren. Und für die neue Idee der Zusammenarbeit im Geiste echter Offenheit (endo- und exogen), für das gemeinsame Arbeiten an gemeinsamen Themen und gemeinsamen Geschichten, in der dem sozialmedialen Zeitalter angemessenen Geschwindigkeit, braucht es keine neuen Räume, sondern *einen* neuen Raum: den **Corporate Newsroom**.

Dem Arbeitsalltag des Journalisten und Redakteurs entlehnt, ist dies das Raummodell der Zukunft für Unternehmen mittleren und größeren Ausmaßes. Ein Raum, in dem die fehlenden physischen Wände auch die in den Köpfen eliminieren werden. Ein Raum, in dem abteilungsübergreifend Content im besten Sinne geplant, produziert und publiziert wird. Ein Raum, in dem die im Laufe der Zeit gelernte Offenheit Kollegen gegenüber in einer Art Zusammenarbeit mündet, die vom Publikum inner- und außerhalb des Unternehmens gespürt und goutiert wird. Ein Raum, in dem technische Finessen wie webbasierte Redaktionspläne und News Dashboards den Menschen unterstützen, ihm aber die Arbeit niemals abnehmen. Ein Raum, in dem Hierarchiegrenzen aufgehoben sind, da der Redakteur mit dem Ressortleiter, Chef vom Dienst und Chefredakteur Schulter an Schulter sitzt, Zeit gewinnt und Angst verliert. Ein Raum, in dem man gerne arbeitet, weil man etwas bewegt, gemeinsam. Ein Raum, der die Wirklichkeit schafft, die Organigramme und der sagenumwobene „Tone from the Top" niemals erreichen können.

Klingt kompliziert, aufwändig, zeitintensiv, nach viel Arbeit? Nach echtem „A-Change", der Gegenwind, Bedenken, Revolte, Blut, Schweiß und Tränen mit sich bringt? Ein „A-Change", der lange dauert, und vielleicht nie wieder endet? Ein „A-Change", der lange auch professionell begleitet sein muss, da sonst neue Geschichten in hartnäckigen alten Verhaltensmustern untergehen?

Bad News: Genau das ist es. Aber auch spannend, ein Abenteuer mit offenem, aber sicher besserem Ende.

Denn so ist das nun mal mit Revolutionen … wenn sie nicht gerade ihre Kinder fressen.

4.1.11 Praxisbeispiel Siemens

**Best Practise zu The Brand's Storys:
"/answers: Zoom auf die Mensch-Geschichte"**

Ein 52-jähriger Skater in Südafrika, der dem Leben orientierungsloser Jugendlicher Richtung geben will. Ein chinesischer Orchideenbauer, dessen Geschäft, von permanenten Stromausfällen geplagt, kurz vor dem Ruin steht. Ein österreichischer Tüftler, der aus Pappe Rennwagen baut und so seinen Traumjob bekommt. Das sind drei von über 60 Helden, deren Geschichten von 2011 bis 2014 aus dem digitalen Storytelling-Magazin „/answers" (siehe Bild 4.16) der Siemens AG eines der bis dato außergewöhnlichsten Formate der Corporate Communications gemacht haben.

Auf Basis der Markengeschichte des Unternehmens wurden Alltagsmenschen zu ungewöhnlichen Helden, in überraschenden Storys, konsequent erzählt aus der Perspektive und im Stil renommierter Dokumentarfilmer rund um den Globus. Und immer mit einem klaren Bezug zu den Leistungen des Unternehmens. Nah am Menschen, nah am Markenkern und nah am storycodeX, sorgten diese Geschichten nicht nur in Fachkreisen für Furore, sie unterstützten auch nachweisbar geschäftliche Interessen des Unternehmens. Die Videos finden sich nach wie vor unter youtube.com/answers.

Bild 4.16 Paul Bischof, einer der Helden des „/answers"-Projekts. „Paper Dreams" heißt seine Geschichte.

**Best Practise zu The Brand's Presence":
„Leben ohne Mauern im Siemens Corporate Newsroom"**

Transparenter, schneller, integrierter. Das beweist seit Anfang 2012 der Newsroom der Siemens AG in der Unternehmenszentrale in München. In diesem offenen, lichtdurchfluteten Raum sind Abteilungs- und Hierarchiegrenzen aufgehoben: Presseabteilung, Interne Kommunikation und MarCom arbeiten hier ebenso zusammen wie Kommunikationsstrategen, Themenplaner, Redenschreiber und Government Affairs.

Das Ziel: Verschmelzung externer und interner Themen, schnellere Reaktionsfähigkeit in Zeiten medialer Echtzeitberichterstattung, Koordination der globalen Kommunikationsaktivitäten des Unternehmens, Themenschwerpunkte setzen und die vielen Geschichten von Siemens zum richtigen Zeitpunkt am richtigen Ort in der richtigen Umsetzung präsentieren. Geplant wird in langfristigen Themenkonferenzen ebenso wie in täglichen Redaktionssitzungen, umgesetzt direkt in diesem Corporate Newsroom (siehe Bild 4.17) oder in einem der über 200 Länder, in denen das Unternehmen vertreten ist.

Bild 4.17 Von der Vogelperspektive bis zum Close-up: Im Siemens Newsroom in München werden Themen von allen Seiten beleuchtet, auf der ewigen Suche nach guten Geschichten.

5 Grundelemente: Alles Drama oder was?

Gehen wir nun tiefer auf den Inhalt ein, der in den Newsrooms erstellt, geplant und verteilt wird: die Story.

Im Grunde bestehen alle Geschichten aus einer Handvoll wiederkehrender Elemente, die uns in Mythen, Märchen, Träumen und Filmen immer wieder begegnen. Sie spiegeln den Kreislauf der menschlichen Existenz wider und bilden ein Schema für gut funktionierende Geschichten.

Die Funktionsweise des menschlichen Gehirns liefert die Grundlage für das Storytelling, denn es arbeitet mit Vorlagen. Unsere neuronalen Muster verfolgen übergeordnete Ziele: den Wunsch der Menschen nach Überleben und Fortpflanzung. Stellen Sie sich hierbei die Vorlagen als einen Mix aus genetisch vorgegebenen und biografisch erlernten Elementen vor. An diesen Überlebensmustern messen sich neue Muster so lange, bis das optimale gefunden wird.

Erzählungen und Geschichten haben einen dramaturgischen Aufbau. Jede Story durchläuft einen Prozess, startet mit einem Anfang und endet nach dem Mittelteil mit dem Schluss. Doch zunächst benötigt eine Geschichte auch einen Rahmen: Denn das Publikum muss wissen, **wo** die Erzählung stattfindet, **wann** sie erzählt wird und **wer** darin vorkommt.

5.1 Grundelemente: Was eine gute Geschichte braucht

Ja, tatsächlich geht jede erzählerische Handlung – in der Spannung erzeugt wird und in verschiedenen Teilen mit verschiedenen Wendepunkten aufbereitet wird – auf Aristoteles **Reflexionen von Poetik** zurück: Er definiert Tragödie, Epos und Komödie sowie die poetischen und dramatischen Kriterien dieser drei Gattungen.

Aristoteles fasst **Handlung** als poetische Nachahmung der Wirklichkeit mit den folgenden Zielen auf:

- Läuterung und Reinigung;
- Vergnügen;
- Glückseligkeit und Entspannung;
- Bildung und Erziehung.

Auch den Aufbau einer Story in (überwiegend) drei Akten verdanken wir Aristoteles: Der erste Akt ist dem Aufbau des Konflikts gewidmet, im zweiten Akt gibt es einen Wende- und Höhepunkt (Katharsis) und im dritten Akt wird der Konflikt gelöst.

Außerdem benötigt laut Aristoteles jede Geschichte drei Konstanten: den Helden, einen Ort und eine Handlung.

Bild 5.1 Ob Held oder Antiheld, der Zuschauer muss sich mit einer Hauptfigur identifizieren können.

- **Held (Protagonist):** Der Held bzw. Antiheld (siehe Bild 5.1) ist die Hauptfigur einer Erzählung. Er muss im Laufe der Erzählung Hürden überwinden und Probleme bewältigen. Dabei durchlebt die Heldenfigur eine Veränderung, sie ist am Ende anders als vor der „überwundenen" Konfliktsituation. Sie muss sich im Laufe der Geschichte verändern (eine Wandlung durchleben), sei es in der Persönlichkeit, im Verhalten oder durch einen neuen Status, den sie erlangt. Erinnern wir uns an Gandalf, den grauen Zauberer aus Tolkiens Epos „Der Herr der Ringe". Gandalf kommt nach einer Auseinandersetzung mit Saruman gestärkt als Gandalf der Weiße zurück.

- **Ort:** Häufig sind Erinnerungen und ein Geschehen an einen Ort gebunden. Besuchen wir beispielsweise unser Schulgebäude der ersten Klassen, tauchen längst verschüttete Erinnerungen wieder auf. Orte und Schauplätze vermitteln dem Publikum aber auch eine Vielzahl an Informationen über das soziale Umfeld, die kulturelle Umgebung, Stimmungen und vieles mehr.

  Lassen Sie sich auf ein kurzes Experiment ein und notieren Sie die ersten fünf Begriffe und Bilder, die Sie mit dem Titel „Lovestory im Gefängnis" assoziieren. Nun gehen Sie einmal in einen anderen Raum, beispielsweise in die Küche, und starten das gleiche Experiment mit dem Titel „Lovestory im Iglu". Ich bin gespannt, welche unterschiedlichen Geschichten sich nur durch die unterschiedlichen Ortsangaben entwickelt haben.

- **Handlung/Szene:** Es geht um Handlung und Veränderung. Oft bieten Stoffe keine epischen Handlungen an. Gibt es wenigstens ein paar Szenen? Lassen Sie den Stoff in Ihrem Kopf in Form von Szenen ablaufen. Gibt es Kernszenen?

Erweiterung des Ansatzes von Aristoteles

Vergessen wir nicht, dass häufig auch der Gegenstand eine wichtige Rolle spielt: Ein **Gegenstand oder ein Objekt** erzählt einen Teil der Geschichte, etwa der vergiftete Apfel von Schneewittchen oder der Schuh bei Aschenbrödel. Oft ist es ein sprechendes Detail (der Spiegel bei Schneewittchen), das hilft, die Essenz zu vermitteln.

Eine Erweiterung dieser Theorie ist folgendes fünfteilige Storyschema: Exposition, Steigerung, Höhepunkt, fallende Handlung, Katastrophe.

Anfang, Mittelteil und Ende

Der Aufbau, die Grundelemente einer Story, wurde bereits von Aristoteles festgehalten. Er führte als Hauptmerkmal einer Handlung die Einteilung einer Geschichte in Anfang, Mitte und Ende (siehe Bild 5.2) ein:

Bild 5.2 Jede Geschichte benötigt einen Anfang, einen Mittelteil und einen Schluss.

„Ein Ganzes ist, was Anfang, Mitte und Ende hat. Ein Anfang ist, was selbst nicht mit Notwendigkeit auf etwas anderes folgt, nach dem jedoch natürlicherweise etwas anderes eintritt oder entsteht. Ein Ende ist umgekehrt, was selbst natürlicherweise auf etwas anderes folgt, und zwar notwendigerweise oder in der Regel, während nach ihm nichts anderes mehr eintritt. Eine Mitte ist, was sowohl selbst auf etwas anderes folgt als auch etwas anderes nach sich zieht. Demzufolge dürfen Handlungen, wenn sie gut zusammengefügt sein sollen, nicht an beliebiger Stelle einsetzen noch an beliebiger Stelle enden, sondern sie müssen sich an die genannten Grundsätze halten."[1]

Exkurs: Alles hat ein Ende

Achten Sie darauf, dass eine Geschichte vollständig sein muss. Nichts ist ärgerlicher als offene Passagen und Fragen, die nicht beantwortet werden. Sogar Serien setzen hinter jeder Episode einen Abschluss.

Eine gute Story sollte einen Anfang sowie ein Ende haben, welches abgeschlossen ist. Selbstverständlich gibt es hierbei auch Ausnahmen, zum Beispiel ein „Offenes Ende" wie bei dem Film „Lola rennt"*, welches das Publikum zum Weitererzählen animieren möchte bzw. darauf aufmerksam macht, dass es eine Fortsetzung geben wird.

Diese Feststellung erscheint zunächst trivial, aber ohne Anfang und ohne Schluss gibt es keine Veränderung, keine Dynamik. Und nutzte Aristoteles die drei Hauptelemente einer ganzen Geschichte vielleicht als Metapher für das Leben, die Existenz eines Lebewesens? Für einen natürlichen Verlauf des Lebens, das der Mensch ständig beobachten und erfahren kann – eine Mustervorlage?

---

* WWW: de.wikipedia.org/wiki/Lola_rennt; Wikipedia beschreibt „Lola rennt" folgendermaßen: „Der Film zeigt dreimal dieselbe Zeitspanne von zwanzig Minuten, jedes Mal mit kleinen Detailunterschieden, die die Handlung jeweils zu einem völlig anderen Ausgang führen (Schmetterlingseffekt in einer Form ähnlich einer Zeitschleife)."

Der Spannungsbogen

Betrachten wir nun den Spannungsbogen einer Story (siehe Bild 5.3): Er ist der „Ablaufplan" oder die „Wirbelsäule einer Geschichte", die alles zusammenhält. Der Spannungsbogen hilft, die Aufmerksamkeit, das Interesse und die Erwartung des Publikums aufrechtzuerhalten.

Idealerweise beginnt der Spannungsbogen rasch am Anfang der Geschichte und fesselt das Publikum, während gleichzeitig die notwendigen Informationen gegeben werden.

Denken Sie nur an die Einführung der Serie Star Trek (Raumschiff Enterprise). Mit den Worten *„Der Weltraum, unendliche Weiten. Wir schreiben das Jahr 2200. Dies sind die Abenteuer des Raumschiffs Enterprise, das mit seiner 400 Mann starken Besatzung fünf Jahre unterwegs ist, um fremde Galaxien zu erforschen, neues Leben und neue Zivilisationen. Viele Lichtjahre von der Erde entfernt dringt die Enterprise in Galaxien vor, die nie ein Mensch zuvor gesehen hat."* beginnt jede Folge der legendären Fernsehserie. Bereits nach einigen Sekunden ist der Zuschauer informiert, wo (im Weltall), wann (im 23. Jahrhundert) und wovon – von der Suche nach friedlicher Koexistenz mit anderen außerirdischen Lebensformen – die Serie bzw. der Film handelt.

---

[1] Aristoteles, Poetik, ca. 300 v. Chr.

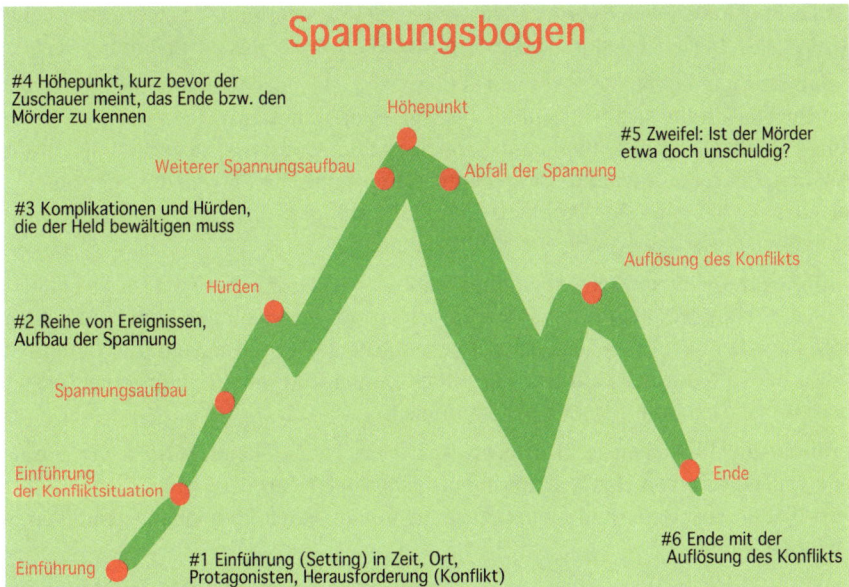

Bild 5.3 Der Spannungsbogen, hier mit den Grundelementen einer Story, ist nur eine einfache Darstellung eines Ablaufes. Wenn ich an meine TV-Zeit zurückdenke, so wurden dort die einzelnen Bereiche einer Sendung bis zur Pause als einzelne „Akte" einer Aufführung gesehen, welche die Spannung bis zur Pause aufbauten und erst kurz vor Ende der Sendung oder Gameshow wurden die Gewinner gezeigt, die Freudentränen, die glückliche Familie etc.

Auch die Hauptcharaktere (Protagonisten) kristallisieren sich schnell heraus – es ist die immer wiederkehrende Crew der Enterprise unter der Leitung von Captain James T. Kirk, zusammen mit seinen engsten Crewmitgliedern, dem Vulkanier und Ersten Offizier Mr. Spock, Schiffsarzt Dr. Leonard „Pille" McCoy, Chef-Ingenieur Montgomery „Scotty" Scott und weiteren Darstellern.

Das Ende der einzelnen Episoden ist immer abgeschlossen, und fast immer gewinnen die Guten.

Parallele Spannungsbögen: In einer Geschichte wird zumindest eine Herausforderung, ein Konflikt gemeistert. Häufig tauchen neben einem Hauptkonflikt oder Problem – beispielsweise die Rettung der Erde – weitere parallele Spannungsbögen auf, wie eine Liebesbeziehung zwischen dem Helden und der Tochter seines Gegenspielers.

Die parallelen Spannungsbögen werden in der Regel in eigenen Szenen entstehen und sollten im „Hauptspannungsbogen" aufgehen.

Pfeiler des Spannungsbogens: Um Spannung zu erzeugen, wird wie bei einem gut wärmenden Feuer, das langsam geschürt wird, der Konflikt nach und nach aufgebaut. Häufig wird der Zuschauer in die Irre geführt. Er meint schön früh zu wissen, wer zum Beispiel der Mörder ist, doch dann wird diese Person auch noch ermordet oder hat ein stichfestes Alibi. Allzu leicht und ersichtlich sollte ein Spannungsbogen sicher nicht aufgebaut sein, denn dann erscheint die Geschichte als durchsichtig, das Handlungsschema als bekannt und die Neugierde wird nicht geweckt: das Mitfiebern hört auf, Spannung und Aufmerksamkeit lassen nach.

Wenn das Publikum denkt, dass der Held keinen Ausweg mehr findet, sich in letzter Sekunde dann aber doch noch ein neuer Fluchtweg auftut, dann treibt das die Spannung hoch.
- **Dynamik:** Eine Geschichte darf nicht statisch sein, sie muss in Bewegung, im Fluss bleiben. Die Story sollte sich vom Anfang bis zum Ende weiterentwickeln mit dem Ziel, eine andere als die Ausgangssituation zu erreichen. Eine langsame Steigerung der Dramatik lässt den Zuschauer nicht zu schnell entdecken, wohin die Entwicklung der Story geht. Der Ausgang des zentralen Problems oder Konflikts sollte (fast) bis zuletzt offen bleiben, denn durch diese Ungewissheit entsteht Spannung.
- **Gefühle:** Ein wichtiges Element gut funktionierender Geschichten sind starke Emotionen. Wenn der Hauptdarsteller Harry Potter seinen entscheidenden Kampf mit Lord Voldemort führt, muss der Zuschauer dem Sieg Potters entgegenfiebern. Wenn eine der Hauptfiguren – etwa der Direktor der Zauberschule Albus Dumbledore – stirbt, muss der Leser bzw. Zuschauer die erzählte Trauer auch empfinden.
- **Veränderung:** Im Verlauf der Geschichte, spätestens beim Höhepunkt, sollte der Zuschauer neue Facetten an den Hauptcharakteren, insbesondere an der Heldenfigur entdecken. Harry Potter wird reifer und kämpft zusammen mit seinen Freunden gegen einen übermächtigen Feind.

Bei diesem Drei-Akte-Model nach Aristoteles geht man davon aus, dass sowohl die Einleitung als auch der Schluss ca. 25 Prozent der Story einnehmen, während der Hauptteil etwa 50 Prozent der Geschichte ausmacht.

Fünf-Akter nach Gustav Freytag

Auch Gustav Freytag, Dramatiker und Autor, beobachtete Aristoteles Handlungsmuster und erweiterte es in eine Fünf-Akte-Struktur, die Informationen darüber, was, wann und wie etwas in der Story geschieht, mit einbezieht.
- **Exposition:** Hier werden alle Charaktere wie Hauptfiguren, Spieler und Gegenspieler, Örtlichkeiten sowie der Auslöser für den Konflikt dargestellt.
- **Handlungssteigerung:** Es gibt mehr als einen Konflikt: Weitere Komplikationen verhindern die zu schnelle Auflösung des Problems.
- **Klimax:** Der Höhepunkt einer Story ist der spannendste Teil. Wie bei Aristoteles Drei-Akter wird hier der Konflikt auf die Spitze getrieben.
- **Handlungsabfall:** Die Spannung wird allmählich abgebaut und Nachwirkungen des Höhepunktes werden offenbart.
- **Auflösung:** Nach dem Abfall der Handlung wird der Konflikt endlich aufgelöst. Der Prinz heiratet seine Angebetete „und wenn sie nicht gestorben sind, dann leben sie noch heute. Der Prinz zog mit seiner Frau …".

5.2 Wie Archetypen Geschichten erzählen …

Geschichten greifen oft auf Bekanntes zurück, auf bekannte Erzählformen, bekannte Mythen oder Erzählmuster. Das Konzept der **Archetypen**[2] ist ein wichtiges Element beim Geschichtenerzählen.

Jeder kennt sie, den typischen Liebhaber, den jungen unbedarften Narren, den Retter der Welt bzw. die typische Lovestory, die Heldenstory …

Seit hunderten von Jahren haben sich typische Arten von Geschichten mit immer wieder auftretenden ähnlichen Gestalten (Urtypen), die eben diese Geschichten bevölkern, herauskristallisiert. Egal, in welcher Kultur oder in welchem Zeitalter wir leben, welche Bildung wir haben oder welcher Religion wir angehören, wir reagieren gleichermaßen stark auf die Urtypen sowie universalen Mustergeschichten und können uns dieser Anziehungskraft nicht entziehen.

Unverbraucht, einzigartig und spannend wirken Erzählmuster, die mit vorhandenen Konventionen brechen und neue Kontexte schaffen. Davon leben Theater, Remixes (Musik) oder Neuverfilmungen: Der Stoff der Story ist bekannt, die neue Interpretation ist die „Behandlung des Stoffes". Hierbei ist beispielsweise interessant, wie eine Rolle besetzt wird, denn der Schauspieler lässt immer einen Teil seiner ganz persönlichen Auseinandersetzung mit in die Rolle einfließen.

Archetypen menscheln

Ur- und Archetypen handeln von Menschen und davon, was uns zu Menschen macht. Es geht um Ängste, Wünsche, Bedrohungen und die Beschäftigung mit unseren Sinnesfragen. Geschichten, die in allerlei Variationen immer wieder neu erzählt werden, beantworten Fragen nach dem Ursprung, nach Ungereimtheiten, den Urgewalten und nach Glück und dem Leben nach dem Tod. Sie behandeln die Themen, die den Menschen immer und überall beschäftigen.

Folgende Ur-Themen findet man in vielen Storys:
- Leben & Tod
- Ankunft & Abschied
- Liebe & Hass
- Geborgenheit & Furcht
- Wahrheit & Lüge
- Stärke (Macht) & Schwäche
- Treue & Betrug
- Gut & Böse

---

[2] Der Psychologe Carl Gustav Jung betonte das Überpersönliche der Archetypen: „Die Inhalte des persönlichen Unbewußten sind Erwerbungen des individuellen Lebens, die des kollektiven Unbewußten dagegen stets und a priori vorhandene Archetypen." (Gesammelte Werke 9/2, § 13, publiziert 1951). Die Analytische Psychologie versteht hierunter die im kollektiven Unbewussten angesiedelten Urbilder menschlicher Vorstellungsmuster.

Bild 5.4 Der Harlekin oder auch Clown verkörpert eine Version des Archetypus Schlitzohr: Er soll die Handlung auflockern, sorgt für Gags und Witze. Das Schlitzohr bringt Unruhe, Spannung, aber auch Spaß und Vergnügen, oft auch Schadenfreude, in die Handlung.

Ursprünglich prägte der Schweizer Psychoanalytiker **Carl Gustav Jung** den Begriff der Archetypen und analysierte als Erster die psychologischen Muster, die häufig in Mythologie, in sakralen Texten, in Folklore, Kunst und Popkultur auftreten.

Laut Jung besagt der Begriff Archetypus „..., *dass es sich bei den kollektiv-unbewussten Inhalten um altertümliche oder – besser noch – urtümliche Typen, das heißt seit alters vorhandene, allgemeine Bilder handelt.*"[3]

Für Jung sind Archetypen „Bestandteile des Lebens", da sie eine emotionale Verbindung des Individuums zum kollektiven Unbewussten darstellen. Viele der Archetypen beruhen laut Jung auf Ur-Erfahrungen der Menschheit wie Geburt, Kindheit, Pubertät, ein Kind bekommen, Elternschaft, das Altwerden und den Tod.

Ein Archetyp als solcher ist unanschaulich, eben unbewusst, ist in seiner Wirkung aber in symbolischen Bildern erfahrbar wie beispielsweise in Träumen, Visionen, Psychosen, künstlerischen Erzeugnissen, Märchen und Mythen. Carl Gustav Jung leitete das Vorkommen von Archetypen aus Astrologie, vergleichender Religionswissenschaft, Träumen, Märchen, Sagen und Mythen ab.

Dank ihres hohen Wiedererkennungswerts und ihrer Universalität eignen sich Archetypen als eine Art Mustervorlage, um Menschen emotional anzusprechen. Sie eignen sich hervorragend für Branding, Werbung und Marketing. Archetypische Geschichten sind besonders aussagekräftig, weil sie von authentischen Erfahrungen und Sehnsüchten erzählen, die alle Menschen teilen. Diese Geschichten funktionieren immer, weil wir durch sie erfahren, was Menschen motiviert.

Als (archaische) Erzählformen sind folgende Formen bekannt, die aber auch gerne miteinander vermischt werden: die Komödie, Romanze, Tragödie und Satire.

---

[3] C.G. Jung: Gesammelte Werke. Neunter Band. Erster Halbband. Die Archetypen und das kollektive Unbewusste. Walter-Verlag, Olten 1976, Ziff. 5

5.3 Joseph Campbells Heldenreise als Mustervorlage einer Story

Jungs Theorie der Archetypen sowie Aristoteles Überlegungen zum Drama wurden von dem Ethnologen **Joseph Campbell** in seinem Werk „Der Heros in tausend Gestalten"[4] aufgegriffen. Campbell entwirft mit seiner „Heldenreise" (siehe Bild 5.5) eine Blaupause fürs Storytelling.

Geschichten und Märchen sind so gebaut, dass sie Menschen beschäftigen und berühren. Bricht man viele Erzählungen auf einen gemeinsamen Teil herunter, kristallisiert sich schnell eine Vorlage (ein „Grundmuster"), ein gemeinsamer Nenner heraus:

> Joseph Campbell: Ein Held bricht auf, trifft auf Widerstände, überwindet sie oder kommt dabei um.

Dieses Grundmuster können wir laut Mythenforscher Joseph Campbell in allen Kulturen erkennen. Der folgende Ablauf bezieht sich auf Campbells Modell der Heldenreise „Der Heros in tausend Gestalten" sowie auf Christopher Vogler[5], der die Heldenreise für Drehbuchautoren modifizierte:

Bild 5.5 In der Heldenreise nach Joseph Campbell durchläuft der Held in zwölf Stationen eine Reise, während der er sich durch die Umstände der Reise verändert.

---
[4] Campbell, Joseph: Der Heros in tausend Gestalten, Insel Verlag 2011
[5] Vogler, Christopher: Die Odyssee des Drehbuchschreibers, Zweitausendeins 2010

Campbell beobachtete diesen **Monomythos** – eine archetypische Grundstruktur, die sich in den Mythen aller Kulturkreise wiederfindet – und unterteilt ihn in zwölf Stationen, nach denen sich die Heldenreisen aufbauen. Helden bezeichnet hierbei Hauptcharaktere einer Story, egal ob real oder fiktiv, ob Mann oder Frau, ob in der Vergangenheit oder Zukunft, ob in Afrika oder im Weltraum – sie alle verfolgen ein dramaturgisches Grundkonzept.

Lassen Sie mich einige Beispiele nennen, die nach diesem „Heldenreisen"-Muster gestrickt wurden: George Lucas nennt Campbell als wichtigen Wegweiser für seine Star Wars-Reihe. Aber auch erfolgreiche Storys wie Matrix, Harry Potter, Pretty Woman, Disney-Filme wie „Findet Nemo" und natürlich „Der Herr der Ringe" folgen diesem Muster.

Archetypen beruhen auf Erfahrungen und sind allgemein und kulturübergreifend gültig.

Bild 5.6 Unsere Helden üben häufig eine Vorbildfunktion aus. (Foto © Pia Kleine Wieskamp)

> **Exkurs: Wie werde ich zum Helden?**
> Eine witzige Umsetzung des Wunsches, dass jeder von uns ein Held sein möchte, zeigt das Video der Marke „Old Spice". Bekannt ist diese Marke für ihre Rasierwasser- bzw. ihre Herrendüfte. In dem Video „Believe In Your Smellf"* unterstützt ein Offline-Sprecher (die Marke) den Protagonisten dabei, ein „Gewinner" zu werden und stets an sich selbst zu glauben („Believe In Yourself"). Das geschieht hier ein wenig auf ironische Weise, wie bereits der Sprachwitz „Believe In Your Smellf" andeutet – also wer sich selbst riechen kann, ist auch ein Held …
>
> * WWW: **Video von Old Spice „Believe In Your Smellf",** wk.com/campaign/believe_in_your_smellf

Vogler nennt folgende wichtige Archetypen (Urcharaktere bzw. Urfiguren), die in erster Linie in ihrer dramatischen Funktion zu sehen sind:

- **Held bzw. Antiheld:** Der Held hat die Funktion, etwas über die Menschen, das Leben und die Gesellschaft auszusagen. So zum Beispiel der Held Harry Potter. Er hat den Angriff seines Widersachers Voldemort nur überlebt, weil seine Eltern ihn so sehr liebten.
- **Mentor:** Die Mentorenfigur in einer Geschichte steht dem Helden häufig als Berater und Lehrer zur Seite. In „Herr der Ringe" füllt der Zauberer Gandalf zum Beispiel diese Position aus, indem er den Helden der Geschichte, Bilbo Beutlin, immer wieder auf den richtigen Pfad zurückbringt.
- **Schwellenhüter:** Immer wenn der Held in einen anderen Bereich, eine weitere Ebene der Story gelangt, muss er eine Schwelle überschreiten. Der Schwellenhüter versucht dies in den meisten Fällen zu verhindern und somit auch, dass der Held seine Ziele erreicht. Denken wir nur an den dreiköpfigen Höllenhund, der versucht Harry Potter den Weg zur Falltüre zu versperren.
- **Herold:** Er ist der Überbringer von Nachrichten und motiviert mit seinem „Ruf zum Abenteuer": Häufig ist der Herold zugleich der Mentor. Hier möchte ich an Obi-Wan Kenobi erinnern, der Luke Skywalker zur Rettung der Prinzessin motiviert.
- **Gestaltwandler:** Gestaltwandlern kann man nicht trauen. Sie verkörpern das Ungewisse, den Illoyalen, den Verräter oder Doppelagenten.
- **Schatten:** Sie verkörpern das Böse sowie die schlechten Eigenschaften des Menschen wie Hass, Neid, Habgier oder Angst. Der Held muss die Schatten besiegen, um sein Ziel zu erreichen. In dem Buch „Herr der Ringe" ist der Schatten als Sauron sichtbar.
- **Trickster:** Die Figur des Trickster ist zum Ausgleich und zur Entspannung da. Er nutzt Humor, ist listig, aber auch einfallsreich und charmant. Hier fällt mir der etwas tollpatschige „Jar Jar Binks"[6] aus dem Hollywood-Epos Star Wars ein.

■ 5.4 Angesagte Erzählarten

Es existieren diverse Arten von Erzähltechniken, Erzählstilen und auch Erzählperspektiven. Sie können zwischen zwei **Erzählperspektiven** wählen:

1. **Außenperspektive:** Hier blickt das Publikum von außen auf das Geschehen, wie von einer übergeordneten Position.
2. **Innenperspektive:** Der Leser erfährt das Geschehen aus dem „inneren Handlungsgeschehen" heraus. Oft wird hierzu die Perspektive des Ich-Erzählers gewählt.

Franz Karl Stanzel[7] hat ein „Modell der Erzählsituationen" zur Unterscheidung von Erzählperspektiven geschaffen, in dem er vier verschiedene Blickwinkel des Erzählers beschreibt.

---

[6] WWW: Weitere Informationen zu Jar Jar Binks: de.starwars.com/datenbank/jar-jar-binks
[7] WWW: Franz Karl Stanzel, de.wikipedia.org/wiki/Franz_Karl_Stanzel

Die Erzählperspektive (Point of View) transportiert sowohl die Protagonisten (Figuren oder Personen) als auch die Schauplätze der Handlung (Setting) und den Handlungsablauf (Plot) einer Story zum Leser. Beschreiben wir zunächst die unterschiedlichen Positionen, die ein Erzähler einnehmen kann, also die **Erzählsituation** bzw. das **Erzählverhalten**:

- Die **Ich-Erzählsituation** der erzählenden Person ist uns nicht erst seit „Forrest Gump" bekannt. Hier ist der Erzähler ein Teil des Geschehens und er gibt dieses in der Ich-Form wieder. Er erzählt seine Lebensgeschichte durch Rückblenden.
- Bei der **auktorialen Erzählsituation** steht der Erzähler außerhalb des Geschehens: Er ist allwissend und greift kommentierend in das Geschehen ein. Er ist nicht neutral, wertet das Geschehen und kann sowohl zurück- als auch vorausschauen.
- Die **personale Erzählsituation** erlaubt dem Publikum das Geschehen aus der Sicht einer oder mehrerer Figuren zu erleben (Reflektorfigur). Die Erzählinstanz ist also subjektiv.
- **Neutrales Erzählverhalten:** Hierbei verzichtet der Erzähler auf jede individuelle Sichtweise und enthält sich jeglicher Wertung. Es folgt eine streng sachliche Wiedergabe der Dinge.

Nun unterscheiden wir folgende **Erzählformen**:

- **Szenisches Erzählen:** Beim szenischen Erzählen entfaltet man eine Situation so, dass der Leser an ein Theaterstück auf der Bühne erinnert wird. Das szenische Erzählen ist detailliert und nah am Geschehen. Dadurch benötigt es mehr Raum und Zeit. Im Mittelpunkt der Darstellung stehen Dialoge. Berichtende Personen treten bei dieser Erzählform in den Hintergrund.
- **Berichtendes Erzählen** (siehe Bild 5.7): Hier finden kaum Dialoge statt. Der Erzähler gibt das Geschehen in berichtender Form wieder. Dies dient dazu, den Handlungsverlauf der Geschichte darzustellen. Das bedeutet, dass die Wiedergabe aus der Beobachtersituation heraus erfolgt. Es ist also nicht gemeint, dass die Wiedergabe besonders sachlich dargestellt wird.

Bild 5.7 Erzählform: Berichtendes Erzählen

- **Kontinuierliches Erzählen:** Hierbei wird die chronologische Abfolge im Handlungsverlauf eingehalten. Erzählbrüche und Zeitsprünge sollten in dieser Erzählform vermieden werden.
- **Diskontinuierliches Erzählen:** Ein bewusstes Durchbrechen der chronologischen Abfolge ist bei dieser Erzählform erwünscht. Oft werden bewusst Erzählbrüche und Zeitsprünge eingesetzt.

Zeitgestaltung:

Die zeitliche Ordnung einer Story kann folgendermaßen aussehen:

- Linear, also chronologisch dem Geschehen entsprechend.
- Epische Rückwendung: Hierbei greift der Erzähler zeitlich zurück, etwa mit einer „Rückblende", die wir als Einstieg in jede Folge der Serie Raumschiff Enterprise (Star Trek) kennen. Dabei ist die epische Rückwendung in jeder Phase des Handlungsverlaufs möglich. So können beispielsweise neu auftretende Protagonisten mit einer Vorgeschichte versehen werden.
- Der Blick in die Zukunft, also Vorausdeutungen, spielt bereits in der Antike eine große Rolle; denken wir nur an das „Jüngste Gericht".

Folgende zeitliche Gestaltungen von Geschichten treten auf:

- **Erzählzeit:** Dies ist die Zeit, die der Erzähler für die Wiedergabe seiner Geschichte braucht bzw. die das Publikum (der Rezipient) für die Aufnahme der Geschichte benötigt.
- Mit **erzählter Zeit** ist der Zeitraum gemeint, über den erzählt wird.
- In der **Zeitraffung** werden längere Zeiträume vom Erzähler zusammengefasst und wiedergegeben. Hierbei werden Zeiten ausgespart (z. B. „einige Jahre später") oder ein großer Zeitbereich wird pauschalisiert (z. B. „von der Pubertät ist nicht viel zu berichten").
- **Zeitdehnung:** Hier ist die Erzählzeit länger als die erzählte Zeit (z. B. beim inneren Monolog).
- **Zeitdeckung:** Die Erzählzeit und die erzählte Zeit sind (annähernd) identisch (z. B. bei Dialogen, szenischen Erzählungen).

5.5 Bewährte Erzählmuster und -methoden

Genres, also grundlegende Kategorien, die sich allerdings immer variieren lassen oder auch miteinander vermischt werden können, gibt es viele. Nehmen Sie als Beispiel einmal die Fotografie. Hier gibt es Akt-, Landschafts-, Architektur-, Sportfotografie und vieles mehr. Im Storytelling ist es ganz ähnlich. Hier gibt es Märchen, Mythen, Alltagsgeschichten und vieles mehr. Das Zurückgreifen auf bewährte Erzähltypen und -muster ist allein deshalb schon gut, weil wir Menschen wahre Mustererkenner sind und sich die Rezipienten einer Story deshalb besser mit ihr verbinden können. Am besten legen Sie sich ein Musterdepot von Geschichten und Erzählarten an, die bei Ihnen und Ihren Mitbewerbern gut funktioniert haben, und untersuchen Sie an diesen, warum sie so gut wirken.

Es folgt eine kleine Auswahl erfolgreicher Story-„Arten":

1. **Alltagsgeschichten:**
   Alltägliche Erlebnisse verbinden. Das Publikum, jede Person, kann sich mit ihnen besonders gut identifizieren. Ob es sich nun um Anekdoten über den Nachbarn (erinnern Sie sich an den Werbeslogan „... dann klappt's auch mit dem Nachbarn"*), Urlaubserlebnisse oder anderes handelt. Alles Erlebte lässt sich in Geschichten umwandeln.

2. **Konstruierte Geschichten:**
   Storytelling muss nicht zwangsläufig auf tatsächlichen Begebenheiten beruhen; es können auch erfundene Geschichten sein. Ganze Genres wie Science-Fiction, Märchen oder Fabeln gehören dazu. Konstruierte Geschichten erzählen keine Fakten, sondern sie wecken Gefühle und Emotionen und laden ein zum Spaziergang durch Traumwelten.

3. **Sachgeschichten:**
   Ganz anders gestrickt sind die Sachgeschichten. Häufig sind diese gerade im Bereich Anleitungen (z. B. Kochkurse) oder auch How-to-Videos zu finden, in denen Wissen oder Produktinfos praxisnah und leicht verständlich gezeigt werden.

4. **Mitmachgeschichten:**
   Lassen Sie ruhig auch mal Ihre Kunden oder Partner erzählen. Mittlerweile basieren ganze Plattformen auf Geschichten, die persönliche Erfahrungen der Kunden beinhalten. Bewertungsportale wie Amazon, Yelp oder Airbnb leben von den „Erlebnissen" der Kunden und deren Geschichten.

---

* WWW: Calgonit-Werbung „... dann klappt's auch mit dem Nachbarn." https://youtu.be/0OlzghvQ6wk

6 Der Story-Baukasten

Ein Baukasten hat den Vorteil, dass sich einzelne Komponenten unterschiedlich (modular) zu einem Ganzen kombinieren lassen. Erinnern wir uns an unsere Kindheit und den einfachen Holz-Baukasten, mit dem wir ganze Schlösser und Burgen erbauen konnten.

Dies ist eine (Bau-)Anleitung für die Grundform einer Geschichte (eines Gebäudes), die je nach Projekt erweitert und variabel angepasst werden kann. Das Gerüst gleicht einer Wirbelsäule, die jede Story davor schützt, in sich zusammenzubrechen!

Die Grundbausteine einer guten Geschichte

Baukästen enthalten u. a. rechteckige und quadratische Bauklötze, Säulen. Mit diesen Grundelementen können Geschichten in jedem Medium erzählt werden. Die einzelnen Elemente enthalten Tipps und Anregungen zur Erstellung eigener Storys:

■ 6.1 Vorbereitungsphase

Die Vorbereitungsphase kann jede Person oder Abteilung auch dann starten, wenn kein konkretes Story-Projekt ansteht.

1. **Inspiration ist die halbe „Miete"**

   Lassen Sie sich inspirieren! Das ist sehr leicht, wenn man sich öffnet – und für seinen Kopf und seine Sinne auf den „Aufmerksamkeitsaufnahmeknopf" drückt.

   Filtern kann man später immer noch, denn zunächst sollen Sie mit allen Sinnen Ihre Umwelt aufnehmen. Dies geschieht durch Reisen, Gespräche oder die „Aufnahme" von Medien, beispielsweise der Lokalnachrichten oder diverser Social-Media-Kanäle. Versuchen Sie diese Aufnahme nicht auf eine Sprache oder einen Kulturkreis zu beschränken. Lesen Sie, schauen Sie sich Theaterstücke, Veranstaltungen oder Filme an. Besuchen Sie Ausstellungen und Museen. Beobachten Sie Menschen und reden Sie mit ihnen. Und wie auch bei der Diskussion, ob das Ei oder das Huhn zuerst da war, so ist es auch mit der Idee und den Zielen. Gibt es zuerst die Aufgabe und die Zielsetzung, und dann wird nach Ideen gesucht? Oder trägt man diverse Ideenansätze in einer Ideendatenbank zusammen und kann dann je nach Aufgabenstellung einen Ansatz aus einem vorhandenen „Pool" hervorzaubern?

   Die richtige Idee kommt nicht einfach im Schlaf (siehe Bild 6.1). Traumhaft wäre es ja, wenn benötigte Ideen einfach über Nacht oder unter der Dusche kommen würden. Jedoch resultieren die meisten Ideen aus einem Arbeitsprozess, an dem oftmals verschiedene Personengruppen in Vertrieb, Marketing, Herstellung usw. beteiligt sind. Häufig werden zuerst Ansprüche und Aufgaben seitens der Firma oder des Auftraggebers gestellt, beispielsweise die Einführung einer neuen Buchreihe.

Bild 6.1 Ideen kommen nicht über Nacht: legen Sie sich einfach eine Ideensammlung bei Pinterest an. Hier unser Beispiel: https://de.pinterest.com/StoryBaukasten/.

Exkurs: Trainieren Sie Ihr Kreativitätspotenzial!

Ich habe eine positive Nachricht für Sie: Kreativitätstechniken ermöglichen es Ihnen, alte Denkmuster über Bord zu schmeißen und kreatives Potenzial freizusetzen. Trainieren Sie Ihre Vorstellungskraft, denn Kreativität lässt sich systematisch freisetzen.

Egal, ob Sie alleine oder im Team mehr Kreativität für neue Konzepte oder effizientere Prozesse benötigen – mit einer passenden Kreativitätsmethode funktioniert die Entwicklung innovativer Ideen viel leichter und oft auch schneller.

Es existieren zahlreiche Ratschläge, wie man bewusst Ideen hervorbringt, so auch dieser von Linus Pauling, Nobelpreisträger für Chemie: „Der beste Weg, gute Ideen zu erhalten, besteht darin, möglichst viele Ideen zu entwickeln." Jedoch ist die Quantität der hervorgebrachten Ideen nicht ausschlaggebend für die Qualität!

In der Regel geht es um Problemlösung

Der Begriff „Kreativität" stammt vom lateinischen Wort „creare" für schaffen, gebären, erzeugen. Eine eindeutige Definition scheint es nicht zu geben, jedoch treten in Zusammenhang mit Kreativität folgende Erklärungsmodelle auf:

- Kreativität hilft Lösungsansätze bei kniffligen Problemen zu finden.
- Bei Kreativität wird vorhandenes Wissen in ungewöhnlicher Weise kombiniert.
- Kreativität ist die Fähigkeit, produktiv gegen bestehende Regeln zu denken und zu handeln.

Raus aus dem Trott: Tipps für mehr Kreativität

- Jeder Mensch kann kreativ sein und seinem Gehirn neue Ideen entlocken. Oft hilft es, dem Alltag zu entfliehen und sich eine Auszeit von der Normalität und dem geregelten Tagesablauf zu gönnen, einfach mal die Routine zu verlassen und das Gehirn mit einer neuen Umgebung zu konfrontieren. Hier einige Tipps und Strategien zur Unterstützung der kreativen Gehirnströme: Neue Wege gehen
Wie wäre es, wenn Sie einfach mal einen anderen Weg zur Arbeit zurücklegen? Oder das Auto mit dem Fahrrad tauschen? Schon sieht man die Umgebung, den grauen Alltagsweg zur Arbeit mit neuen Augen. Mit dem Fahrrad kann man beispielsweise neue Wege erkunden, mal schnell, ohne Parkplatzprobleme, beim Bäcker anhalten. Der Ausbruch aus den alltäglichen Abläufen beflügelt und bringt ganz ungewollte Gedankengänge auf neue Bahnen. Das gibt dem Begriff Workout, also „work outside the company", als „out of the box" eine ganz neue Bedeutung.

- **Suchen Sie sich einen anderen Platz zum Arbeiten**
  Wie wäre es, wenn Sie einfach mal in eine Co-Working Station eintauchen und sich dort von den Geräuschen, der Situation, den „frischen, ungewohnten" Gefühlen inspirieren lassen? Auch Aufenthalte in einem Café, einer Bibliothek, einem Museum oder einem Biergarten oder auf dem Balkon sind oft inspirierend, um einen neuen Blickwinkel auf die eigene Arbeit zu ermöglichen.

- **Immer nur sitzen ist nicht gut**
  Viele erfolgreiche Menschen schwören auf Bewegung: Gehen Sie doch ruhig einmal während der Mittagspause spazieren, fahren Sie öfter an ruhige Orte – wie einen Wald oder See – und nehmen Sie während einer kleiner Wanderung Sauerstoff und Ruhe in sich auf. Wer es aktiver mag, sollte einfach mal joggen oder Rad fahren.

- **Gönnen Sie sich Ich-Zeiten**
  Das hört sich jetzt sehr egoman an. Dennoch, tanken Sie Ihre Reserven auf, indem Sie sich etwas Gutes gönnen. Gehen Sie beispielsweise in die Sauna, lassen Sie sich massieren, genießen Sie ein gutes Konzert oder einen Restaurantbesuch.

- **Entdecken Sie Ihre Umgebung neu**
  Apropos aus dem Alltagstrott heraustreten: Wann waren Sie außerhalb Ihres gewohnten und beliebten Ausgehviertels aus? Probieren Sie doch mal das ganz neue Restaurant aus, von dem Ihnen Ihr Kollege schon so oft vorgeschwärmt hat. Oder treffen Sie sich mit Freunden zum Frühstück oder Brunch. Seien Sie ein Tourist in Ihrer eigenen Umgebung und entdecken Sie Ihre Stadt neu. Nehmen Sie Ihre Kamera mit und gehen Sie auf Fototour, denn auch durch die Linse erhält man häufig ganz neue Perspektiven auf Altbekanntes.

- **Beschäftigen Sie sich bewusst mit etwas anderem**
  Auch hierbei kann man dem täglichen Einerlei entfliehen. Keine Bange, Ihr Kopf arbeitet unterdessen weiter an der Ziel- bzw. Problemanalyse. Lenken Sie sich von dem Thema, das Sie beschäftigt, ab. Lesen Sie ein neues Buch oder schauen Sie sich einen Kinofilm an, aber wählen Sie bewusst einen Film aus einem ungewohnten Genre. Wann waren Sie zuletzt im Zoo oder im Zirkus? Versuchen Sie es einmal!

- **Netzwerken Sie!**
  Erweitern Sie Ihr Umfeld: Gespräche mit unbekannten Menschen bringen häufig neue Sichtweisen und Ideen mit sich. Besuchen Sie Themenabende, Workshops, Kongresse oder Social Meetings. Und wenn Sie nichts Interessantes in Ihrer Umgebung finden sollten, organisieren Sie einfach selbst ein kleines Event.

2. **Festlegung der Ziele**

   Es hört sich banal an, aber ohne genau festgelegte und definierte Ziele sollten Sie nicht anfangen eine Geschichte zu entwickeln. Fragen Sie sich immer zunächst: Was will ich erreichen? Warum will ich das gesetzte Ziel erreichen? In welchem Zeitraum soll das Ziel erreicht werden?

   Ein wesentlicher Bestandteil bei der Festlegung der Ziele sollte auch die Festlegung der Emotionen, die Sie bei Ihrer Zielgruppe hervorrufen möchten, sein. Es ist bekannt, dass gerade sie das A und O einer gut funktionierenden Story und der direkte Weg – oft unterbewusst zum Gehirn und „Kaufmich-Button" – sind.

3. **Die Mission**

   Die meisten Organisationen und Menschen können sehr schnell erklären, was sie tun und wie sie es tun: Sie können erzählen, welche Möbel sie herstellen, welche Hölzer und Maschinen sie verwenden, wie der Vertriebsweg aussieht und vieles mehr. Selten können sie aber erzählen, „warum" sie etwas tun.

   Das „Warum" beschreibt die Motive, Hintergründe und Idee einer Firma. Diese grundsätzlichen Beweggründe einer Firma oder Person werden auch „Mission" genannt. Es sind Visionen, oft gleichgestellt mit einer Aufforderung zur Handlung, die auch in einer Story nicht fehlen dürfen. Kurz gesagt: Wer kein Ziel hat, kommt auch nirgendwo an! Ohne Ziel ist die Story eine bedeutungslose Aneinanderreihung von Ereignissen. Mit einem klaren Ziel oder Problem erhält das Publikum einen Grund, die Bedeutung der Geschichte zu verstehen.

4. **Recherche und Analyse**

   Bevor Sie nun loslegen und Ihre Geschichte aufbauen, sollten Sie einige Recherchearbeiten starten. Manche Recherchen können Sie ständig in einer Datenbank sammeln, immer wieder aktualisieren und natürlich auch immer wieder hinterfragen. Bemühen Sie sich hierbei um eine breit gefächerte Recherche und verwenden Sie alle möglichen Werkzeuge und Medien.

 Tipp

Haben Sie sich schon einmal Pinterest.com* (siehe Bild 6.2) angesehen? Diese Social Media Plattform kann sehr gut für Recherchezwecke genutzt werden. Sie können sich dort verschiedenste Container (Boards) anlegen, ein Board für Storytelling, ein weiteres für Katzenfotos, eins für (Katzen-)Sprüche (da Ihre Zielgruppe Katzen mag) und so weiter. Pinterest hat den Vorteil, dass es sehr visuell orientiert ist und man sich zu den unterschiedlichsten Stickpunkten Bilder hinterlegen kann. Die Recherchordner können der Öffentlichkeit vorenthalten und somit nur von Ihnen eingesehen werden, Sie können Ihre Boards aber auch mit einem Team gemeinsam befüllen und betrachten. Und natürlich gibt es noch die Möglichkeit, alles ganz transparent und für alle einsehbar zu halten, wenn dies gewünscht wird.

---

* Die Pinterest-Ideensammlungen zum Buch finden Sie auf https://de.pinterest.com/StoryBaukasten/

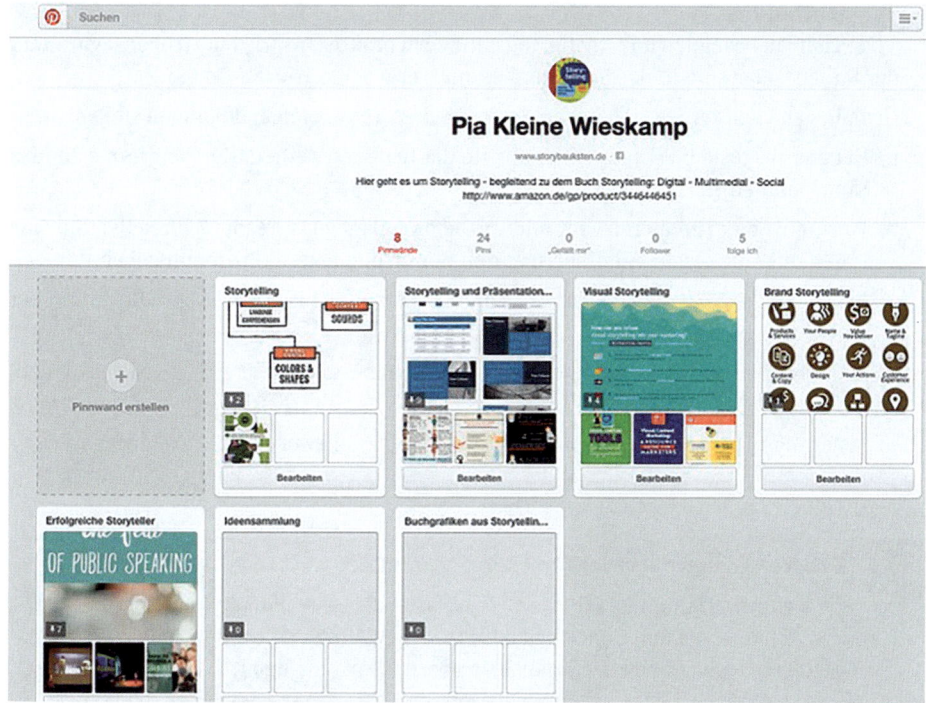

Bild 6.2 Pinterest ist eine herrliche Quelle, um sich inspirieren zu lassen oder Ideen (auch im Team) zu sammeln.

- **Zielgruppe:** Definieren Sie genau Ihre Zielgruppe und fertigen Sie Beschreibungen der Hauptrollen und -charaktere (Personas) an. Nun sammeln Sie Informationen rund um die Zielgruppe, beispielsweise welche Hobbys die Personas haben, welche Reiseziele sie bevorzugen, welcher Musik sie lauschen, was sie essen, welche Sprache sie sprechen, welche Social Media Plattformen sie nutzen und so weiter.
- Erstellen Sie Steckbriefe und überprüfen Sie diese immer wieder, erweitern Sie sie oder streichen Sie unnütze Informationen. Versuchen Sie mit Ihrer Zielgruppe in den Dialog zu treten und tauschen Sie sich mit ihr aus. Lernen Sie Ihre Zielgruppe kennen! Stalken Sie sie – im positiven Sinne –, sodass Sie am Ende Ihre Zielgruppe besser kennen als sich selbst.
- **Thema:** Sobald ein Thema für Ihre Zielgruppe interessant erscheint, überprüfen Sie die Möglichkeiten, die es bietet. Deckt die Recherche Aspekte oder Tendenzen eines Themas auf, die Sie weder mit der Firmenmission oder -politik noch mit Ihrem Gewissen vereinbaren können, vermerken Sie dies in der Datenbank. So kann doppelter Arbeitseinsatz in den verschiedenen Abteilungen vermieden werden.
- **Mitbewerber/Umfeld:** Schauen Sie sich auch das Marktumfeld an und beobachten und analysieren genau, was Ihre Mitbewerber machen. Nur mit diesem Wissen können Sie sich von ihnen absetzen.

5. **Themenfindung**

Viele Themen begegnen uns Tag für Tag. Sie liegen praktisch – wie man früher sagte – „auf der Straße" oder sind in der heutigen Zeit im World Wide Web zu finden.

Grundlegend sollten Sie sich bei einem möglichen Thema folgende Fragen stellen:

a) Hat das ausgesuchte Thema Relevanz (in der heutigen Zeit, für die Zielgruppe, für das Unternehmen)?

b) Warum ist das Thema relevant und was könnte dagegensprechen? (Erstellen Sie eine Pro- und Kontra-Liste mit einer späteren Bewertung evtl. in Prozentangaben.)

c) Welchen Bezug hat die Zielgruppe zu diesem Thema? (Wie und was spricht sie darüber in den sozialen Medien?)

d) Liegt das Thema im Trend, hat es einen aktuellen Aufhänger? (Stellen Sie ein Trendbarometer auf.)

e) Liefert das Thema neue Erkenntnisse oder einen Mehrwert für die Zielgruppe?

f) Bietet das Thema einen direkten Zugang zur Zielgruppe?

 Exkurs: Recherche-Tool für Themen und Co.

Ein weiteres kostenfreies Online-Hilfsmittel ist die Seite „AnswerThePublic.com". Hier können Themen schnell und einfach „anrecherchiert" werden, indem man das gesuchte Keyword und die Sprache, in der man sucht, eingibt. Schnell erscheinen sowohl als Excel-Datei als auch visualisiert mögliche Fragestellungen rund um das Wort oder das Umfeld. AnswerThePublic bezieht sämtliche Google- und Bing Suggest-Daten ein und bringt diese in Verbindung zum Keyword, zusätzlich ergänzt durch Präpositionen (mit, auf, bis, zu usw.) und Fragewörter (wie, wo, warum usw.).

AnswerThePublic beschäftigt sich mit den vielfältigen Problemstellungen eines Themas. Im Gegensatz dazu ergänzen Tools wie „UberSuggest" oder „Keywordtool.io" den gesuchten Begriff mit einem einzigen Buchstaben und schauen, was die Suchmaschinen mit diesen Erweiterungen finden. Die Ergebnisse der Recherche mit AnswerThePublic, vor allem die anschaulichen und Mind-Map-ähnlichen Grafiken, bieten jede Menge potenzielle Ideen.

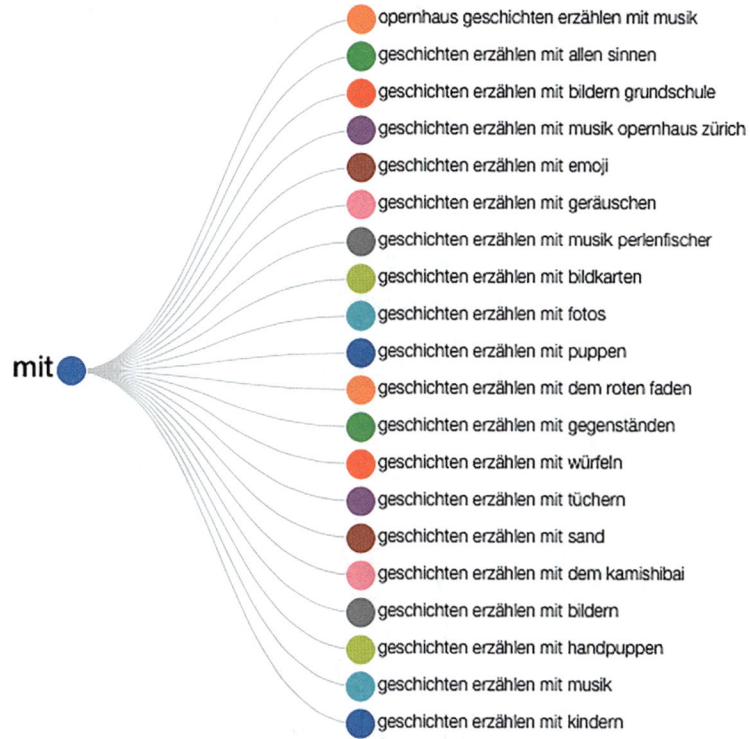

Bild 6.3 Hier wurde nach dem Begriff „Geschichten erzählen" gesucht. Die Ergebnisse wurden bei dieser Auswahl nach Präpositionen geordnet und ermöglichen einen neuen Zugang zu manchen Themen.

 Fragen, die sich jeder Story-Creator stellen sollte
- Welches Ziel, welche Mission hat meine Story?
- Wer ist meine Zielgruppe? Welche Bedürfnisse und Erwartungen hat die Zielgruppe der Story? Welche Sprache spricht sie und wo hält sie sich auf?
- Ist die Story spannend? Hat die Geschichte einen Spannungsbogen?
- Wer übernimmt die Rolle des Helden in der Geschichte – und welche Prüfungen muss dieser bestehen, um überzeugend und attraktiv zu sein?
- Wie kann ich mit meinem Format/meiner Marke stimmig an frühere und aktuelle Storys anknüpfen?
- Welche Erfolgsgeschichten lassen sich weiterspinnen?
- Wie kann ich das Publikum ansprechen und einbinden, sodass es Teil dieser Geschichte werden kann und sie weitererzählen will?

Nach der Vorbereitungsphase beginnt die Konzeptions- und Kreationsphase: Nun nimmt die Story Gestalt an!

■ 6.2 Konzeption und Kreation: Nun nimmt die Story Gestalt an

Ein Storykonzept wird beispielsweise mit Tools wie Mindmap (siehe Bild 6.4) erstellt. Das „Drehbuch" der Geschichte wird geschrieben und anschließend im Storyboard genau festgelegt.

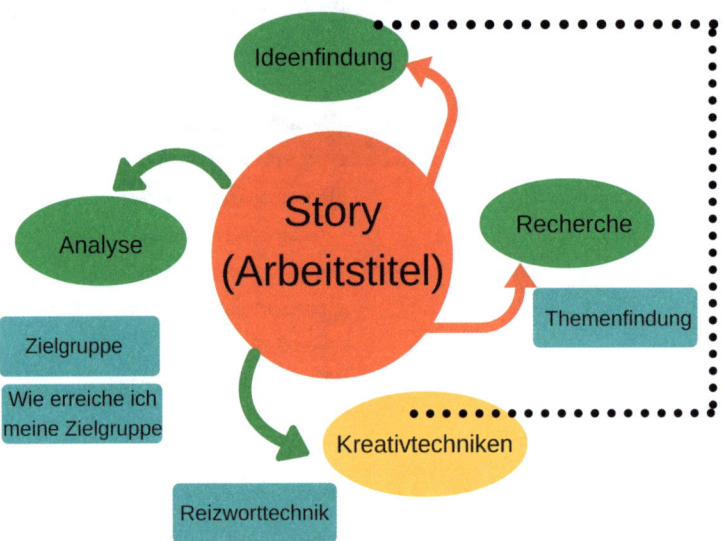

Bild 6.4 Mindmapping hilft Geschichten eine Struktur zu geben und Gedanken zu ordnen.

Grundgerüst der Story

Sie können anfangen ein Grundgerüst Ihrer Geschichte zu erstellen, indem Sie die wichtigsten Eckpfeiler der Geschichte detailliert skizzieren.

> **Exkurs: Drei Dinge benötigt eine Geschichte, damit sie zustande kommt**
> 1. Eine Ausgangssituation
> 2. Ein Ereignis
> 3. Eine aus dem Ereignis resultierende neue Situation.
>
> Stellen Sie sich die folgende Frage:
> **WEM** passiert **WAS** und **WARUM**?

- **WEM ... – Held/Protagonist**
  Manchmal bringen Helden ihre Themen automatisch mit. Wenn das nicht der Fall ist, sollten Sie sich eine Vorbildfigur suchen, die eng mit dem Thema verbunden ist. Wagen Sie hier ruhig einen Ausflug in die Geschichte. Die Figur des Odysseus soll einige Science-Fiction-Helden beeinflusst haben. Ausschlaggebend ist, dass die Hauptfigur als Schlüsselfigur die Geschichte über ihren gesamten Verlauf tragen kann, womöglich auch für eine Weiterführung, eine Serie oder Reihe ausbaubar ist. Denken Sie dabei an Figuren wie James Bond, die uns bereits seit Generationen in ihren Bann ziehen.

  Die Wahl der richtigen Protagonisten ermöglicht Ihnen auch spröde oder abstrakte Themen auf einer persönlichen Ebene zu transportieren und damit wieder interessant zu machen.

  Entwickeln Sie Ihre Charaktere und hauchen Sie ihnen Leben ein:
  Eine lebensechte Figur ist etwa Henning Mankells Kommissar Kurt Wallander. Das ist eine Person mit Ecken und Kanten, keine künstliche Barbie-Figur à la Ken. Die Charaktere sollten der Zielgruppe entsprechen, damit eine Identifizierung leicht und schnell möglich ist. Beschreiben Sie, wie die Figur aussieht: Stellen Sie aus den Abbildungen der Zeitungsmagazine eine Collage der Protagonisten zusammen. Werden Sie ein „Profiler" und lernen Sie Ihren Charakter genau kennen. Analysieren und beschreiben Sie Ihre Hauptfiguren genau: Wie sind sie aufgewachsen, haben sie Humor, welche Ziele haben sie etc.?

- **... passiert WAS – Entwicklung der Handlung**
  Jede Geschichte sollte eine Handlung haben, die das Publikum fesselt; es muss unbedingt wissen wollen, was als Nächstes passiert. Alles andere wird nebensächlich und selbst der Gang zur Toilette muss bis zur Werbepause warten.

  Beim Einstieg in die Handlung werden meist die Hauptcharaktere der Story, die Umgebung und der zentrale Konflikt vorgestellt. Nachdem der Konflikt aufgelöst und der Höhepunkt erreicht wurde, muss sich die Geschichte entwickeln und langsam auslaufen. Häufig haben Storys ein glückliches Ende (Happy End) oder einen unglücklichen, tödlichen Ausgang (Weltuntergang).

- **... WARUM – Der Konflikt ist das Salz der „Storysuppe"**
  Jede Geschichte braucht einen Konflikt oder einen Spannungspunkt. Dabei sollte die Natur des Konflikts von der Zielgruppe nachempfunden werden können.

- **Dialoge**
  Beschreiben Sie, was in Ihrer Story gesagt wird. Beschreiben Sie, was Ihre Charaktere tun. Beschreiben Sie den täglichen Ablauf und ihre Figuren erhalten mehr Leben eingehaucht. Stellen Sie sich Fragen und notieren Sie alles; schlüpfen Sie in die Hauptperson Ihrer Story und fragen Sie sich zum Beispiel: „Nimmt die Heldin am Morgen zur Dusche die frische Wäsche mit ins Bad? Putzt sie sich mit einer elektrischen Zahnbürste die Zähne? Und was macht sie dann?" Jede kleine Handlung kann die Figur weiter ausbauen, wie unbedeutend es zunächst auch erscheint. Achten Sie darauf, dass der Dialog echt und „wie tatsächlich von Menschen gesprochene Sprache" klingt.

Exkurs: Das Setting

Hier werden häufig die Zeit und der Ort sowie die Grundcharaktere vorgestellt. Denken wir an die Eröffnungssequenz des Kinohits Star Wars: „Episode I, DIE DUNKLE BEDROHUNG: Die galaktische Republik wird von Unruhen erschüttert. Die Besteuerung der Handelsrouten zu weit entfernten Sternensystemen ist der Auslöser."*

Bild 6.5 Die Figuren der Star Wars-Serie reizen geradezu in sie hineinzuschlüpfen und ein „Rollenspiel" mit eigenen Ideen zu spielen – also die Geschichte weiterzuerzählen.

Denn eine Geschichte besteht mindestens aus drei Elementen:

1. Ein Setting, also die Grundsituation, in der Handlungszeitraum und -ort gesetzt werden.
2. Signifikante Elemente, die einzigartig und wiedererkennbar sind, z. B. der Held.
3. Der Konflikt, das Drama, der Überlebenskampf, die Spannung etc.

* WWW: Star Wars Episode I, www.youtube.com/watch?v=60hduWVf5IE

- **Ort** und **Umgebung**
  Die Umgebung einer Story oder einer Person kann sowohl Stimmungen als auch Informationen verraten. Spielt die Geschichte etwa in den 80er-Jahren, geben nicht nur die Kleidung und der Haarschnitt sehr viele Hinweise, sondern auch die Ausstattung des Handlungsspielraums, die Autos auf der Straße, die Möbel in der Wohnung, das Buchregal. Um nicht vom Ziel der Story abzulenken, sollte die Inszenierung stimmig und authentisch sein.

  Ein Ort kann aber auch Aussagen über das Milieu, das soziale Umfeld ausdrücken. Es hilft dem Publikum, den Kontext einer Geschichte zu begreifen, sich zu orientieren und sich ein besseres Bild machen zu können.

- **Die eigene individuelle „Handschrift" entwickeln**
  Ein Patentrezept für ein „Richtig" oder „Falsch" gibt es bei der Entwicklung des eigenen Stils nicht. Jedoch helfen einige unterschiedliche Gesichtspunkte und Herangehensweisen bei der Entwicklung der persönlichen „Storytellinghandschrift". Ziel ist es hierbei, unverwechselbar und einzigartig vom Publikum wiedererkannt und evtl. so „geliebt" zu werden, dass der Inhalt, den Ihre Storys transportieren, fast egal ist. Wenn Sie einen solchen „Kult-Status" erlangen, haben Sie es geschafft.

  Sicherlich kennen Sie das Sprichwort „Der Ton macht die Musik". Dies gilt auch für das Erzählen von Geschichten. Achten Sie darauf, dass Ihre Aussagen, Ihre Ziele in Ihrer persönlichen Sprache, Ihrem Stil und Ihrem Tempo erzählt werden. In jeder Erzählung verraten Sie immer einen Teil von sich selbst, teilen – wenn oft auch indirekt durch die Stimme Ihres Helden – Ihre Perspektive und Ihre Motivation und Ansichten mit. Also versuchen Sie erst gar nicht, sich zu verstecken, denn man möchte sich gerade heute mit echten Typen identifizieren. Werden Sie zum Influencer!

- **Wichtige Ereignisse, Konflikte und Enthüllungen**
  Welche wichtigen Ereignisse, welche Wendepunkte, welche Konflikte werden in der Geschichte aufgegriffen? Und führen die Ereignisse zu Enthüllungen oder Offenbarungen, welche die Geschichte und die Charakterentwicklung vorantreiben? Fragen Sie sich beim Konflikt, worum es in der Geschichte geht.

> **Tipp**
> In dieser Phase der Storyentwicklung können Sie Tools wie Mindmaps nutzen. So können Sie gleich mit dem Notieren wichtiger Punkte eine grobe und zugleich übersichtliche Struktur, eine Art Gedankenlandkarte der Story ausprobieren. Mindmapping ist eine Arbeitsmethode, die ein flexibles, kreatives und gehirngerechtes Arbeiten ermöglicht.

- **Szenen-Ordner (Container) erstellen**
  Erstellen Sie Sammelbehälter, in denen Sie die verschiedenen Szenen der Geschichte beschreiben. Gehen Sie auch auf Details ein, etwa die Stimmung, die während der Szene herrschen soll. Achten Sie bei der späteren Ausgestaltung der Szene darauf, dass die verwendete Wortwahl mit der Stimmung übereinstimmt.

- **Zeitleiste erstellen**
  Bemerken Sie auch jeden kleinen Anschlussfehler im Film? Also wenn der Taxifahrer in einer blauen Jacke in dem Taxi sitzt, aus dem Wagen steigt, und dann um diesen herumgeht. Sekunden später öffnet ein Mann die Tür, um dem gehbehinderten Gast behilflich zu sein. Es ist der Fahrer, der aber als solcher nicht sofort erkannt wird, denn er trägt jetzt einen schwarzen Mantel. Ein eindeutiger Anschlussfehler!

  Vermutlich wurde diese Szene nicht an einem Tag gedreht. Normalerweise notiert ein Scriptgirl die Details, sodass Maskenbildner, Schauspieler, Kameramann etc. über alle Einzelheiten der bereits aufgenommenen Szene Bescheid wissen. So kann jeder direkt und ungestört anschließen. Seien Sie sicher, nichts ist verwirrender, als wenn eine Geschichte in den Zeiten hin- und herspringt. Wie auch beim „Anschlussfehler" in einem Film, wird der Rezipient immer dann, wenn er unbewusst einen offensichtlichen Fehler, einen unlogischen Zusammenhang oder einfach eine Irritation bemerkt, sich damit eingehender beschäftigen.

Exkurs: Storyboard

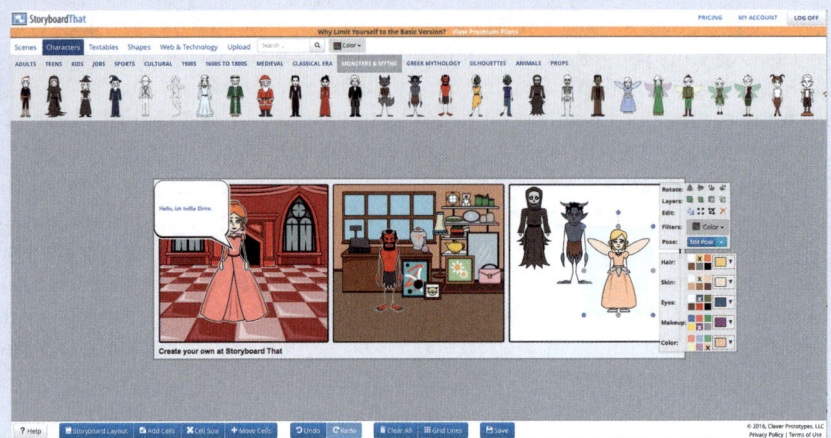

Bild 6.6 Die Erstellung eines Storyboards funktioniert z. B. mit dem Online-Werkzeug StoryboardThat.com.

Was ist ein Storyboard?

Das Storyboard ist ein visueller Plan für die Abfolge einer Geschichte. Typische Einzelbilder illustrieren den Handlungsablauf einer Story (siehe Bild 6.7).

Das Beispiel eines Storyboards sowie leere Storyboard-Formate finden Sie auf der Webseite zum Buch, www.story-baukasten.de, zum Download.

In einem Storyboard wird das Drehbuch vorab visuell zum Leben erweckt. Es hilft dem Storycreator, seine Ideen dem Team und allen Mitwirkenden (Kameramann, Darsteller, Fotografen, Agenturen) die jeweilige Geschichte näherzubringen, damit alle sie verstehen und umsetzen können.

Stellen Sie sich das Storyboard als eine Sammlung kleiner Skizzen und Anmerkungen vor, die das Drehbuch zusammenfassen und in der die Schlüsselszenen dargestellt sind. Hier wird visualisiert, wo die Story spielen wird, wer die Protagonisten der Story sind und welche Handlungen stattfinden.

Bestimmen Sie die Schlüsselszenen Ihrer Geschichte

Die Idee hinter einem Storyboard ist, klar zu machen, wie die Kernaussage der Story übertragen werden kann. Arbeiten Sie die Schlüsselszenen heraus, die die Story im Wesentlichen erzählen. Hierbei werden Szenen ausgewählt, die die Handlung vom Anfang bis zum Ende illustrieren. Dabei ist es wichtig, Wendepunkte (die Punkte der Spannungskurve) aufzuzeigen.

Bild 6.7 Eine Ablauf-Visualisierung in einem Meeting zeigt dem Team eine Darstellung erster Ideen einer Produktstory.

Das Gehirn des Rezipienten kümmert sich nun hauptsächlich darum, die Ungereimtheit zu entschlüsseln und folgt der eigentlichen Handlung des Films nicht mehr. Verhindern Sie solche Störfaktoren, indem Sie eine Zeitleiste erstellen. So vermeiden Sie logische Brüche und können sich auf frühere Szenen beziehen, welche die Charaktere schon erlebt haben.

Erstellen Sie also einen Zeitplan, mit dem die Geschichte einen zeitlichen und örtlichen Rahmen erhält. Legen Sie die Reihenfolge der Ereignisse fest. Gerade wenn die Geschichte zeitlich nicht chronologisch abläuft (wenn zum Beispiel viele Rück- oder Vorblenden enthalten sind) oder wechselnde Erzählperspektiven, mehrere Zeitstränge enthält, ist es ratsam, einen visuellen, weil übersichtlichen, Erzählstrang zu entwerfen.

- **Die gute Mixtur**
Ähnlich wie bei einem Cocktail, ist die aufeinander abgestimmte Mixtur der einzelnen Zutaten und Storyelemente ausschlaggebend für das Gelingen einer Story. Vermengen Sie althergebrachte, bekannte Muster mit neuen, überraschenden Elementen.

6.3 Konkrete Planung

In der Planungsphase werden u. a. Grob- und Feinziele festgelegt, ein Produktionsplan erstellt, die Geld- und Personalmittel (das Budget) festgelegt, Umsetzungstools sowie Maßnahmen zur Durchführung wie die Erstellung der Verbreitungs- und Kommunikationsstrategie definiert.

Planen Sie beispielsweise einen Videodreh, so benötigen Sie Drehorte, Verträge, Technik, eine Crew, Darsteller, Catering usw. Das sollten Sie alles je nach Aufwand und Art der Umsetzung Ihrer Story mit einem Budget und einem Zeitplan versehen und festlegen.

Die Umsetzung der Geschichte erfolgt nun je nach Storyart und Medium anhand des Storyboards.

Bild 6.8 Hier setzt das Team der Kreative KommunikationsKonzepte GmbH[1] das Video „OFFICEwars"[2] um. Diese Video-Episoden sind allemal einen Blick wert.

6.4 Komposition

Ich habe einige Jahre bei dem TV-Sender RTL gearbeitet. Hier gehörte es mit zu meinen Aufgaben gedrehtes Material zu sichten, einen Schnittplan zu erstellen und zusammen mit einem Cutter die einzelnen Filmausschnitte zu einer runden Sendung mit Höhepunkt und Spannungsbogen zusammenzustellen (selbstverständlich mussten hierbei auch die Werbezeiten und Unterbrechungen der Sendung berücksichtigt werden). Obwohl ich mir immer detaillierte Schnittpläne mit Auflistungen der Sekunden und Frames zu Anfang der jeweiligen Schnittsequenz und zum Ende der Sequenz erstellte, Angaben über Ton- oder Bildüberlappung plante, mir verschiedene Techniken wie Blenden usw. überlegte und in die Liste aufnahm, also obwohl der Schnitt perfekt vorausgeplant wurde, gab es in der Zusammenstellung der einzelnen Teile immer wieder mal Überraschungen oder gute Einfälle und Ergänzungen. Beispielsweise waren die Tonatmosphären, also die Hintergrundgeräusche, zweier Sequenzen nicht miteinander kompatibel und man brauchte eine Trennerszene, die dies überspielte.

Genau das zeichnet die Kompositionsphase aus. Viele Einzelteile werden zu einem stimmigen Gesamtprojekt zusammengefügt.

---

[1] WWW: Kreative KommunikationsKonzepte GmbH, kreativekommunikationskonzepte.de
[2] WWW: #Officewars, youtu.be/1OFJZI7HayI

6.5 Präsentation und Verbreitung

Es wird ernst und die erarbeitete Story wird in Medien wie YouTube, Blog, Pinterest, Webseite usw. veröffentlicht. Der einfache Vorgang des Veröffentlichens reicht jedoch selten aus. Nun beginnt die Phase der Verbreitung und Kommunikation mit der Zielgruppe, das **Seeding**.

Gute Geschichten werden gerne aufgenommen und verbreiten sich, aber leider meistens nicht in ausreichendem Maße. Der Anstoß zum Konsumieren der Storys, die Auffindbarkeit und auch das „andauernde" Anschubsen einer Story, um sie weiterhin im Gespräch zu halten, müssen im gesamten Kommunikationskonzept der Firma und vor allem im Projektplan der jeweiligen Story verankert sein.

Neben den klassischen PR-Verteilern sind Storys sehr gut geeignet, um sich mit den Stakeholdern durch **Integration und Vernetzung** in Verbindung zu setzen. Hier wird das Publikum über mehrere Kanäle „bei der Stange" gehalten. Ziel ist es, ein Nutzer-Erlebnis zu schaffen, das das Publikum (die Community) dazu motiviert, möglichst viele der angebotenen und miteinander verknüpften Elemente zu nutzen, zu verbreiten und aktiv die Storys weiterzuerzählen bzw. mitzukreieren.

6.6 Monitoring

Nach Veröffentlichung wird beobachtet, wie die Geschichte angenommen wird. Monitoringtools geben Aufschluss darüber, wann und wo die Story verbreitet wurde und was darüber gesprochen wird.

Gerade bei ganzen Storywelten sollte immer im Blick behalten werden, was wann und bei wem gut bzw. nicht so gut ankommt, damit man evtl. mit Korrekturen eingreifen kann.

Bei der Beobachtung der Verbreitung der Storys geht es einerseits um die Erfolgsmessung und andererseits um die Möglichkeit schnell und effektiv eingreifen zu können, falls Änderungen vom Publikum gewünscht werden. Ist beispielsweise ein Online-Game mit Online-Figuren zur Auswahl auf dem Markt, bei dem in der Community, bei den Spielern, bemängelt wird, dass die Figuren nie sterben, dann sollte dies ein Anlass sein, darüber nachzudenken und für die Figuren beispielsweise nur einen Lebenszeitraum von sieben „Wiederbelebungen" zuzulassen.

Beim Monitoring von Storys werden zunächst alle relevanten Erwähnungen und Gespräche im Social Web sowie in weiteren Medien – von TV über Hörfunk, Online- und Print-Medien – identifiziert. Das bedeutet, dass selbstverständlich auch außerhalb des Ausstrahlungskanals der eigentlichen Story, beispielsweise bei einem Video auf YouTube, Kanäle wie Facebook, Twitter, Video, LinkedIn usw. beobachtet und analysiert werden.

Goldbach Interactive[3] erkennt im Monitoring-Tool-Report 2015 folgende Trends:

1. **Realtime Monitoring**
   Hierunter sind Echtzeiterfassungen von Daten zu verstehen, die in Sekundenschnelle Daten auswerten und zeigen, wo und was über beispielsweise ein Event gesprochen wird. Bei Live.Events wird häufig über Hashtag ermittelt, in welchen Kanälen und wie häufig über dieses Event gesprochen wird. Es ist möglich, direkt mit der Community zu interagieren, Fragen zu beantworten oder Social-Media-Feeds auf einer Social-Media-Wall – etwa von walls.io – direkt und „live" auf der jeweiligen Veranstaltung mit einzubinden.

2. **Netzwerk-Analysen**
   Es reicht nicht mehr aus, nur noch einzelne Fakten über User zu ermitteln; der Trend geht dahin, das gesamt Umfeld (Netzwerk) des Nutzers zu analysieren. So ist festzustellen, wer den jeweiligen Nutzer beeinflusst und wen er seinerseits beeinflusst. Es entsteht eine Beziehungsmatrix, in der die Dynamik von sozialen Netzwerken noch besser analysiert und natürlich auch beeinflusst werden kann.

3. **Public Dashboards und Insights**
   Hierunter ist die öffentlichkeitswirksame Kommunikation der Monitoring-Resultate zu verstehen. Gerade bei Live-Events möchten Unternehmen den Mehrwert, z. B. den Share-of-Voice, in Echtzeit auf der Website darstellen.

> Eine Liste vieler **Analyse- und Monitoring-Anbieter** finden Sie auf der Webseite Monitoringmatcher.de*.
>
> * WWW: monitoringmatcher.de/anbieter/social-media-monitoring

---

[3] WWW: goldbachinteractive.ch/insights/fachartikel/tool-report-2015

7 Visual Storytelling

In diesem Kapitel gehen wir auf die Gründe ein, warum visuelle Wahrnehmung und Storytelling unbedingt zusammengehören. Wir behandeln die Vorteile von Visual Storytelling, das Thema Bildsprache sowie einige Werkzeuge, mit denen Sie visuell Geschichten erzählen bzw. Erzählungen visuell untermalen können.

7.1 Der Mensch als Augentier

Der Mensch verfügt über fünf Sinne (siehe Bild 7.1): Sehen, Hören, Riechen, Schmecken und Tasten. Sie helfen ihm dabei seine Umwelt und die Welt wahrzunehmen (siehe auch Kapitel 1).

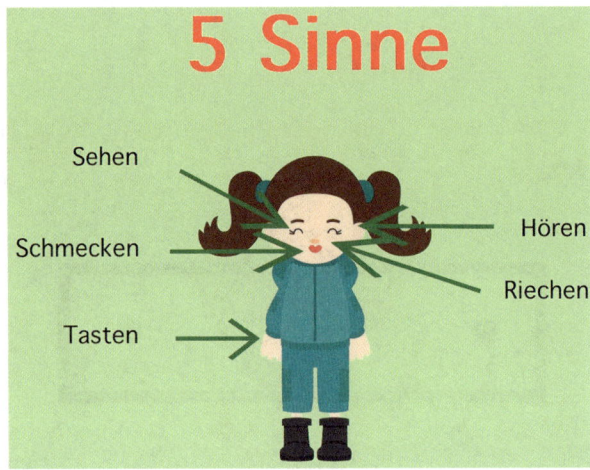

Bild 7.1 Alle fünf Sinne des Menschen sollten in guten Geschichten angesprochen werden.

In erster Linie ist der Mensch jedoch ein sehendes Wesen. Er nimmt hauptsächlich Informationen über die Augen auf. Fest steht auch, dass das Gesehene schnellstens zum Gehirn übermittelt wird.

Einen guten Einstieg in die Thematik, warum gerade Bilder so wichtig sind, bietet ein Zitat des Hirnforschers **Ernst Pöppel**: „Wir sind Augentiere."

Studien zeigen, dass der Mensch rund 80 Prozent aller Informationen, die täglich auf ihn einprasseln, mit den Augen wahrnimmt. Dabei wecken gerade Bilder Emotionen, die die Speicherung der Inhalte begünstigen und so länger im Gedächtnis präsent bleiben als reine Textinformationen.

Als „Augentiere" helfen uns visuelle Wahrnehmungen, einen wesentlichen Teil an Informationen schnell abrufbar zu speichern.

Bereits der Schweizer Biologe und Pionier der kognitiven Entwicklungspsychologie **Jean Piaget** (1896 – 1980) fest: „Sehen verändert unser Wissen. Wissen verändert unser Sehen."

Dieter Georg Herbst beschreibt in seinem Buch „Bilder, die ins Herz treffen"[1] wie Bilder sogar all unsere Sinne aktivieren können. Wenn wir eine dampfende Tasse Kaffee sehen, meinen wir das Kaffeearoma geradezu riechen zu können oder wir scheinen beim Anblick der schäfchenweichen Angorajacke die Weichheit und das flauschige Gefühl geradezu ertasten und fühlen zu können. Bilder sind in der Lage starke Gefühle beim Menschen hervorzurufen, indem sie über das real Gesehene hinaus weitere Fantasien auslösen können.

---

[1] Herbst, Dieter Georg: Bilder, die ins Herz treffen, Verlag Falkenberg, Viola 2012

Auch der Microsoft-Gründer **Bill Gates** bemerkte: „Wer die Bilder beherrscht, beherrscht die Köpfe der Menschen."[2]

Auch ich bin ein solcher „Augenmensch": Ich begreife und speichere Namen, Situationen, Gedanken zunächst als Bild. Häufig sind meine Notizen eher Skizzen – zusammen mit einigen prägnanten Begriffen.

■ 7.2 Der Begriff Visual Storytelling

Man spricht von visuellem Erzählen, also Visual Storytelling, wenn Informationen oder Geschichten durch Bilder erzählt, ergänzt oder transportiert werden.

> Erinnern Sie sich? Storytelling definiert sich zum einen durch den Inhalt einer Geschichte (story) und zum anderen durch die Art und Weise, wie diese Geschichte erzählt wird (telling).

Mit visuellen Erzählelementen können Emotionen besser transportiert werden als mit Medien, die ohne visuelle Komponenten arbeiten. Laut der Definition von Wikipedia handelt es sich beim Visual Storytelling um das „Vermitteln von Geschichten durch den Einsatz visueller Medien"[3] (Foto, Video oder Illustration).

Oft wird die Frage gestellt, was zuerst existierte: das Wort oder das Bild?

Doch ist das nicht genauso wie mit der Frage nach dem Huhn und dem Ei? Viel spannender ist es doch zu wissen, wie wir Storytelling, ob mit Bildern oder Worten, bewusst und gekonnt einsetzen können. Und wenn wir genau hinschauen, ergänzen Wort und Bild ganz gut.

Denn manchmal braucht es mehr als sprachliche Mittel, um Inhalte – ob Fakten, eine Idee oder eine Botschaft – so zu transportieren, dass sie auch verstanden und im Unterbewusstsein der Zuhörer verankert werden.

Instinktiv wissen wir, dass Bilder und visuelle Effekte mehr Kraft besitzen als reine Texte. Dies machten sich bereits vor Tausenden von Jahren die Ägypter in der Entwicklung ihrer Bildsprache, der Hieroglyphen (siehe Bild 7.2), zunutze. Sieht man sich mittelalterliche Bibeln an, so stellt man fest, dass auch diese durch reichhaltige visuelle Untermalungen und Eyecatcher versehen wurden.

Ganze Kulturen vermittelten ihr religiöses, gesellschaftliches und historisches Wissen in Form visuell erzählter Geschichten. Sie verwendeten Zeichnungen, Skulpturen oder auch Architektur.

---

[2] WWW: Bill Gates' Zitat aber auch Informationen über die Beeinflussung von Bildern finden Sie auf www.friedenspaedagogik.de/materialien/kriege/kriegsgeschehen_verstehen/medien_und_krieg/bilder_vom_krieg/manipulation_mit_bildern

[3] WWW: Wikipedia über Storytelling: de.wikipedia.org/wiki/Storytelling_(Methode)

Bild 7.2 Frühe Kulturen wie beispielsweise die Ägypter kommunizierten mit einer sehr visuellen „Bild-Sprache".

Mit diesen Mitteln konnten nicht nur Menschen erreicht werden, die weder lesen noch schreiben konnten, hier wurden auch die Emotionen und das Unterbewusstsein der Betrachter wohlkalkuliert mit einbezogen. Auch wenn die Ägypter das Wort Neuromarketing nicht verwendeten, so kannten sie doch die Macht der Symbole, der Metaphern und der Emotionen. Wer würde beim Anblick einer Pyramide nicht glauben, dass sie von Göttern erschaffen wurde? Auch gotische Bauten wie der Kölner Dom spiegelten die allumfassende Macht wider.

Abbildungen haben die Gemeinsamkeit, dass sie ganze Geschichten erzählen. So gibt es mannigfaltige Beispiele von Visual Storytelling, in denen es darum geht, Botschaften gezielt und effektiv zu vermitteln.

■ 7.3 Botschaften in Bildwelten packen

Bestimmt gibt es in Europa kaum eine Person, die sich noch über eine lila Kuh wundert. In Grundschulen wurde festgestellt, dass nach der Aufforderung, eine Kuh zu malen, fast jedes sechste Tier lila aussah. Die lila Kuh ist eine Werbeinszenierung der Marke Milka, die so in die Gesellschaft eingegangen ist, dass sie auch ohne Bezug zur Marke akzeptierte wird. Das Bild der lila eingefärbten Kuh ist ein Teil der Markenidentität, sodass wir uns auch nicht über einen lila Osterhasen oder einen lila Weihnachtsmann wundern und die Farbe mit Schokolade der Marke Milka assoziieren. Wir haben die Markenbotschaft mit der Farbe, unabhängig vom Namen, im Kopf verankert. Diese lila Kuh ist unverwechselbar und nicht kopierbar.

Idealerweise gehen Bild und Text in der visuellen Kommunikation Hand in Hand, sodass eine Verbindung zwischen Werbebotschaft und Bildaussage entsteht. Um die Auswahl der Motive festzulegen, die zum Angebot passen, muss konzeptionell und strategisch geplant werden. Was sollen die Fotos vermitteln? Wen sollen sie erreichen? Welche Assoziationen und Emotionen sollen sie wecken? Unterstützen sie den Text? Können sie die schriftlichen Aussagen plastischer machen?

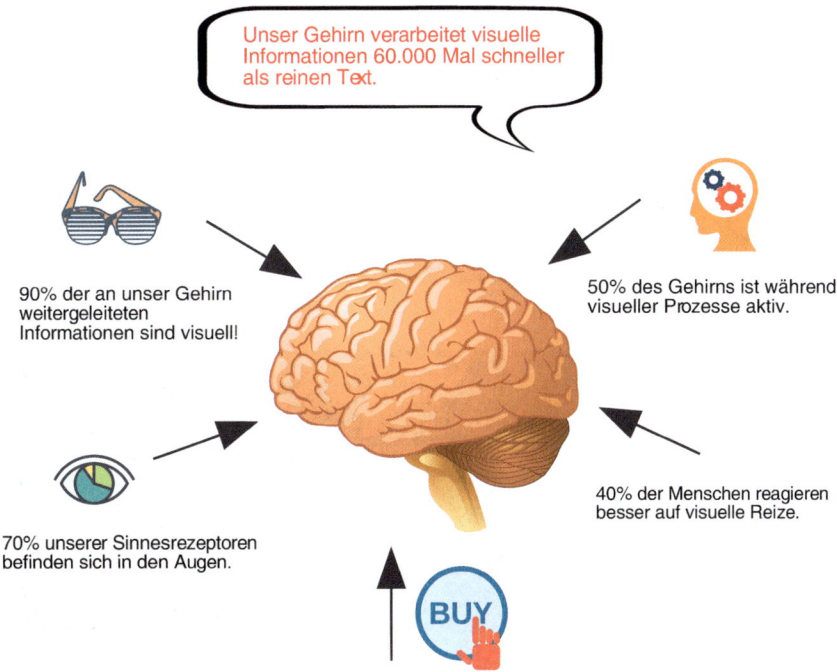

Bild 7.3 So arbeitet unser visuelles Gehirn.

Denn gerade Bilder wecken Emotionen, die die Speicherung der Inhalte begünstigen und so länger im Gedächtnis präsent bleiben als reine Textinformationen. Der Grund dafür liegt in der Struktur unseres Gehirns (siehe Bild 7.3). Mit der linken Gehirnhälfte nehmen wir vor allem rationale Funktionen wie das Sprechen, Hören, Analysieren und logische Entscheidungen wahr. Der Bereich der rechten Gehirnhälfte wird mehr bei kreativen Prozessen aktiviert: Hier sollen die Fantasie, die Vorstellungskraft und emotionale Strukturen verankert sein. Kombiniert man beispielsweise ein Wort wie Hunger mit Fotos von Kuchen (visuelle Reize), so werden beide Gehirnhälften beansprucht, zwischen denen ein Austausch stattfindet. Das Ergebnis ist eine umfassende „Google-Map" im Kopf, auf der alle Informationen detailliert hinterlegt sind. So wird etwa mit dem Wort Katze direkt auch das Bild eines vierbeinigen Wesens, das miaut, schnurrt und kratzt verbunden.

Zeitalter des Visuellen

In unserer Zeit ist die Beschäftigung mit Bildern und Grafiken unausweichlich. Unsere Kunden nutzen tagtäglich visuell orientierte Medien, sie kommunizieren teilweise mittels Icons und Bilder. Denken Sie an den schnell wachsenden Erfolg von Medien wie Instagram und Pinterest. Videos auf Plattformen wie YouTube machen gerade bei den Konsumenten unter 18 Jahren einen Großteil der Online-Aktivitäten aus. So setzt die 16-jährige Tochter meiner Nachbarin zur Recherche für eine Schularbeit nicht mehr Suchmaschinen wie Google und Co. ein, sie nutzt YouTube und sieht sich Erklärvideos an. Ich persönlich nutze zur Recherche für bestimmte Vorträge immer häufiger Plattformen wie Pinterest und Slideshare.

Bild 7.4 Gerade visuelle Social Media–Plattformen wie Instagram oder Snapchat erfreuen sich zunehmender Beliebtheit.
(Foto: Screenshot des Instagram-Account @pkleine – https://www.instagram.com/pkleine)

Content-Stratege **Klaus Eck** weist in einem Artikel zu Social Media Trends auf die Tatsache hin, dass „Visueller Content statt Textwüste" seitens der Nutzer erwünscht wird:

> „Texte werden insgesamt unwichtiger. Stattdessen werden immer häufiger (kurze) Videos und Bilder geteilt. Erst seit kurzem ist es möglich, auf Twitter sehr viel visueller zu posten als bisher. Vine Videos oder Twitter Fotos sind in den Tweets präsenter und beliebt. Aber auch Pinterest und vor allem Instagram werden immer populärer. Unternehmen sollten deshalb in Bildern denken und bei der Shareability berücksichtigen. Schließlich werden nicht nur Tweets mit Bildern häufiger geteilt. Hierbei kommt es immer stärker auf kreative Ansätze an. Wie unterscheide ich mich auch visuell von meinen Wettbewerbern und erreiche gleichzeitig die Aufmerksamkeit meiner Stakeholder?"[4]

---

[4] WWW: Klaus Eck, pr-blogger.de/2014/01/05/social-media-trends-worauf-man-2014-achten-sollte

Botschaften in Bildwelten packen

Katherine Rosman beschrieb Ende 2014 in der New York Times die Generation der Bild-Produzenten, die sich selbst in Fotos in Szene setzen und diese verbreiten: „Words are so Generation Y."[5] Zur **Generation Y** werden die Jahrgänge 1980 bis 1995 gezählt. Diese Generation ist dafür bekannt „Althergebrachtes in Frage und die Arbeitswelt auf den Kopf zu stellen. Sie werden auch als Digital Natives bezeichnet."[6] Rosman erklärt in ihrem Artikel den Hype um die Facebook-Tochter und Fotocommunity Instagram. Sie sieht in der Generation Y eine neue Generation von Mediennutzern, die mit visueller Kommunikation im Netz aufwuchs und die Bilder als Ausdruck ihrer Person und als Kommunikationsform ganz selbstverständlich nutzt.

Für diese Generation ist klar, dass Bilder mehr Aufmerksamkeit wecken und emotional mehr berühren als Texte.

In einem Artikel „Bye Bye, Buchstaben. Hi, Visual Storytelling!" auf dem Shutterstock-Blog beschreiben **Mario Münster** und **Tabea Mathern**:

> *„Die Generation von Jugendlichen, die jetzt als Konsumenten und Meinungsmacher auf den Markt drängt, ist mit Bildmedien groß geworden. Sie leben entlang von Szenen und visuellen Stimmungen. Ihre Tagebücher heißen Vine oder Instagram und diese Tagebücher brauchen keine Worte für große Erinnerungen, Ereignisse und Gefühle."*[7]

Die Konsumenten der Nachfolge-Generation der Millennials, die Generation Z, ihre Mitglieder kamen von etwa 1995 bis 2010 zur Welt, entscheiden laut einer „Studie der Marken-Beratung Fitch Design India"[8] ganz visuell. Sie sortieren „zunächst nach Farben und Kontrasten, wenn sie entscheiden, ob sie sich für etwas interessieren".

Denn Bilder vermögen den Betrachter emotional zu packen, gedanklich zu entführen und mehr und schneller in Bann zu ziehen als Sätze. Also warum sollten Unternehmen großartig nach Worten suchen, wenn ein Bild so schnell erzählt?

Oft ist der rein visuelle Kommunikationsweg auch ein recht offener Weg, der viel Raum für Interpretationsmöglichkeiten lässt. Demnach werden häufig Bild- und Textinformationen – auch angereichert mit Ton und Effekten – in einem Gesamtpaket verwoben. So entsteht einer dieser Momente, in denen man etwas erschrickt, weil jemand mal das Gefühl, das man eh die ganze Zeit hatte, auf den Punkt bringt.

Bilder in der Community einsetzen

Wer sich jedoch in dem Bilderwust sichtbar machen möchte, dem sei die Entwicklung einer individuellen Bildsprache angeraten.

Lutz Staacke, Social Media Experte und Initiator der Aktion „**1000 MAL WILLKOMMEN**"[9] setzte emotionales und leicht realisierbares visuelles Storytelling ein, um möglichst viele Menschen zu motivieren, Refugees willkommen zu heißen.

---

[5] WWW: Katherine Rosman, New York Times: Your Instagram, nytimes.com/2014/10/16/fashion/your-instagram-picture-worth-a-thousand-ads.html?_r=0
[6] WWW: Was ist Generation Y? gruenderszene.de/lexikon/begriffe/generation-y
[7] WWW: Sutterstock-Blog, Bye bye Buchstaben. Hi Visual Storytelling, shutterstock.com/de/blog/bye-bye-buchstaben-hi-visual-storytelling
[8] WWW: chainstoreage.com/article/how-gen-z-shops-retail-constant-state-partial-attention
[9] WWW: 1000 MAL WILLKOMMMEN, http://1000malwillkommen.tumblr.com

Bild 7.5 Lutz Staacke fordert Mensch auf, visuelle Willkommensbotschaften aufzunehmen und zu teilen.

Mit **zunehmender Visualisierung** unserer digitalen Gesellschaft spielt das Bild bei der Vermittlung, Bewertung und Inszenierung von Information eine immer größere Rolle. Mit dem Satz „Schön, dass du da bist!" begrüßt der Tumblr-Blog „1000 Mal willkommen" (siehe Bild 7.5 sowie 7.6) Flüchtlinge in Deutschland mit Fotos von persönlichen Schildern und Plakaten, auf denen Willkommensgrüße aufgeschrieben sind. Die Fotos und handgeschriebenen Plakate machen die Botschaften persönlich, emotionalisieren das Thema, motivieren zum Mitmachen, auch ohne viel Text lesen zu müssen. Die Willkommensgrüße sind so ausgerichtet, dass sie schnell und einfach in Kombination mit dem Hashtag #1000malwillkommen auf Social-Media-Kanälen wie Facebook, Twitter, Pinterest, Instagram und Blogs teilbar sind. Interessierte Personen können sehr schnell und sehr einfach teilnehmen: einfach auf einen Zettel den persönlichen Willkommensgruß notieren, ein Foto aufnehmen und das Foto auf dem Tumblr-Blog hochladen. So einfach und leicht sind Menschen gerne bereit und motiviert, Gesicht zu zeigen. Zusätzlich gibt es ein Textfeld, in dem man seine persönliche Story aufschreiben kann. Diese Aktion ist ein wunderbares Beispiel einer Storytelling-Aktion, in welcher sowohl textuelle als auch visuelle Komponenten, Social-Media- und Live-Aktionen miteinander kombiniert werden.

Tumblr bietet die perfekte Plattform, um vom Nutzer erstellte Inhalte – also User Generated Content – einfach und ohne eigenen Account hochzuladen. Gerade diese Einfachheit hat es ermöglicht, schnell viele Mitmacher für diese Aktion zu gewinnen.

Auslöser dieser Aktion war ein Bericht bei heute+ über eine Bürgerin in Freital, die es bedauerte, Teil einer schweigenden Mehrheit zu sein, die sich für Flüchtlinge engagiert. Der Blog „1000 Mal willkommen" sollte aus diesen schweigenden Befürwortern laute Unterstützer machen.

Die Zahl 1000 ist hier nur als Symbol zu verstehen, da diese für „ganz viel" steht und im deutschen Sprachgebrauch weit verbreitet ist.

Die Idee und die simple Technik machten es Menschen leicht, ihren Willkommensgruß einfach und schnell umzusetzen. Eine Verbreitung über Social-Media-Kanäle und in der Presse sorgte für ein großes Feedback und vor allem für viele aktive Willkommensgrüße als Bild.

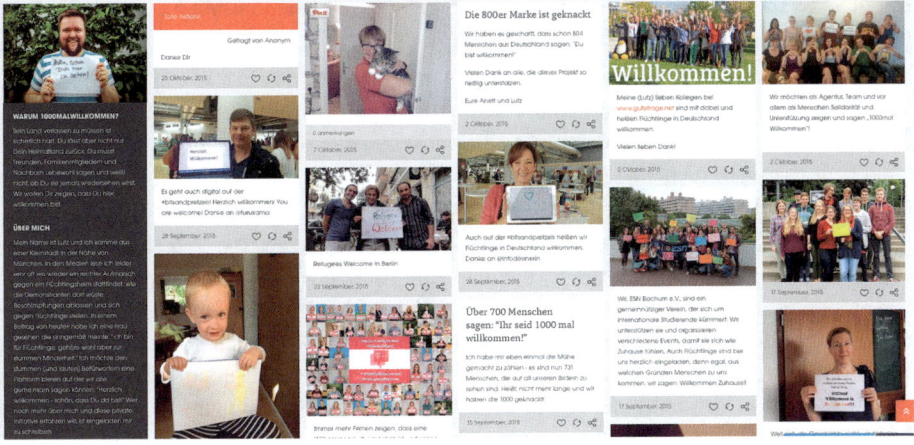

Bild 7.6 „1000 mal Willkommen" setzt ein Zeichen gegen Fremdenhass. Statt sich in Internetforen oder auf der Straße hitzige Wortgefechte zu liefern, setzt der Blog auf die Sprache der Bilder.

Auf der Blogging-Plattform Tumblr und in sozialen Netzwerken postete Lutz Staacke Mitte Juli 2015 das erste Foto. Es zeigt ihn selbst mit einem Schild in der Hand, auf dem die nette Begrüßung geschrieben steht. Ziel ist es, dass Menschen aus ganz Deutschland mit derselben Geste die Aktion unterstützen und dass, im besten Fall, 1000 Willkommensgrüße zusammenkommen.

Und die Initiative zeigte Erfolg: Zahlreiche Menschen, Unternehmen, Social-Media-Größen, Universitäten, Vereine und Blogger haben sich an dieser Aktion beteiligt und ihr Foto hochgeladen. Auch in zahlreichen Pressebeiträgen wurde über diese Initiativeberichtet.

Die Generation „Bye Bye Text"

Die rasanten Entwicklungen der Medientechnologie haben den rein sprachlichen Text längst zugunsten einer multimedialen Gesamtkommunikation verdrängt, in der Bild, Typografie, Sprache und Ton miteinander verbunden sind. Dabei haben sich nicht nur unsere Kommunikationsmittel und -methoden verändert, sondern auch die Kommunikationsstruktur: Sender- und Empfängerverhalten sind nicht mehr eindeutig voneinander zu trennen, sondern befinden sich in einem Austausch und einem ständigen Geben und Nehmen.

Die Bildagentur Shutterstock ruft auf ihrer Webseite das „Zeitalter des Visuellen" aus. Mit dem Titel **„Bye Bye, Buchstaben. Hi, Visual Storytelling!"** erklären Mario Münster und Tabea Mathern:

> „Wir lieben Wörter. Und mindestens einer von uns beiden braucht sie als Grundlage jedweder Artikulation von Ideen und Gedanken.
> Aber wir erkennen uneingeschränkt an: Modernes Storytelling braucht Bilder – denn anders dringt keine Geschichte mehr durch. Bilder sind schnell, funktionieren sprachübergreifend und transportieren Emotionen in Sekundenbruchteilen. Und wir gestehen: Zum Einschlafen lesen wir nicht mehr zehn Seiten in einem Roman, sondern gestatten unserer Tumblr Blogroll mit Bildern aus den weiten Nordamerikas die Sehnsüchte und Ideen zu entwickeln, die uns am Leben halten. Amen."[10]

---

[10] WWW: shutterstock.com/de/blog/bye-bye-buchstaben-hi-visual-storytelling

Und Recht haben sie! **Denn Visual Storytelling begegnet uns fast überall.**

Wir Menschen wachsen mit Bilderbüchern oder Lern-Apps auf, schauen TV und Videos oder besuchen das Kino. Bilder, Infografiken oder Fotografien sehen wir überall, ob in den Bereichen Print, Online oder in E-Mails und Nachrichten. Das Medienverhalten hat sich geändert, denn heutzutage erzählen nicht nur Menschen einander Geschichten. Das Vorlesen einer Gutenachtgeschichte ist eher selten geworden. Kinder erobern sich viele Geschichten mittels neuer interaktiver Medien.

Ich erinnere mich an eine Erzählung aus meinem Bekanntenkreis. Der Vater eines zweijährigen Kindes meinte, unbedingt Urlaub auf dem Bauernhof machen zu müssen. Ich fragte ihn, wie er zu dieser Auffassung kommen würde, und er beschrieb, wie sein Sohn, der Sprache teilweise mit der iPad-App „Talking Ben" – die App gibt es auch mit einer Katze „Talking Tom" – erlerne, indem er dem Hund um die Schnauze fahren würde und dieser anfangen würde zu bellen. Nun hatte der Junge auf der Straße einen Hund gegriffen und versucht, mittels der „Wischbewegung" über dessen Schnauze ein bellen hervorzurufen. So verändern Medien unsere Erfahrungswelt. Häufig sieht man mittlerweile auch Kleinkinder, die mit der „Wischbewegung" des Smartphones oder Pads das TV-Programm beim TV-Gerät einstellen wollen. Ein kleines Kind in der Kindergartengruppe kannte beispielsweise auch „nur" das Bezahlmittel iPhone, um etwas einzukaufen. Als Beispiel möchte ich die bekannte Marke Playmobil nennen, die ihre Kunden im Web mit Infografiken, etwa die Grafik „Wunderbarer Weltraum"[11] zum Download, unterstützt.

■ 7.4 Die Welt der Piktogramme, Icons, Emojis & Emoticons

Wie finden Sie in einem fremden Gebäude schnell den Weg zum Aufzug oder den Waschraum? Klar, sie folgen den Zeichen. Ob nun auf Webseiten, in Firmenbroschüren, auf Straßenschildern oder bei Apps, die Welt der Piktogramme und Icons ist nicht mehr aus unserem Alltag wegzudenken.

Mit Piktogrammen sind Bildzeichen gemeint, die unabhängig von Sprache und Kultur verständlich sind. Sie lösen beim Betrachter eine bestimmte Assoziation zu einem bestimmten Begriff aus. Das Wort Piktogramm setzt sich aus *pictum*, lateinisch für Bild, und *gramm*, griechisch für Geschriebenes, zusammen. Es sind einfache, verständliche „Symbole".

Selbst unsere Stimmung drücken wir heutzutage in **Emojis** (siehe Bild 7.7) oder **Emoticons** (siehe Bild 7.8) aus. Wikipedia bezeichnet ein Emoji als ein „Ideogramm, das insbesondere in SMS und Chats längere Begriffe ersetzt."[12]

---

[11] WWW: Playmobil Infografik Wunderbarer Weltraum,
    download.playmobil.com/FunAction/Microsites/Weltraum15/DE/index.php?show=1
[12] WWW: de.wikipedia.org/wiki/Emoji

7.4 Die Welt der Piktogramme, Icons, Emojis & Emoticons

Bild 7.7 Emojis erfreuen sich weltweit großer Beliebtheit.

Varianten	Bedeutung	= Smiley
:-) :) =) :> :c) :o)	Lächelndes Gesicht, Ausdruck der Freude	 🙂
:-(:(=(:< :/ x(:o(:c	trauriges Gesicht, Ausdruck von Ärger oder Enttäuschung	 😢

Bild 7.8 Einige Programme und Apps erzeugen bei der Texteingabe typischer Emoticon-Zeichenkombinationen ein entsprechendes grafisches Smiley.

Auch wenn es so scheinen mag, so ist die Verwendung von Bildsprache keine Erfindung des digitalen Zeitalters. Bilder und Abbildungen werden bereits seit Jahrtausenden zur unterstützenden Beschreibung von Situationen, Regeln und Personen eingesetzt. Bilder werden auch zur Verständigung zwischen Menschen unterschiedlicher Sprachen und Kulturen bereits seit Jahrtausenden verwendet. Denken Sie nur an die ganzen Warn- und Verbotshinweise oder Wegweiser beziehungsweise Hinweisschilder. Hier fällt mir gerade auf meinen Reisen immer wieder das Beispiel der Unterscheidung von WCs für Männer und Frauen auf.

Es existieren ganze Wörterbücher für Reisende, in denen die wichtigsten Begriffe entweder mittels einfacher Zeichnungen (Icons) oder Fotos abgebildet werden. Mithilfe dieser „Bild-Dolmetscher" habe ich in einigen russischen Cafés bereits ein hervorragendes Frühstück bestellen können.

Kleine Piktogramme und Icons wurden gerade in der IT-Welt häufig anstelle von geschriebenen Befehlen verwendet, wie beispielsweise das @. Um in der Welt der schnellen Nachrichten und Chats auch in wenigen Zeichen Gefühle ausdrücken zu können, wurden besondere „Zeichenfolgen" verwendet, die Emoticons (Emotions + Icons = Emoticons). Wir kennen sie alle, die Zwinkersmileys, die Heruntergezogene-Mundwinkel-Smileys usw.

Bild 7.9 Dieses gezeichnete Bildwörterbuch ist sehr hilfreich und funktioniert prima.

In der Kommunikation von Angesicht zu Angesicht wird ein Gespräch fast immer durch Gesten unterstützt. Dies ist in der geschriebenen Kommunikation nicht möglich, jedoch können manche Piktogramme die Funktion der redebegleitenden Gesten und Mimiken übernehmen. Denken wir nur an den „Like"-Daumen bei Facebook oder das Augenzwinkern mancher Emoticons.

Anstatt in Sprache wird immer häufiger in Bildern „gesprochen" – teils mittels geknipster Fotografien (man bedenke nur den Siegeszug der Selfies und Food-Bilder) oder mit Smileys und Piktogrammen – welche sich zwischen die geschriebenen Wörter auf Social-Media- und Messenger-Kanälen schieben.

Wichtigstes Merkmal von Piktogrammen und Icons ist (siehe Bild 7.9), dass sie möglichst ohne den Zusatz von Text verstanden werden sollen. Sie verzichten meist auf unnötige Gestaltungselemente, da sie vor allem der Information und Navigation dienen.

■ 7.5 Bildsprache ist die „Grammatik der Bilder"

Musiker und Bands suchen den eigenen, unverkennbaren Sound, Maler und Autoren den eigenen Stil, Künstler und Fotografen die eigene Bildsprache. Die Bildsprache wird auch als **Grammatik der Bilder** bezeichnet.

Jürgen Fliege verwendet in seinem Werk „Die Dauer des Augenblicks. Ein fotopädagogisches Handbuch"[13] den der Bildsprache übergeordneten Begriff Komposition: *„Er stammt aus der Malerei und geht davon aus, dass Formen, Linien und Farben in einem bestimmten, beschreibbaren Verhältnis auf die Fläche des Bildes verteilt sind."*

---

[13] Fliege, Jürgen: Die Dauer des Augenblicks. Ein fotopädagogisches Handbuch, kopaed VerlagsgmbH, München 2002

Den erweiterte Begriff **Bildsprache** betrachtet Fliege als umfangreicher, da *„bestimmte Bildelemente tatsächlich aufgrund wahrnehmungsphysiologischer Bedingungen oder gesellschaftlicher Übereinkunft Zeichencharakter haben, die vom Betrachter – mehr oder minder eindeutig – ‚gelesen' werden können. Dieser Begriff bezieht sich auf die Wahrnehmung des Betrachters ebenso wie auf die Absicht des Gestalters. Bildsprache ist demnach ein Kommunikationssystem ähnlich der gesprochenen Sprache, mit dem Unterschied, dass es sich bei der Bildsprache um eine Ein-Weg-Kommunikation handelt, bei der der Gestalter der „Sprechende", und der Betrachter der „Hörende" ist; eine Antwort im Sinne des mündlichen Gesprächs (Zwei-Weg-Kommunikation) gibt es dabei nicht."*

Den letzten Teil der Aussage, die Ein-Weg-Kommunikation der Bildsprache betreffend, kann ich nicht unterstützen. Denken wir nur an die vielen herrlichen Ergebnisse bei Fotowettbewerben oder die zahlreichen Video-Antworten auf YouTube. Hier kommunizieren Menschen mittels Bildsprache miteinander.

Auch die Verwendung von Smileys und Co. zeigt, dass Bildelemente durchaus als Antworten genutzt werden.

Wie bei weiteren gängigen Sprachen, gibt es auch innerhalb der Bildsprache bestimmte gesellschaftliche Übereinkünfte, die die Bedeutung einer Aussage festlegen, damit eine eindeutige Verständigung möglich ist. Denken Sie daran, dass fast jedes Verbotsschild eine Tätigkeit durchstreicht. Soll etwa darauf hingewiesen werden, dass in einem Raum Rauchverbot herrscht, so wird in einer Abbildung eine Zigarette durchgestrichen. Häufig gibt es in der Grammatik der Bildsprache auch eine Definition der Farbwelt, so sind Verbots- oder Hinweisschilder (siehe Bild 7.10) häufig rot umrandet oder nutzen die rote Farbwelt, um auf sich aufmerksam zu machen.

Bild 7.10 Bildsprache wird universell eingesetzt.

Es existieren einige Bildzeichen und Symbole, deren Inhalt von vielen Menschen verstanden wird. Hier gibt es historisch gewachsene, lokale oder soziale Übereinkünfte hinsichtlich der Bedeutung der Zeichen. Als Verwender der Bildsprache sollten Sie sich genau überlegen, welche Zeichen Sie nutzen, um Ihre Botschaft verständlich zu präsentieren. Allerdings ist eine individuelle Verwendung und Einzigartigkeit ausschlaggebend für eine Imagebildung.

Inhalte einiger Bildzeichen und Symbole werden von vielen Menschen verstanden, da es historische, lokale und soziale Übereinkünfte hinsichtlich der Bedeutung der Zeichen gibt.

Ob Werbung, Politik, Wirtschaft oder Medien – fast überall werden sehr stark visuelle Inhalte genutzt. Denn jeder kennt das Gefühl bei Vorträgen, wenn Folien mit Textwüsten langweilen und die Gedanken schnell abschweifen.

> Und machen wir uns nichts vor: **Modernes Storytelling braucht Bilder**, denn anders dringt keine Geschichte mehr durch.

7.6 Starke Bilder

„Jedes starke Bild wird Wirklichkeit", schreibt **Antoine de Saint-Exupéry**. Das sagt zugleich etwas über die Qualität der Bilder aus, denn damit ein Bild stark ist, also die Aufmerksamkeit erregt, zur Auseinandersetzung anregt und auch noch im Gedächtnis verankert bleibt, muss es gut und richtig erstellt werden.

Gehen wir also einmal näher auf den Begriff **starke Bilder** (siehe ein Bildbeispiel 7.11) ein, also Bilder, die eine große Wirkung auf uns ausüben.

Bild 7.11 Starke Bilder lösen Emotionen aus.

Starke Bilder sollten einige der folgenden Kriterien erfüllen:
1. **Bilder, die Emotionen, Gefühle auslösen** werden besonders im Gedächtnis verankert.
2. **Bilder, die Menschen zeigen:** Wir sehen uns gerne auf Bildern und verfolgen zwischenmenschliche Aktionen auf ihnen.
3. **Bilder, die eine Geschichte erzählen:** Menschen lieben Erzählungen, die Konfliktsituationen zeigen, Helden präsentieren oder ein Happy End verraten. So kann sich der Betrachter in die Bildwelt hineinversetzen und mit den Motiven identifizieren.
4. **Interaktion zeigen:** Auf Bildern verfolgen wir sehr gern, wie Menschen miteinander reden, was sie gemeinsam tun. Wir prüfen, ob dies für sie wichtig ist oder wichtig sein könnte, weil es uns vor Schaden bewahrt oder unser Wohlbefinden steigert. Motive mit der Interaktion von Menschen gehören deshalb zu den wichtigsten Bildmotiven.
5. **Realitätsnahe Bilder:** Unser Gehirn versucht bekannte Situationen, Gegenstände, die Realität zu erkennen und diese mit bereits vorhandenem Wissen und gemachten Erfahrungen zu vergleichen bzw. anzureichern.

Starke Bilder wecken unser Interesse und bleiben im Anschluss einer Präsentation in Erinnerung. Zudem sind Bilder als Beweis für uns Menschen wichtig, denn häufig glauben wir nur das, was wir selbst erfahren oder gesehen haben.

Wir glauben, was wir sehen!

„Es ist ein Grundproblem der Menschen: Wir glauben, was wir sehen", sagt der Psychologe **Frank Keil** von der amerikanischen Yale University. „Leider. Denn wir sehen längst nicht so gut, wie wir glauben."

Die Sicherheit, durch Bilder informiert zu sein, sei ein trügerisches Gefühl, wie Keil in Experimenten belegt hat und wie auch der Kommunikationswissenschaftler **Thomas Knieper** von der Universität München weiß: „Wenn Leute zum Beispiel einen Fernsehbericht betrachten, bei dem die Aussagen von Bild und Text einander widersprechen, denken sie, die Bilder seien wahr und die Texte falsch." Der Grund dafür lautet: **Das Auge ist der wichtigste Sinn des Menschen.** Ihm vertraut er mehr als sämtlichen anderen Wahrnehmungen.[14]

---

[14] WWW: spiegel.de/wissenschaft/mensch/wahrnehmung-wie-bilder-den-verstand-taeuschen-a-415299.html

Vorteile, die sich durch die Verwendung von Bildern ergeben:

- Bilder werden intuitiver aufgenommen und lösen schneller Emotionen aus.
- Sie fungieren als Eyecatcher und wecken die Aufmerksamkeit des Betrachters.
- Sie erzeugen weitere innere Bilder beim Betrachter.
- Sie verstärken und belegen textuelle (gesprochene) Informationen und erhöhen so die Glaubwürdigkeit.
- Bilder prägen sich leichter ein und können schneller wieder abgerufen werden.
- Bilder werden von uns Menschen leichter und schneller verarbeitet. So nehmen Menschen Bilder ca. 60.000-mal schneller wahr als Texte.*
- Bilder sind auffällig. Grundsätzlich beachten Menschen Bilder und visuelle Informationen vor Texten (Bilddominanz).
- Sie können stark aktivieren, also aufwühlen, wodurch wir ein Bild besser aufnehmen und verarbeiten.
- Bilder überzeugen, da sie etwas zeigen. Somit übernimmt der Betrachter eine aktive Rolle im Kommunikationsprozess. Er wird zum Zeugen und sieht beispielsweise einen Unfall als real an, weil er den Beweis, das Unfallfoto, aktiv betrachtet hat.
- Sie sind leicht zu verstehen.
- Sie sind sprachunabhängig und können auch von Menschen verstanden werden, die nicht lesen können.
- Bilder laden zum genauen Betrachten und zur intensiveren Beschäftigung mit dem Thema ein.
- Sie vermitteln Informationen, ohne die eigene Vorstellungskraft, Neugierde, das Denken einzuschränken (zu viel vorzugeben).
- Bilder erzeugen menschliche Nähe und einen persönlichen Bezug.
- Sie lassen eine visuelle Identität entstehen.

*Quelle: Mike Parkinson, The Power of Visual Communication, http://billiondollargraphics.com/infographics.html

7.7 Entwicklung der eigenen Bildsprache

Mittels Erzählen die gesetzten Ziele zu erreichen, ist kein leichter Vorgang. Denn Geschichten zu erzählen ist eine Kommunikation mit dem ganz eigenen individuellen Code, der eigenen Sprache. Vergleichen Sie es mit der Musik und dem Timbre, dem Klang einer Stimme eines Sängers. Wäre der Erfolg der Band *Queen* ohne den Frontman und Sänger *Freddie Mercury* denkbar gewesen? Genauso einzigartig wie der Klang einer Stimme sollte auch die Bildsprache sein, die Sie verwenden.

Visuelle Bildelemente entwickeln

Eine der zentralen Aufgaben der visuellen Kommunikation ist es, eine unverwechselbare Bildsprache zu entwickeln. Mit der eigenen Bildsprache ist eine Differenzierung von den Mitbewerbern möglich.

Gerade innerhalb der Werbung wird die enorme Wirkung von Bildern schon lange genutzt. Denken Sie nur an Beispiele wie die Wildwestidylle mit ihrem Ausdruck von Freiheit und Selbstbestimmung der Marlboro-Bildwelt. Eine auf das Unternehmen abgestimmte, einzigartige Bildsprache zu entwickeln benötigt Zeit, denn wie beim Texten wird auch die individuelle Bildsprache nicht von heute auf morgen erstellt.

Der Begriff Bildsprache ist an sich bereits eindeutig und sagt aus, dass auch Bilder etwas ausdrücken können und in ihrer Verwendung Regeln, eine Anordnung, eine Ordnung wie eine Grammatik nutzen. Die Festlegung einer eigenen Bildsprache ermöglicht allen Mitarbeitern einer Firma sowie den zuliefernden Servicefirmen die Erstellung und den Gebrauch einer einheitlichen und möglichst wiedererkennbaren Kommunikation – unabhängig von der Wahl des Mediums. Denn eine markentypische Bildsprache beruht auf der konsistenten und medienübergreifenden Umsetzung von inhaltlichen und stilistischen Bildmitteln, die definiert und in einer „Bildsprachen-Broschüre" festgehalten werden sollten. Diese Broschüre dient als Grundlage für Gespräche mit Marketing- und PR-Agenturen, Fotografen, Webdesignern, Grafikern und so weiter.

Einige Tipps, um eine eigene Bildsprache aufzubauen

1. **Sehen lernen:** Sie entwickeln ein Bewusstsein für Bildsprache, indem Sie zunächst „sehen" lernen, Ihren Blick für gute Bilder und deren Sprache entwickeln. Sammeln Sie Beispiele, die Ihnen zusagen und analysieren Sie, warum, wie und womit die ausgesuchten Bilder bei Ihnen etwas auslösen.

2. **Ausgangslage:** Definieren Sie eine inhaltliche Klammer Ihres Unternehmens- bzw. Markenauftritts. Die inhaltliche Klammer einer Pkw-Markenwelt könnte etwa folgendermaßen aussehen: Motive sind die Welt der Bewegung, der Freiheit. Diese Welt zeigen wir direkt, emotional und ungestellt. Die Welt des Fahrens, der Bewegung nutzt Metaphern aus der Natur, wie den schnell laufenden Geparden.

3. **Ausdrucksmittel/Stil:** Suchen Sie Ihr Medium, in dem Sie und auch Ihre Zielgruppe sich zu Hause fühlen. Nutzen Sie beispielsweise Instagram-Fotos im typischen quadratischen Format oder nur Farb- bzw. Schwarz-Weiß-Fotos.

   - Versuchen Sie in diesem einen Medium zunächst alle Möglichkeiten auszuschöpfen und ein „Experte" zu werden, bevor Sie das Medium mit weiteren kombinieren.
   - Beschreiben Sie Ihren Bildstil sowie den Ihrer Inspirationsvorbilder, indem Sie die einzelnen stilistischen Mittel analysieren.
   - Wenn wir nochmals auf das Thema der Pkw-Bildwelt zurückgehen, so könnte der Stil der Motive folgendermaßen aussehen: Die Motive werden durch zwei maßgebliche Kriterien bestimmt – die Dominanz der Unternehmensfarben und die klare Formensprache („Figur-und-Struktur-Prinzip"). Diese Kriterien werden in den Bereichen Fotografie, Grafik und Video angewendet.

Die Malerei verwendet verschiedene Stilrichtungen und natürlich haben auch Fotoserien oder Illustrationen und Videos ihren eigenen Bildstil. Vermeiden Sie das Mischen von Bildern mit verschiedenartigen Bildstilen (z. B. freigestellt und vollflächig, Licht, Sättigung, Schärfe bzw. Unschärfe etc.)

Bild 7.12 Stilmittel wie beispielsweise die Verwendung einer App oder eines Filters können die eigene Bildsprache einer Serie unterstützen.

Basiselemente der Bildsprache

Zu den Basiselementen der Bildsprache zählen **stilistische Mittel** wie Bildaufbau, Bildausschnitt, Perspektive, Tiefenschärfe, Farbe, Licht und Format.

1. **Format:** Ein Basiselement der Bildsprache ist das Bildformat. Es bestimmt nicht nur die äußere Form, sondern auch den Charakter des Bildes.

   Das menschliche Auge „liest" im Querformat und je nach Kultur von rechts nach links, von links nach rechts oder von oben nach unten. Bei Fotografien gehen wir ganz klar von der Unterteilung in Hochformat, Querformat und Quadrat aus.

   Wählen wir bewusst ein Hochformat, denkt das Auge sich den Rest links und rechts einfach dazu. Das kann gezielt als Stilmittel eingesetzt werden.

2. **Farben:** Konzentrieren Sie sich auf möglichst wenige Farben, idealerweise Ihre Firmenfarben. Beachten Sie dabei, dass manche Farben wie etwa Rot Signalwirkung haben, und welche Bedeutungen den einzelnen Farben zugesprochen werden.

3. **Kontraste:** Sie haben es sicher schon bemerkt, wenn Sie gegen ein Fenster fotografieren: In den dunklen Bereichen kann man oft gar nichts erkennen, das Licht im Fenster ist total dominant. Gehen Sie sparsam mit heftigen Kontrasten um. Unser Auge kann diese Bilder nur schwer „lesen". Bilder mit extremen Kontrasten eignen sich nur dann, wenn sie gezielt und bewusst eingesetzt werden. Das schaffen meistens nur Profis.

4. **Tonalität:** Sie können Tempo, Dynamik, Sachlichkeit, Drama, Gefühle, Vertrauen und andere Ausdrucksarten selbstverständlich auch mit Bildern gezielt hervorrufen. Legen Sie fest, welche Stimmung Sie ausdrücken möchten und welche Emotionen Sie beim Be-

trachter erwecken möchten. Bei unserem Pkw-Beispiel wären es die Emotionen Dynamik, Schnelligkeit, Veränderung – im Gegensatz zu Behäbigkeit, Ruhe, Beständigkeit.

5. **Authentizität/Personen:** Wenn Personen auf den Bildwelten abgebildet werden, sollten auch hier eigene Personas mit Beschreibungen festgelegt werden. Sollen Frauen oder Männer abgebildet werden, in welcher Altersgruppe? Sollen die Personen eventuell verschiedene kulturelle und ethnische Erkennungsmerkmale zeigen, sollen sie lachen oder verzweifelt wirken?

Exkurs:

Einige Firmen greifen bei der Auswahl ihrer Testimonials auf Prominente zurück: Bedenken Sie, dass hier gegebenenfalls das Image nicht der Marke, dem Unternehmen zufällt, sondern der Person. Manchmal ist es fraglich, ob Heidi Klum, die als Werbe-Ikone sowohl für Burger King als auch für Katjes oder Haarpflegemittel ihr Gesicht und ihren Namen hergibt, nicht eher für ihre eigene Marke, der Heidi-Klum-Marke, punktet.

Die Kosmetik-Marke Dove greift dagegen auf ganz „normale" Frauen mit kleinen Fettpölsterchen oder Fältchen zurück und setzt diese Frauen und das Thema „Jeder ist schön" sowohl inhaltlich (textuell) als auch bildlich um. Dabei ist die Bildsprache immer wieder auf ein sehr begrenztes Farbspektrum reduziert: Es überwiegt die Farbe Milchweiß, die Farbe der Reinheit.

6. **Klarheit und Einfachheit:** Bilder sind mehrdeutig interpretierbar. Je komplexer ein Bild ist, desto mehr Interpretationsmöglichkeiten bietet es. So sind Gebrauchs- und Werbefotografie, Dokumentar- oder Reportagefotos möglichst einfach gestaltet, damit die intendierte Wirkung beim Betrachter erreicht wird.

Seien Sie verständlich und versuchen Sie nicht Ihre visuellen Elemente zu überfrachten, beispielsweise viele unwichtige Informationen im Hintergrund zu zeigen. Beschränken Sie sich auf einige Details, um Unruhe im Bild zu vermeiden. Dann kann sich das Auge leichter auf das Wesentliche konzentrieren. Einfach zu lesende Bilder helfen dem Betrachter schnell zu verstehen, worum es geht.

7. **Konzept und Ordnung:** Legen Sie vorher fest, was Ihre Kernaussage ist. Und auch wenn es im Widerspruch zur Kreativität stehen mag, so hilft ein strukturierter Bildaufbau bzw. Ordnung im Bild. Es erleichtert den Betrachter, die Aussage zu erkennen.

Eine Bildsprache entsteht aus der inneren Struktur des Bildes (siehe Bild 7.13). Wichtige strukturbildende Elemente sind hierbei Linien und Flächen. Man bezeichnet sie auch als „Hauptpunkte" der Bildsprache. Durch bewusst eingesetztes Zusammenspiel von Linien, Flächen mit den verwendeten Bildelementen wie Farben, Helligkeit, Kontraste und Konturen – die Bild-„Attribute" – entsteht ein stimmiges Gesamtbild. Zu viele Informationen, Nebenschauplätze und unstrukturierte Informationen verwirren das Auge. Schlimmstenfalls registriert das Auge „hier herrscht Chaos" und das Unterbewusstsein überträgt diese Aussage auf das gesamte Unternehmen.

Verwenden Sie lieber eine Bildserie bzw. mehrere Bilder im Zusammenhang (siehe Bild 7.14), die als Gesamtpaket eine erkennbare gemeinsame Bildsprache bzw. Bildkomposition haben sollte.

Bild 7.13 G. Green hat eine ganze Bildserie mit dem iPhone erstellt. Der immer gleiche Hintergrund und Bildaufbau bestärkt den Seriencharakter dieser Bildreihe. Foto © G. G. Green

Bild 7.14 Ein wiedererkennbares Konzept sowohl in Stilmittel als auch Inhalt lassen die Bilder der Aktionskünstlerin Barbara. (www.facebook.com/ichwillanonymbleiben) erkennen. Foto © Barbara.

8. **Raum für Schrift:** Sollten Texte mit Grafiken und Bildmaterial kombiniert werden, empfiehlt es sich auf ausreichend Platz zu achten. Das Auge benötigt Ruheflächen.
9. **Raum für Kreativität und Mut:** Trauen Sie sich durchaus auch einmal gegen den Strom zu schwimmen. Firmen wie Apple haben diesen Weg erfolgreich eingeschlagen. Analysieren Sie beispielsweise, was Ihre Mitbewerber machen, und schlagen Sie genau den entgegengesetzten Weg ein. Oder schauen Sie was Firmen mit der gleichen Zielgruppe, aber einem anderen Marktsegment, tun. So ließ sich Apples Chefdesigner von Ideen der Autoindustrie oder Raumfahrt beeinflussen. Seien Sie mutig und schlagen mal nicht den Weg des Mainstreams ein.

Der französische Philosoph, Schriftsteller und Literaturkritiker **Roland Barthes**[15] stellte fest, dass gute, interessante, aufregende, einprägsame Fotos folgende Elemente aufweisen:

1. **Mehrdeutigkeit:** Fotografien, die eine gewisse „Dualität" aussagen, also unterschiedliche Bildinhalte, die zueinander im Kontrast stehen, und so Raum für Interpretation lassen.
2. **Interessante Inhalte:** Das Bild vermittelt neue, unerwartete, originelle Erkenntnisse.
3. **Das Überraschungselement:** Der Betrachter wird gefesselt, wenn das Bild beispielsweise durch den Inhalt (originelle Zusammenstellung von Bildinhalten) oder die Bildbearbeitung bzw. -verfremdung (Photoshop, Doppelbelichtung, Verzerrung, Unschärfe etc.) überrascht.

 Ähnliche Elemente weisen auch Texte auf, um als „bemerkenswert" eingestuft zu werden.

Beispiel: Visual Storytelling in Communitys wie Instagram und Facebook der Aktionskünstlerin Barbara.

Bild 7.15 Devise der Künstlerin: „Barbara. Ich bin Barbara. Das Kleben ist schön." Die Fanpage der Aktionskünstlerin Barbara.: facebook.com/Ichwillanonymbleiben[16].

---

[15] Barthes, Roland: Die helle Kammer. Bemerkung zur Photographie, Frankfurt a. M. 1989.
[16] WWW: facebook.com/Ichwillanonymbleiben

Einen sehr interessanten Umgang mit Bildsprache sowie mit der Veröffentlichung ihrer Werke hat Barbara. Sie ist Künstlerin, genauer gesagt Aktions- und Straßenkünstlerin sowie Autorin des Buches „Dieser Befehlston verletzt meine Gefühle"[17].

Barbara. verwandelt Fundstücke, Schilder und Plakate in neue Kunstwerke. Sie hinterlässt ihre Meinung, ihre Kommentare im öffentlichen Raum – an Bäumen, an Straßenlaternen und Mülleimern – und fotografiert die so kommentierten Bildaussagen. Diese neu entstandenen Kunstwerke veröffentlicht Barbara. auf Social Media-Plattformen (siehe Bild 7.15) und fasst sie auch in einem Buch zusammen. Sie tritt anonym auf und zugleich in Dialog mit den Betrachtern, zerrt ihre Fundstücke in einen breiteren öffentlichen Raum, in Social Media, in ein Buch und hinterlässt dort Spuren. Die Kommentare der Menschen in Barbaras Timeline setzen sich mit ihren Geschichten auseinander. Sie gehen auf einmal mit „geöffneten" Augen durch den Schilder-Dschungel. Barbara erwirkt Veränderungen – sie macht den Betrachter zum Helden. Deutsche Bürger sind soweit aufgewacht und sensibilisiert, dass Babara in Medien wie „Spiegel", „Stern" oder im „Heute-Magazin" erwähnt wird.

In einem Chat-Interview[18] mit mir beschreibt die Künstlerin: „Ich liebe den Dschungel der Stadt und möchte ihn nicht kampflos den großen Werbeagenturen überlassen, die schadhafte Botschaften von Marlboro, McDonalds oder der BILD-Zeitung in millionenfacher Auflage in den öffentlichen Raum brüllen. Es ist für mich ein durchaus befriedigendes Gefühl, wenn ich wenigstens ein kleines bisschen dagegen steuern kann, indem ich einen Zettel oder ein Plakat mit meiner Meinung hinterlasse."

Bild 7.16 „Bekleben verboten" (Foto © Barbara.)

---

[17] Buch: Barbara.: Dieser Befehlston verletzt meine Gefühle, Bastei Lübbe, 2015
[18] WWW: Link zum Chat-Interview mit der Aktionskünstlerin Barbara. famab.de/blog/barbara-erhaelt-wurde-zum-blogger-des-jahres-2015-ohne-blog-gewaehlt

Barbara entlarvt Widersprüche, setzt sich mit sinnlosen Verboten auseinander und führt uns die Absurdität unserer Botschaften vor Augen. Sie reagiert auf ihre Umwelt, kommentiert diese und kommuniziert in einer Metaebene mit der Öffentlichkeit. In einem Interview mit dem Spiegel erklärt Barbara: „Ich antworte gerne der Öffentlichkeit auf Botschaften im öffentlichen Raum. Verbotsschilder machen nur einen Teil davon aus. Reklame und Graffiti gehören auch dazu. Die Städte sind voll mit Botschaften, die meisten wollen dir etwas verkaufen oder verbieten – das fordert mich oft geradezu heraus."[19]

Bild 7.17 Kritische Botschaften der Aktionskünstlerin (Foto © Barbara.)

Die Künstlerin setzt sich mit Botschaften (Bild und Textbotschaften wie Schilder) auseinander (siehe Bilder 7.16 und 7.17), kommentiert diese, hängt sie als veränderte neue Botschaft in den öffentlichen Raum, in dem sie ursprünglich ihre Fundstücke ortet, und abstrahiert sie wieder in einer Fotoaufnahme. Dann werden diese Fotos anonym auf Facebook und Instagram[20] verbreitet. Dabei benutzt die Künstlerin sowohl Text- als auch Bildelemente. In ihrem Buch heißt es dann auch: „Ich (k)lebe, also bin ich." Und sie trifft den Nerv der Zeit. Immerhin liken über 444.700 Personen ihre Fanpage (Stand Anfang Juni 2016).

Eines aber ist sicher: Barbaras Bilder sprechen eine Sprache und fallen auf. Sie werden als Ausdrucksform (Bildsprache) einer Person zugeordnet. Zunächst einmal tritt sie im „durchsichtigen" öffentlichem Kommunikationsraum von Facebook und Instagram unter „ichwillanonymbleiben"[21] bewusst anonym auf. Laut Interviews mit dem „Spiegel" und diversen anderen Medien kann die Künstlerin, anonym, nicht in ihren Handlungen beeinflusst werden.

---

[19] Quelle: http://www.spiegel.de/panorama/streetart-kuenstlerinbarbara-veraendert-verbotsschilder-in-heidelberg-a-969008.html
[20] WWW: Instagram-Account von Barbara. instagram.com/ich_bin_barbara
[21] WWW: Fanpage der Aktionskünstlerin Barbara. facebook.com/ichwillanonymbleiben

Beispiel: Die Bildsprache von Apple

Apple, das Unternehmen aus dem kalifornischen Cupertino, hat den Ruf Menschen für seine Produkte und seine Serviceangebote zu begeistern. Nicht umsonst gibt es den Ausdruck „Applefan". Der Schlüssel des Erfolgs ist u. a. begründet in innovativen Produkten, verbunden mit einem markentypischen Design. Nicht umsonst gelten die Produkte von Apple als Design-Ikonen, welche sowohl weitere Technikprodukte beeinflussen als auch Einfluss auf ganz andere Bereiche wie Möbel- und Autodesign nehmen.

Bild 7.18 Apple ist einer der Vorreiter in Sachen Marken-Storytelling und wird häufig nachgeahmt.

Man erinnere sich nur an den iMac in den typischen Farben Grün oder Orange im durchscheinenden Plastik-Design, das schnell die Design-Welt beherrschte. Es war eine Revolution auf dem PC-Markt, als am 15. August 1998 der erste iMac in der Farbe „Bondy Blue" ausgeliefert wurde. Primäre Merkmale der ersten iMac-Generation waren das halbdurchscheinende (semitransluzente) Gehäuse aus Polycarbonat. Bald schon imitierten Geräte wie Kaffeekocher, Bügeleisen, Toaster oder auch Küchengeschirr die von Apple bekannte halbdurchscheinende poppig-bunte Pastellfarbwelt. Das Look & Feel der Apple-Technologie beeinflusst unsere heutigen Geräte. Als weiteres Beispiel sei das PowerBook 100 aus dem Jahr 1991 genannt, dessen Design das Aussehen heutiger Notebooks prägte. Apple erkannte, dass Computer nicht mehr nur Arbeitsgeräte für das Büro waren, sie wurden zum Interieur-Gegenstand, zum Lifestyle-Produkt, zum Spaßgerät für zu Hause.

Erinnern wir uns nun an Apples gigantische Werbekampagne *Think different!*

Hier wurden Helden gezeigt, Querdenker, Vordenker, Künstler, Entdecker, Forscher, Politiker – Menschen, die herausstachen. Bekannte Persönlichkeiten – unter anderem Gandhi, Picasso, Einstein und der Dalai Lama – wurden in Schwarz-Weiß-Fotos für die Kampagne eingesetzt. Der einzige Farbtupfen war das Apple-Logo, damals noch in den Regenbogenfarben.

Der Kerngedanke der *Think different*-Kampagne[22] passt perfekt zum „Unternehmen der Ideen".

Diese Botschaften wurden von Apple nicht nur durch die Werbung vermittelt, sondern auch durch Steve Jobs persönlich, der in Interviews und bei öffentlichen Auftritten nie müde wurde, zu missionieren.

---

[22] WWW: Apple-Werbung Think Different! (Deutsch 1998) https://youtu.be/Ypp09Hq7T9g

Warum die eigene Bildsprache so wichtig ist

Obwohl die Bedeutung von Bildern wächst, ist die Bildbeschaffung bei Unternehmen nach wie vor eher ein Stiefkind. Hier wird häufig am Budget und an der Professionalität gespart.

Dies führt dazu, dass wir uns zunehmend in einer Welt beliebiger und austauschbarer Bilder bewegen: Stockfotos[23], die oft so glatt sind, dass ihnen alles Individuelle fehlt. Zusätzlich hat man auch den Nachteil, dass das gleiche Foto bei der Konkurrenz oder themenfremd in der Werbung verwendet wird. Machen Sie einfach mal den Versuch und suchen Sie ein Thema bei Google unter „Bilder". Sie werden erschreckend viele gleiche und ähnliche Bilder bei vielen unterschiedlichen Firmen sehen. Was dann bei der Zielgruppe ankommt, ist folgende Aussage: keine individuelle Botschaft, keine Marke, kein Gefühl.

Mit einer Vielzahl beliebiger Bilder auf Webseiten, beim Messeauftritt oder im Kundenmagazin kann ein Unternehmen viel von der Unverwechselbarkeit seiner Marke verlieren.

Dieter Georg Herbst verdeutlicht in seinem Buch „Bilder, die ins Herz treffen"[24]: „Bilder eignen sich wegen ihrer mühelosen Aufnahme und Speicherung besonders, wenig involvierte, passive Empfänger zu erreichen und zur Informationsaufnahme zu bewegen."

Erzählformen beim Visual Storytelling

Die verschiedenen Erzählformen und Methoden beim Visual Storytelling lassen sich in diverse Bereiche (Formen) unterteilen:

- **Comics** (jap. *Mangas*) kennen wir aus unserer Kindheit. Wir kennen sie als bebilderte Darstellungen eines Vorgangs oder einer Geschichte in aufeinanderfolgenden Bildern kombiniert mit Textblasen. Einzigartig ist die Verwendung von Geräuschlauten wie etwa „Zisch!" oder „Peng".
- **Scrollytelling:** Das World Wide Web bietet mittlerweile viele Möglichkeiten, Geschichten in einer neuen Art und Weise mithilfe neuer Werkzeuge zu erzählen. Eines der neuen Erzählformate des digitalen Storytellings nennt sich Scrollytelling, auch als Scrollytelling-Reportagen oder „Multimedia-Reportagen" bekannt. Der Begriff „Scrollytelling" ist ein Mischwort aus den Wörtern Storytelling und Scrollen. Die multimediale Geschichte erschließt sich dem Nutzer, indem er durch das Scrollen innerhalb einer Webseite lange Texte stückweise lesen kann und dazu multimediale Elemente wie Videos, Ton und Bilder geboten bekommt. Als multimediale Erzählform ist sie technisch mit überschaubarem Aufwand umsetzbar.
- **Videos und Filme** sind laufende Bilder, die sowohl Ton und Geräusche als auch visuelle oder grafische und textuelle Elemente verwenden. Wir denken nur an die How-to-Videos oder auch den Serien-Charakter von Video-Podcasts und -Shows.
- **Präsentationen:** Hierbei wird immer mehr das „Element" Storytelling als Grundidee einer Präsentation eingesetzt. Der ganze Vortrag erzählt eine Geschichte.
- **Multimediales Erzählen** bedient sich verschiedenster Elemente wie Bild, Ton, Hyperlinks, Videos und Text.

---

[23] Stockfotos sind auf Halde bzw. Vorrat (engl. „to have a stock") vorproduzierte Fotos, die von Bildagenturen angeboten werden.
[24] Herbst, Dieter Georg: Bilder, die ins Herz treffen, Verlag Falkenberg, Viola 2012

Bild 7.19 Der Fotocomic ist uns noch aus dem Jugendmagazin Bravo bekannt.

- **Augmented Reality** oder auch erweiterte Realität ist das Holodeck des Storytellings. Darunter versteht man die computergestützte Erweiterung der Realitätswahrnehmung, die alle menschlichen Sinne ansprechen kann. Man geht z. B. mit einer VR-Brille quasi durch den Urlaubsort, sieht und hört seine Umgebung, die sich verändert, sobald man sich bewegt.
- **Gamification:** Hiermit ist die Anwendung spieltypischer Elemente und Prozesse in einem spielfremden Kontext gemeint. Wikipedia zählt als spieltypische Elemente u. a. Erfahrungspunkte, Highscores, Fortschrittsbalken, Ranglisten, virtuelle Güter oder Auszeichnungen auf.
- **Crossmediales Erzählen** bezeichnet medienübergreifendes Erzählen, in dem Mikro-Storys oder Teilstorys über verschiedene Kanäle zu einer gemeinsamen Makro-Story verknüpft werden. Dabei werden aber nicht, wie bei einer Mehrfachverwertung, Inhalte einfach kanalunabhängig produziert und verwertet. Eine auf den Kanal oder die Plattform spezifizierte und abgestimmte Erzählform ist notwendig – beispielsweise ein Video für YouTube, ein Text mit Abbildungen für ein Printmedium etc.
- **Bildunterstütztes Erzählen** erfolgt in Social-Media-Plattformen wie Instagram, Pinterest, Facebook und Co.

Die Erzählformen existieren oftmals als Mischformen und die Grenzen zwischen ihnen verlaufen fließend.

Abhängig vom jeweiligen Konzept und der Intention einer Story übernehmen Text, Foto, Illustration oder Grafik bei der Vermittlung der Inhalte unterschiedliche Aufgaben. Die einzelnen Elemente können gleichberechtigt nebeneinanderstehen, es kann aber auch ein Element dominant herausgestellt werden.

7.8 Einige Tools und Werkzeuge

Sicherlich kann dieses Buch angesichts der Vielzahl der unterschiedlichen Werkzeuge zur Erstellung visueller Bildinhalte und Storys nie alle Tools vollständig beschreiben. Im Folgenden werden daher nur einige wesentliche Hilfsmittel exemplarisch aufgezeigt.

Infografiken werden im Bereich Content- und Online-Marketing immer beliebter. Bauen Sie daher die verwendeten Infografiken responsiv auf der Webseite oder dem Blog ein, sodass sie auch beim mobilen Abruf (Mobile Marketing) auf Smartphone und Tablet wirken und lesbar sind. Updates und eine Vervollständigung dieser Toolliste finden Sie auf der Webseite zum Buch unter www.story-baukasten.de.

Sketchnotes ermöglicht visuelles Denken

Denken Sie visuell: Richten Sie visuelle Wahrnehmungsräume ein und notieren Sie Gespräche mithilfe von Skizzen oder Sketchnotes (siehe Bild 7.20).

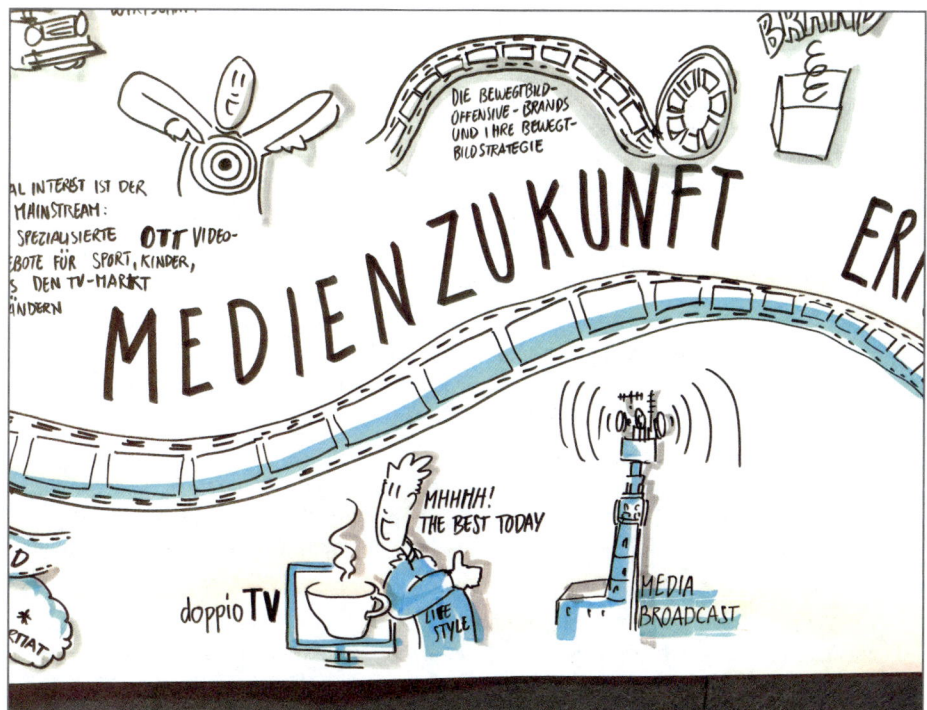

Bild 7.20 Hier sehen Sie einen Ausschnitt einer großen Sketchnote, die während der Medientage München 2015 von Graphic-Recorder.eu entstanden ist.

Exkurs: Sketchnotes

Kleine Kritzeleien, auch Doodles genannt, hat sicherlich jeder von uns schon einmal während eines langen Telefongesprächs oder eines Meetings auf ein Blatt Papier gezeichnet. Auch von Google kennt man die täglichen „grafischen Spielereien", Doodles*, rund um den Schriftzug der Suchmaschine. In letzter Zeit taucht bei Veranstaltungen, in Seminaren oder auf Webseiten immer häufiger der Begriff Sketchnotes auf. Aber was sind eigentlich Sketchnotes und was bedeutet Visual Notetaking?

Sketchnotes sind visuelle Notizen von Meetings, Veranstaltungen, Seminaren, Vorlesungen, bestehend aus Skizzen, Bildern und wenigen Textelementen. Es bedarf ein wenig Übung, macht aber sehr viel Spaß. Bei Sketchnotes sind vier wesentliche Teile bedeutend:

1. **Bilder**
   Ein Bild – oder auch eine Form, etwa ein Pfeil – drückt häufig mehr als ein Wort aus; es kann ganze Situationen darstellen und wird schnell erkannt und verstanden
   Notieren Sie beispielsweise ein startendes Flugzeug mit einer Uhr, deren Zeiger auf Viertel vor neun steht, und Sie werden in den Notizen schnell Ihre Abflugzeit finden.

2. **Struktur**
   Die Leser Ihrer Notizen finden sich eher in einer übersichtlich strukturierten Notiz zurecht. Bereiten Sie die Informationen so auf, dass sie schnell und richtig erkannt und verstanden werden. Zur Sortierung und Organisation verwenden Sie Hilfsmittel wie Farben, Pfeile, Diagramme, Textkästen und Trennlinien, die Ihrer visuellen Notiz Halt und Ordnung verleihen.

3. **Text**
   Hier sollten Sie wie ein Illustrator denken und Text markant gestalterisch einsetzen: Setzen Sie Schrift wie ein Bildelement ein durch Hervorhebungen und Betonungen.

4. **Übung macht den Meister**
   Legen Sie los! Probieren Sie doch einfach mal Ihre Notizen visueller zu gestalten. Notieren Sie beispielsweise immer dann eine Skizze, wenn das Bild Sie schneller zum Ziel bringt. Je häufiger man Sketchnotes einsetzt, desto schneller gehen sie von der Hand.

Wie auch beim visuellen Storytelling wird beim visuellen Notieren das Gehirn auf mehrere Arten beansprucht. So können Informationen (Wissen) besser und schneller aufgenommen werden und bleiben länger im Gedächtnis haften, Details sind besser abrufbar.

Schnell werden Sie mit der Sketching-Methode eine eigene „Handschrift" oder besser gesagt „Bildschrift" erwerben. Beachten Sie, dass Sie durch die Vorauswahl, Reduktion, Anordnung und Farbauswahl etc. bereits Ihre Version des gehörten Vortrags notieren, also den Vortrag in Bildsprache wiedergeben bzw. erzählen.

---

* WWW: Google Doodles, www.nur-doodles.de

Infografiken/Grafische Elemente

Mittlerweile sind Infografiken als Kommunikationsmittel nicht mehr wegzudenken. Sie vereinfachen Komplexität und bringen Sachverhalte und Wirkungszusammenhänge besonders klar und anschaulich auf den Punkt. Mit ihrer Hilfe werden abstrakte Themen, beispielsweise Quartalsberichte einer Firma, visuell dargestellt. Infografiken haben den Vorteil, dass sie wirkungsvoll Text- und Bildinformationen miteinander verbinden. Eine Infografik kann sowohl statisch als auch interaktiv durch das Thema führen. Häufig stehen Sachthemen und Wissensinformationen im Vordergrund. Infografiken unterscheiden sich beispielsweise von Comics, die ebenfalls sowohl Bild- als auch Textelemente verwenden, da sie weniger dialoggetrieben sind und weniger Emotionen oder Lautworte wie „Aua!" oder „Peng" enthalten.

Infografiken im Piktogramm-Stil – sie sind besonders an dem länglichen Scrollformat zu erkennen – sind derzeit das bevorzugte Medium im Visual Storytelling.

Die Erstellung der Grafiken mit Apps und Tools ist längst keine hohe Kunst mehr. Mit den richtigen Werkzeugen lässt sich mit wenigen Klicks eine ansprechende Visualisierung der Daten kreieren. Selbst Animationen lassen sich mit nützlichen Helfern aus dem Web oft in kürzester Zeit erstellen. So erstellte Bildelemente, auch Visual Micro Content genannt, erhöhen nicht nur die Aufmerksamkeit des Publikums, sondern sie werden auch häufiger im Social Web geliked, geteilt und kommentiert.

Auch Infografiken erzählen Storys

Mit Text, Audio oder Video erweiterte Infografiken können zunächst langweilig anmutende Daten in eine spannende Geschichte verwandeln. Und das ist keine Zauberei: Diverse Hilfsmittel und Online-Tools wie Infogr.am, Visual.ly, Easel.ly, Piktochart oder Venngage verwandeln Datensätze und trockene Informationen in leicht verständliche und anschauliche Grafiken. Mit ihnen ist das Erstellen von Infografiken erschwinglich und oft auch kinderleicht.

Das wohl schwierigste an Infografiken ist nicht die Verbindung von „Information" und „Grafik", sondern das *Infographic Thinking*. Hierbei wird eine visuelle narrative Sprache grafisch umgesetzt.

Plattformen wie Pinterest haben geradezu einen Hype an Infografiken ausgelöst. Zahlen, Statistiken und Fakten, die häufig als langweilige Bleiwüsten erscheinen, können schnell und einfach aufgefrischt und visuell unterstützt werden. Infografiken sind eine Kombination aus Text- und Bildelementen. Sie heben sich durch auffallende Schriftarten, Animationen, Links und andere Elemente positiv von der Masse ab. Infografiken haben normalerweise einen objektiv informierenden Charakter und sind in Geschäftsberichten, Vorträgen, Statistiken, Verkaufsberichten etc. zu finden.

In den folgenden Abschnitten werden einige Online-Werkzeuge (Browseranwendungen) zur Gestaltung illustrativer Infografiken vorgestellt. Die Auswahl kann natürlich bei der Fülle der angebotenen Lösungen nicht vollständig sein. Ich berücksichtige solche Tools, die ich selbst eingesetzt bzw. getestet habe. Die Ergebnisse können sich meiner Meinung nach sehen lassen, ersetzen aber keine durch einen Designer professionell erstellte Grafik. Sie haben allerdings den Vorteil schnell und in einem kleinen Kostenrahmen erstellt werden zu können.

Nachteilig an den Tools und vorhandenen Templates ist, dass die individuelle Anpassung der Infografiken, also die Entwicklung einer eigenen Bildsprache, nur begrenzt möglich ist. Auch die Qualität der in den Online-Tools erstellten Grafiken ist häufig auf die Online-Nutzung abgestimmt und nicht auf den Druck von Büchern oder Ähnliches. Sollen die Infografiken lediglich zur Illustration von Themen und Ergänzung von Beiträgen genutzt werden, reichen die unten genannten Werkzeuge aber vollkommen aus.

Ich verwende beispielsweise für die Vorschaubilder (Kachelbilder; siehe Bild 7.21) der einzelnen Artikel des Blogs von FAMAB Verband Direkte Wirtschaftskommunikation e. V.[25] Grafiken, die ich mit Easel.ly erstelle. Da die Vorschaubilder mit der Überschrift des Blogartikels überblendet werden und auch nur in einer Größe von 300 x 200 Pixel benötigt werden, erstelle ich sie schnell, einfach, thematisch auf den Beitrag abgestimmt und kostengünstig mit diesen Online-Tool.

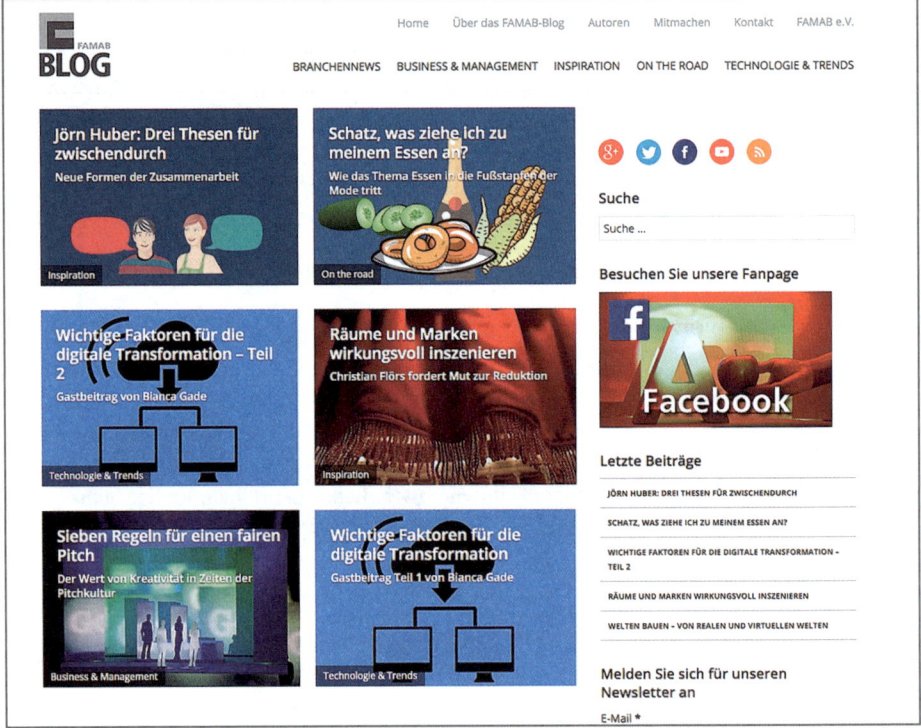

Bild 7.21 Viele Vorschaubilder des FAMAB-Blogs erstelle ich mit dem Tool Easel.ly.

Infografiken kinderleicht mit dem Online-Tool Easel.ly erstellen

Einige der im Buch verwendeten Infografiken wurden zum Beispiel mit dem Online-Tool Easel.ly erstellt. Es existiert eine kostenfreie und eine Profi-Version. In Letzterer haben Sie Zugriff auf eine größere Anzahl vorgefertigter Grafiken.

Sie können Ihre Grafiken mit den vorhandenen Templates und grafischen Elementen anfertigen, aber auch eigene Fotos und Grafiken oder neue individuelle Templates erstellen. Per Drag & Drop zieht man Grafik-Elemente seiner Wahl auf ein Arbeitsblatt (Template).

---

[25] WWW: famab.de/blog.de

Die Auswahlmöglichkeiten der Objekte und Piktogramme sind übersichtlich, es können aber jederzeit eigene Grafiken und Fotos ergänzt werden. Ausgewählte Objekte können ganz einfach auf dem Arbeitsblatt hin- und herbewegt, in der Größe verändert oder unterschiedlich eingefärbt werden.

Ein integriertes Zeichenprogramm würde diesem Tool meiner Meinung nach sehr gut tun. Die Software bietet eine große Schrift- und Farbauswahl. Schnell und einfach ist eine Grafik online erstellt und in drei verschiedenen Formaten (als PDF-Datei oder als hoch- oder niedrigauflösende PNG-Datei) zu exportieren. Selbstverständlich können die online erstellten Grafiken auch per embedded Code direkt in die eigene Webseite eingebunden werden oder man erstellt einfach einen Link zur Grafik. Es besteht auch die Möglichkeit, Hyperlinks direkt in die Infografiken zu integrieren. Dies ist besonders bei der Verwendung von Infografiken auf Webseiten und in E-Books interessant.

Die Design-Möglichkeiten sind enorm. Zudem bietet Easel.ly (siehe Bild 7.22) viele weitere Freiheiten: Die vorgefertigten Templates und „Public Visuals" – zurzeit sind es mehr als 2 Millionen Created Visuals – enthalten viele Grafiken, die sich stufenlos vergrößern, verkleinern und verschieben lassen.

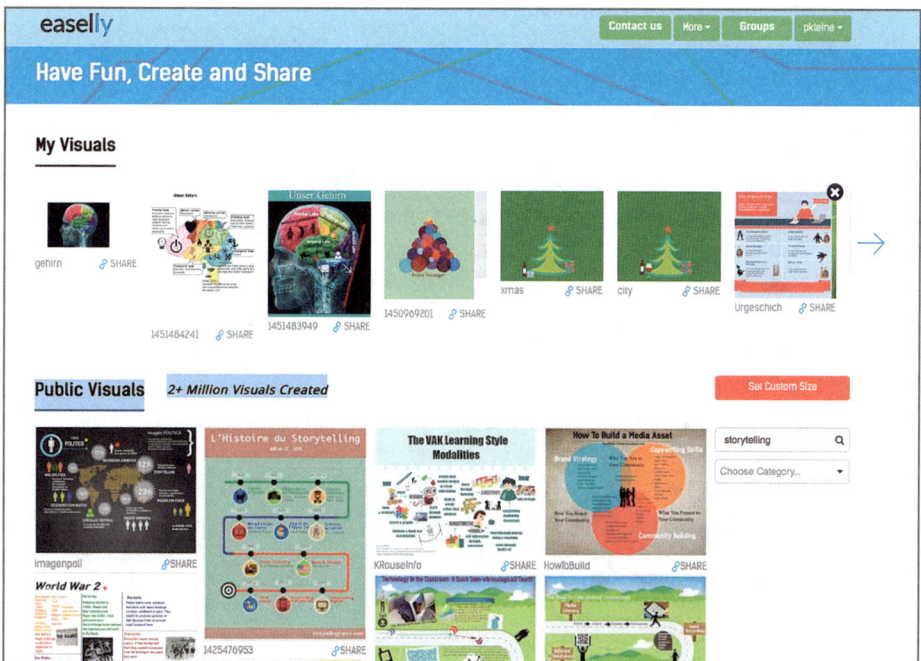

Bild 7.22 So sieht das Dashboard von www.easel.ly aus.

Einen kleinen Wermutstropfen gibt es dann leider doch, denn bisher kann man keine Zahlendateien (z. B. aus einer Excel-Tabelle) importieren und diese dann direkt in einer Grafik verarbeiten. Hier hilft nur, die Exceldaten in eine Textdatei umzuwandeln und den Text mit „Copy & Paste" in die Grafik einzufügen. Dafür sind aber die Größeneinstellungen der zu erstellenden Grafiken mannigfaltig.

Erwähnenswert ist, dass alle mit Easel.ly erstellten Grafiken „frei" genutzt werden dürfen: „You are free to do whatever you like with the visual you created through Easel.ly."[26]

Exkurs:

Auch eine gute Infografik erzählt gewissermaßen eine Geschichte. Die Verwendung von Tools wie Easel.ly sind Mittel zum Zweck und nehmen dem Storyteller nicht das Denken und Planen der Story ab. Lassen Sie sich von Grafiken auf Plattformen wie Pinterest.com oder Infographiclist.com inspirieren und erstellen Sie dann Ihr Storyskript.

Auf dem Easel.ly-Blog finden Sie auch Tipps, was bei einer gut funktionierenden Infografik zu beachten ist:*

1. Limitieren Sie Ihre Farbauswahl. Idealerweise nutzen Sie drei Farben und nehmen eine davon als Kontrastfarbe. Wählen Sie Unifarben aus und achten Sie auf die Helligkeit.
2. Achten Sie auf leere Flächen: Es ist nicht notwendig, jede Fläche auch auszufüllen. Das Auge findet und verarbeitet Informationen leichter, wenn Ihre Infografik nicht überfrachtet ist.
3. Halten Sie Ihre Bildwelt einfach: Nutzen Sie unkomplizierte Grafiken, die größenunabhängig, also sowohl groß als auch klein, wirken. Nutzen Sie nur dezente Effekte, etwa Schatten.
4. Zwei unterschiedliche Fonts sind ausreichend: Nutzen Sie durchgehend die ausgewählten Schriftgrößen. Dabei reichen meist unterschiedliche Größen für die Überschrift (den Header/H1), den Untertitel (Subtitle/H2) und den Fließtext (Body) aus.
Beachten Sie, dass richtig eingesetzte Typografie die Aufmerksamkeit auf eine Grafik oder einen Inhalt verbessern kann.
5. Wählen Sie einen Stil, einen Schrifttyp aus und halten Sie Ihren gewählten Stil konsequent ein.
6. Die Größe ist wichtig: Alles unter 600 dpi dient nicht unbedingt der „Lesefreundlichkeit" (Usability) und bei Größen über 5000 Pixel verlieren die Leser schnell die Aufmerksamkeit.

Selbstverständlich sind auch hier, wie so oft, die Ausnahmen die Regel.

---

* WWW: 6 Best Practices for Designing an Infografic, easel.ly/blog/wp-content/uploads/2015/12/image011.jpg

Infografiken mit Piktochart erstellen

Piktochart (siehe Bild 7.23) ist ein interaktives Online-Werkzeug zur Erstellung wirkungsvoller Infografiken, Präsentationen, Reporte und Banner. In der kostenfreien Version steht nur eine begrenzte Anzahl an Templates (Themes) zur Verfügung und leider sind die in der „Free-Version" erstellten Infografiken immer mit dem Piktochart-Logo gebrandet.

---

[26] WWW: Easel.ly easel.ly/blog/terms-of-service-and-privacy-policy-2/

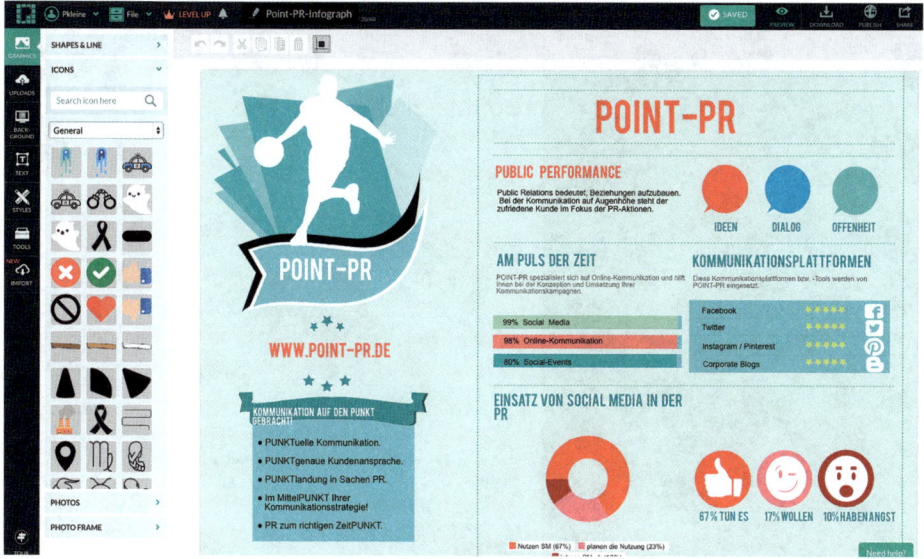

Bild 7.23 So sieht das Dashboard bei Piktochart aus.

Nur die Grafiken der zahlenden Premiumkunden sind von dem Logo befreit; hier ist es möglich das eigene Firmenlogo unter die erstellte Grafik zu setzen. Ansonsten punktet die Grafik-Plattform mit allerlei Elementen (Grafiken) und zahlreichen Einstellungsmöglichkeiten. Die Datenbank mit den zur Verfügung gestellten Grafiken ist mit über 4000 Icons sehr umfangreich. Ähnlich wie Easel.ly stellt Piktochart zahlreiche Vorlagen, Grafikelemente, Schriften und Farben. Auch hier gibt es die Möglichkeit eigene Bilder zu importieren. Bearbeitet werden die Infografiken auch einfach durch ein Herüberziehen, also „Drag & Drop", auf die Arbeitsfläche. Fertig erstellte Grafiken können entweder als Bild exportiert oder direkt per HTML-Code in eine Webseite eingebunden werden.

Im Gegensatz zu Easel.ly können bei Piktochart Daten für Diagramme eingegeben oder direkt aus CSV-Dateien importiert werden.

Grafiken mit Infogr.am erstellen

Ebenso wie bei Easel.ly und Piktochart sind auch bei Infogr.am (siehe Bild 7.24) Templates sowie Grafik- und Designelemente zur Erstellung einer Grafik vorhanden. Infogr.am eignet sich, um Infografiken aber auch Maps zu erstellen. Dies kann gerade zur Visualisierung von Messeauftritten oder Roadshows etc. sehr gut eingesetzt werden. Allerdings ist die Auswahl der Themes und einfügbaren Elemente deutlich geringer und weniger variabel als bei den beiden vorangehenden Werkzeugen.

Im Gegensatz zu Easel.ly können bei Infogr.am auch Daten aus einem Tabellenprogramm wie etwa Microsoft Excel importiert und visualisiert werden. Im Gegensatz zu den beiden vorherigen Tools kann bei Infogr.am die erstellte Grafik nur in der Bezahl-Version heruntergeladen werden.

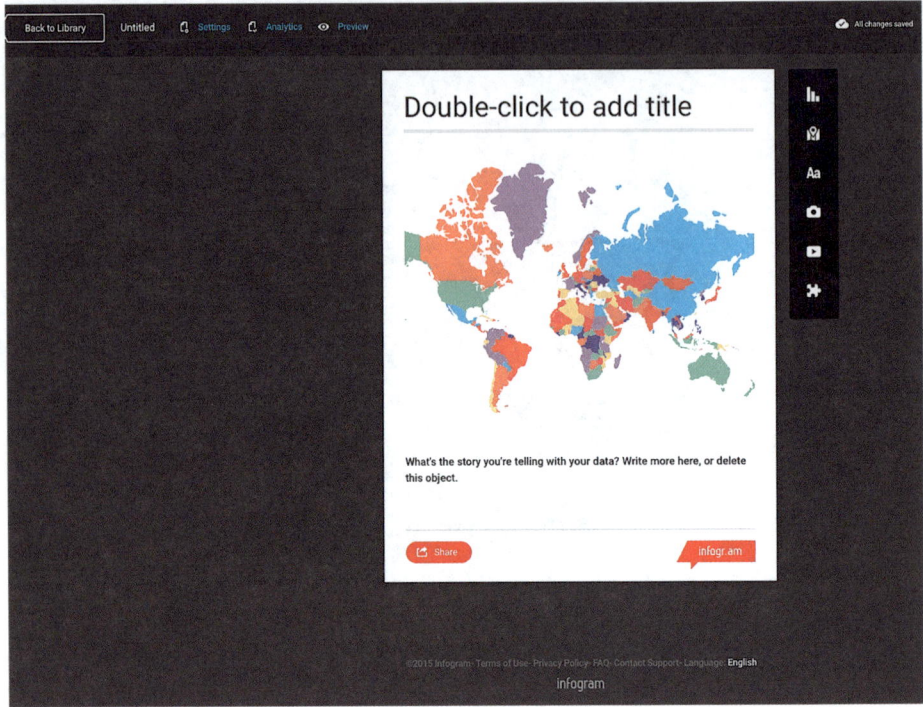

Bild 7.24 Screenshot der Arbeitsfläche von Infogr.am.

Grafiken mit Venngage erstellen

Auch Venngage bietet einen kostenfreien Generator zur Erstellung von Infografiken an. Die Gratisversion dieses Tools hat weniger Designs und Themes als die Bezahlversion. Die Premiumversion enthält zusätzlich ein Social Analytics Tool, das die angemeldeten Accounts auf Facebook, Twitter, Google Analytics, Adwords oder Pinterest durch Tracking-Codes überprüft und schaut, welche Kampagne sich in den Medien erfolgreich verbreitet. Neben Excel-Daten können in die Arbeitsfläche auch Videos, Karten, Text und Bilder eingebunden werden. Das Tool ist besonders für mobile Geräte optimiert, speziell für die Bedienung mit Tablets.

Grafiken mit Canva.com erstellen

Canva ist eine mächtige und umfangreiche Werkzeugkiste. Ich habe es bereits vor einiger Zeit genutzt und nun wiederentdeckt, da kein anderer als der frühere Apple-Chief-Evangelist **Guy Kawasaki** in gleicher Rolle bei Canva – als Aushängeschild und als Investor – in das australische Startup einstieg.

Canva ist im Grundprinzip gratis. Um Infografiken erstellen zu können, muss man sich als Nutzer lediglich registrieren. Wie auch die bereits vorgestellten Grafik-Tools setzt Canva auf vorgefertigte Templates, nur mit dem feinen Unterschied, dass hier die Auswahl enorm groß ist. Allein die vorgestellten Größen und Verwendungszwecke der einzelnen Templates ermöglichen bereits die Erstellung differenzierter Grafiken.

Bild 7.25 So sieht das Dashboard von Canva aus.

Einige Grafiken, Fotografien, Icons, Fotorahmen oder Illustrationen, die man per „Drag & Drop" (siehe Bild 7.25) in seine Arbeitsfläche ziehen möchte, sind frei verfügbar, doch eine große Anzahl der mannigfaltigen Elemente kann für jeweils einen Dollar erworben werden. Selbstverständlich können auch eigene Bilder importiert werden. Wunderbar sind die Filter, bekannt u. a. von der Fotoplattform Instagram, mit denen die Grafiken verfremdet werden können. Die erstellten Bilder können als PDF, JPG oder PNG heruntergeladen werden.

Bildgeschichten und audiovisuelle Stories

Slideshows und Bildgeschichten benötigen aussagekräftige Bilder. Eine verbindliche Anleitung für ein gutes Foto kann es nie geben. Oft sind die wirkungsvollsten Bilder solche, die sich ganz auf die Basics beschränken.

Für **Michael Freeman**[27] – renommierter Fotograf, Trainer und Autor – ist zumindest eins der nachfolgenden Kriterien maßgebend, um als gutes Foto zu bestehen:

1. Ein gutes Bild enthält, was allgemein gefällt.
2. Ein Foto muss begeistern und Interesse wecken: es regt also an und provoziert.
3. Ein gutes Foto enthält eine Idee und besitzt gedankliche Tiefe: so wird die Fantasie des Betrachters geweckt.
4. Es ist mehrschichtig: Ein Bild, das auf mehreren Ebenen funktioniert, ermöglicht dem Betrachter etwas zu entdecken.
5. Es passt in einen kulturellen Zusammenhang.
6. Das Foto entspricht dem Medium. Dabei soll ein Medium andere Kunstformen nicht kopieren.

Verschiedene Einstellungen und Perspektiven sind ein wichtiges Werkzeug des Fotografen. Auch hier sorgen abwechselnde Motive und Einstellungen für Ausgewogenheit und Spannung. Sehr beliebt sind Bilder-Slideshows oder Audio-Slideshows, die in wenigen Minuten eine Vielzahl von Bildern zeigen.

---

[27] Freeman, Michael, Die fotografische Story, Pearson Verlag 2013

Dieses Kapitel bietet nicht genügend Raum, um detailliert alle gängigen Tools zu behandeln. Schauen Sie daher einfach auf die Webseite zum Buch unter www.story-baukasten.de, in der ich regelmäßig über neue und interessante Werkzeuge zum Storytelling berichte.

8 Der gute Storyteller – was macht ihn aus?

„Der Mensch ist von Natur aus ein Geschichten erzählendes Tier." - Umberto Eco

Geschichten werden vom Storyteller nicht nur durch Erzählen verbreitet, sie werden auch von ihm entwickelt, initiiert und bekommen durch ihn und dessen Persönlichkeit Leben eingehaucht. Häufig ist mit dem Begriff oder Beruf Storyteller nicht der frühere „fahrende Sänger" oder Erzähler auf dem Marktplatz (siehe Bild 8.1) gemeint, in der heutigen Zeit sind die Erzähler eher die Autoren, Erschaffer, Story-Architekten. Demnach unterscheiden wir zwischen dem reinen Erzählenden und dem Erschaffer einer Erzählung.

Zu den Erzählenden gehören Vortragende, Schauspieler, Sänger, Regisseure, Lehrer, aber heutzutage auch das Publikum, das beispielsweise im Social Web Geschichten als Initiator für Reaktionen und eigene Erzählvisionen sehen. Schauen Sie sich beispielsweise die Funktion des „Antwortvideos" bei YouTube an.

Bild 8.1 Zwischen Schlangenbeschwörern, Wahrsagern und Wasserverkäufern ziehen marokkanische Geschichtenerzähler täglich ihr Publikum in den Bann. Die Bühne ist der „Djemaa el Fna", der „Platz der Gehenkten" in Marrakesch. Ihre Geschichten sollen unterhalten und gleichzeitig lehrreich sein. So handeln sie von Königen, von der Liebe, von Versuchung und Reichtum, von Armut und Weisheit.

So landete die Marke Tipp-Ex 2010 mit ihrem viralen YouTube-Film „*NSFW – a hunter shoots a bear*"[1] (deutsch „Ein Jäger erschießt einen Bären") einen großen Hit. Sie begeisterte mit ihrer kreativen und technischen Umsetzung und neuen Möglichkeiten zur interaktiven Nutzung von YouTube & Co.

Die Story ist recht einfach: Ein Camper wird von einem Bären angegriffen. Sein Freund rät ihm aus dem Off (er ist also nur zu hören, nicht zu sehen), den Bären zu erschießen. Dieser weigert sich jedoch. Nun darf der Zuschauer bestimmen, wie die Geschichte zwischen Bär und Jäger weitergeht, indem er einfach ein englischsprachiges Verb statt des „shoots" eingibt. Die „TippExperience" motiviert zum Miterzählen der Story, und da die Initiatoren wissen, welche Begriffe User mit Vorliebe in solchen Situationen eingeben, haben sie für viele Variationen neue Filmepisoden produziert, die der Zuschauer als Belohnung für seine Interaktion erhält. Sollte ein Wort eingegeben werden, dass der Bär nicht kennt, so gibt er eine persönliche Fehlermeldung aus.

Der „interaktive" Bärenclip war so erfolgreich, dass es in den Jahren 2012 und 2014 eine Fortsetzung gab.

Diese kleine unterhaltsame Geschichte demonstriert die veränderte Rolle des Storytellers. Mit den heutigen Möglichkeiten und den Anforderungen des Publikums sind Storyteller eher Story-Architekten, die eine Umgebung schaffen, in der das Publikum Geschichten aufnehmen und interaktiv weitererzählen kann.

Zudem sind längst nicht mehr nur die Schriftsteller, Regisseure, Drehbuchautoren oder Journalisten Vertreter der erzählenden Fraktion, sondern auch Unternehmen, Manager, Politiker, Werbetreibende und natürlich – seit jeher – der Kollege im Büro oder der Freund bei Facebook.

---

[1] WWW: Tipp-Ex „A Hunter Shoots Bear", youtube.com/watch?v=RcGaTzFV-pw

8.1 Der Weg zum guten Storyteller

Geschichten werden einerseits ausgedacht und erstellt und andererseits erzählt. Beides sind Fähigkeiten, die – wie so viele – erlernt und eingeübt werden können. Auch hier gilt der Spruch: Übung macht den Meister.

Bild 8.2 Jeder Mensch ist ein Storyteller!

In diesem Kapitel möchten wir uns einerseits mit den Story-Architekten, den Erbauern von Geschichten und Storywelten beschäftigen und andererseits auch mit den Erzählern, den Storytellern und Präsentatoren. Storyarchitekt Tobias Dennehy stellt gerade durch den Siegeszug sozialer Medien **grundlegende Veränderungen** der Kommunikation fest. Er ruft zur Veränderung und Revolution auf, die selbstverständlich von den Erbauern der Storywelten initiiert werden sollte. Die *Corporate Story Architecture* ist laut Tobias Dennehy das System, „nach dem Unternehmen in ihrer gesamten, grenzfreien und menschzentrierten Kommunikation arbeiten und funktionieren müssen".

Der Ruf nach relevantem Content, der sowohl den Verfasser als auch das Publikum glücklich macht, wird immer deutlicher. Die Lösung liegt in der Hand der Storyerzähler und -architekten:

Es sind strukturiert aufgebaute und gut erzählte Geschichten. Storyarchitekt Tobias Dennehy beschäftigt sich mit der Frage, was gute Geschichten sind und was Storytelling ausmacht. Dabei betont er, dass Storytelling keine Methode, kein Prozess, sondern ein Gefühl, eine Emotion, eine Erfahrung und Empathie ist.

Was sind Storyteller?

„Alle Kinder kommen als Künstler zur Welt. Das Problem ist, auch beim Heranwachsen Künstler zu bleiben." – Pablo Picasso

Singende Geschichtenerzähler reisten durch das Land, immer auf der Suche nach neuen Liedern und Sagen, die sie weitererzählen konnten. Sie waren die „Wander-Podcasts" und wandernden Hörspielmagazine ihrer Zeit. Sicherlich haben Sie von den Minnesängern im Mittelalter gelesen. Sie sind genauso wie der erzählende Barde, der Hofnarr oder der Sänger von Heldenliedern und Sagen als Vorfahren der heutigen Geschichtenerzähler zu betrachten. Es ist aber anzunehmen, dass der „Beruf" des Schamanen, der religiöse Mythen als Geschichten weiterverbreitet, bereits vor dem Mittelalter existiert hat. So beschreibt Wikipedia diese fahrenden Geschichtenerzähler als *„Personen, die in vielen Kulturen religiöse, kultische oder bildungserzieherische Aufgaben wahrnehmen. In Mitteleuropa ging der Geschichtenerzähler wohl aus dem Spektrum der mittelalterlichen Minnesänger, Troubadoure und Hofnarren hervor."*[2]

Bild 8.3 Fotograf Bob Carey schlüpfte während seines TEDx-Vortrags in München in sein rosa Tutu.

---

[2] WWW: de.wikipedia.org/wiki/Geschichtenerzähler

Heutzutage geht man davon aus, dass jeder Mensch ein mitteilendes und erzählendes Wesen ist. Denn ohne diese Form der Kommunikation ist eine Verständigung zwischen Menschen kaum möglich. Dennoch lauschen wir beim Beisammensein in einer Gruppe oder auch bei einem Vortragsabend wie der TEDx dem einen Erzähler lieber als dem anderen. Oft werden wir von Erzählern und deren Geschichten in den Bann gezogen und lauschen gefesselt. Liegt es an der Story, dem spannenden Inhalt, der Dramaturgie und dem Aufbau der Geschichte oder an dem Vortragenden, der sein ganzes Können in das Erzählen einfließen lässt?

Wir wissen intuitiv, welche Geschichten und Erzähler uns gefallen: Wenn wir von einer Geschichte so gefesselt sind, dass wir sie und ihre Helden vor Augen sehen, wir uns die Charaktere und Orte sinnbildlich vorstellen können, also Teil der Story werden, diese verinnerlichen und auch weitererzählen können, dann ist sie gelungen.

■ 8.2 Grundübungen für Storyteller

Wir beschäftigen uns nun damit, wie man zum Meistererzähler – sowohl zum Vortragenden als auch zum Storyentwickler – wird. Eine der Grundüberlegungen und Voraussetzungen für gut funktionierende Geschichten ist das Prinzip der Einfachheit.

Ein guter Erzähler beschreibt möglichst plastisch und mit bildhafter Sprache unter Verwendung von Metaphern eine Handlung. Er nutzt kurze Sätze, starke Verben und verzichtet auf unnötige ausschmückende Adjektive. Er spricht in einer verständlichen Sprache, ohne unnütze Fremdwörter oder zu viele Nebensätze. Er verwendet bewegende Bilder, welche die Fantasie des Publikums anregen. Zudem vergisst ein Erzähler die Pausen nicht. Denn die Pausenzeit ist notwendig. Sie ermöglicht den Zuhörern, zu visualisieren, Emotionen zu zeigen, vor Angst zu bibbern oder vor Wut das pulsierende Adrenalin in den Adern rauschen zu hören. Nicht zu vergessen, dass der erfahrene Erzähler immer einen Spannungsbogen aufbaut. Mehr hierzu erfahren Sie in Kapitel 6 „Der Story-Baukasten".

Das KISS-Prinzip

Bereits **Leonardo da Vinci** stellte fest: „Einfachheit ist die höchste Stufe der Vollendung."

Vielen Marketingfachleuten ist dieses Prinzip auch als das KISS-Prinzip bekannt: Keep it simple (and) stupid. Sinngemäß bedeutet es, dass Sie eine Geschichte mit den „einfachsten Mitteln verständlich und bewältigbar" erzählen sollten.

Hierzu sollten Sie als **Grundübung für Erzählungen** die in Bild 8.4 dargestellten Schritte beherzigen.

Bild 8.4 Dieser Hund beobachtet hinter der Mauer das Geschehen außerhalb der Mauern sehr genau. Gute Storyteller sind wie Spürhunde: Sie sind Jäger auf der Suche nach Informationen.

Beobachten und Sammeln

Schauen Sie sich mit offenen Augen Ihre Umgebung, Ihr Umfeld an und beobachten Sie Ihren ganz normalen Lebensalltag, den Ihrer Freunde, Mitbewerber und Kollegen. Ganz wichtig: Begeben Sie sich in das Umfeld der Zielgruppe, ob im realen Leben oder in den Social Communities.

 Beobachten Sie und hören Sie zu und stellen Sie sich folgende Fragen:
- Welche Themen sind für die Personen der Zielgruppe interessant,
- welche Sprache sprechen sie,
- wo halten sie sich auf,
- was machen sie,
- was bewegt sei,
- welche Musik hören sie,
- welche Vorbilder haben sie
- und welche Medien nutzen sie.

 Hierzu hilft es auch viel zu lesen: Seien Sie online aktiv und kommunizieren Sie mit Ihrer Zielgruppe. Lernen Sie Ihr Publikum kennen!

Gehen Sie sogar einen Schritt weiter und bauen Sie sich nicht nur ein Netzwerk mit Influencern (als Experten, die meinungsbildend sind und Einfluss nehmen) auf, sondern werden Sie selbst zu einem Experten, einem Influencer in Ihrem Themengebiet.

Dabei sollten Sie aber den Blick über den Tellerrand nicht vergessen: Reisen Sie und seien Sie neugierig und offen. Schnell werden Sie ein Grundinventar verschiedenster Geschichten gesammelt haben. Notieren Sie sich besonders relevante Storys, die verschiedenen Spielarten wie Dramen, Liebesgeschichten, Erfolgsgeschichten und so weiter. Gliedern Sie diese erlebten Geschichten in Anfang, Mittelteil und Ende. Dabei werden Sie schnell Muster erkennen und merken, wann Sie was mit welchen Mitteln erreichen können.

Kopieren, imitieren und variieren Sie bekannte und erfolgreiche Geschichtsmuster

Durch Kopieren entdecken wir wichtige Vorlagen und Muster für den eigenen Erfahrungsschatz. Bereits Kinder nehmen bekannte Vorlagen, wie zum Beispiel Märchen, und erzählen bzw. spielen diese nach ihren Vorstellungen. Auf einmal ist die fünfjährige Sophie die Prinzessin, die ihren Stoffkater anstatt des Frosches küsst. So formt sie das bekannte Märchen vom Froschkönig in eine glaubwürdige und selbst erlebte Geschichte um und erlernt ganz nebenbei Erzählmuster und deren Spielarten.

Jede gute bekannte Geschichte lebt von Variationen. Diese sind oft eine persönliche Adaption der Geschichte, eine Angleichung an den eigenen Geschmack, den Kulturkreis, in dem man lebt, oder den Zeitgeist. Denken wir noch einmal an Sophie, die aus dem Frosch einfach eine Katze macht, da sie dieses Stofftier in den Armen hält, liebt und küssen kann. Mittels dieser Anpassung erscheint ihr das Märchen vom Froschkönig realistischer, akzeptabel und übertragbar.

Auch im Bereich Bühnenaufführungen kennen wir Interpretationen. Hier wird die Anpassung der Aufführung oft vom Regisseur vorgenommen, der das Stück umschreibt, an sein Ensemble anpasst oder auch ein Theaterstück in „moderner Sprache" in einen Kinofilm übersetzt.

Storytelling und Inszenierung sind schon immer in einem Atemzug zu nennen. Bereits eine neue Bühnenkulisse oder die Besetzung einer Männerrolle durch eine Schauspielerin kann einem bekannten Stück eine neue Prägung geben.

Schauen wir uns etwa die bekannte Geschichte vom „armen Waisenkind" (Oliver Twist, Heidi, das Findelkind Mogli aus Walt Disneys Dschungelbuch, Tarzan etc.) an, das zunächst verstoßen, dann aufgenommen und geliebt wird: Diese Story finden wir in fast allen Kulturen und unzähligen Variationen.

Den eigenen Stil entwickeln

Sie sollten als Erzähler, Marke oder Unternehmen „greifbar" und einzigartig sein. Finden Sie Ihren unverwechselbaren Stil. Zeigen Sie unverwechselbaren Humor, wie die kleinen gezeichneten Werbestorys von *Red Bull*[3] es tun. Zeigen Sie eine spezielle Bildsprache, eine eigentümliche Perspektive, fangen Sie Ihre Storys zum Beispiel immer mit dem Ende an usw. Ihrer Kreativität sind hierbei keinerlei Grenzen gesetzt. Nach und nach entwickeln Sie ein Storytelling-Image, das von Ihrer Zielgruppe akzeptiert wird. Das ist gerade im Bereich Corporate-Storytelling wichtig. Nur wer seine eigene Sprache, seine unverwechselbaren Charaktere entwickelt, ist auch für das Publikum unverwechselbar und eindeutig.

---

[3] WWW: Entdecken Sie die Cartoons von Red Bull auf cartoons.redbull.com/at-de. Red Bull schreibt: „Willkommen am Flying Planet. Hier sind unsere Lieblingscharaktere der Red Bull Cartoons beheimatet. Klicke auf die Charaktere und lasse dich von ihren Geschichten beflügeln."

Übung macht den Meister

„Wir lernen durch Irren und Fehlen und werden Meister durch Übung, ohne zu merken, wie es zugegangen ist", erkannte bereits Christoph Martin Wieland (1733 – 1813), deutscher Schriftsteller sowie Erzieher des Prinzen Karl August.

Um gute Leistungen auf „Knopfdruck" erzielen zu können, braucht es viel und oft auch ständige Übung. Nur so verfügen wir als Geschichtenerzähler über ein großes Repertoire an „einsetzbaren Variablen". Vergleichbares sehen wir auch bei Vortragenden, die nach vielen Vorträgen einfach auf gewisse Routinen zurückgreifen können und so, je nach Zusammensetzung des Publikums, verschiedenste Beispiele parat haben. Wichtig ist, dass Sie das Handwerk des Storytellings, die Regeln und Werkzeuge kennen und beherrschen, um aus dem Stegreif überzeugende Variationen entwickeln zu können. Bereits Johann Wolfgang von Goethe stellte fest: *„Allem Leben, allem Tun, aller Kunst muß das Handwerk vorausgehen, welches nur in der Beschränkung erworben wird. Eines recht wissen und ausüben, gibt höhere Bildung als Halbheit im Hundertfältigen."* [4]

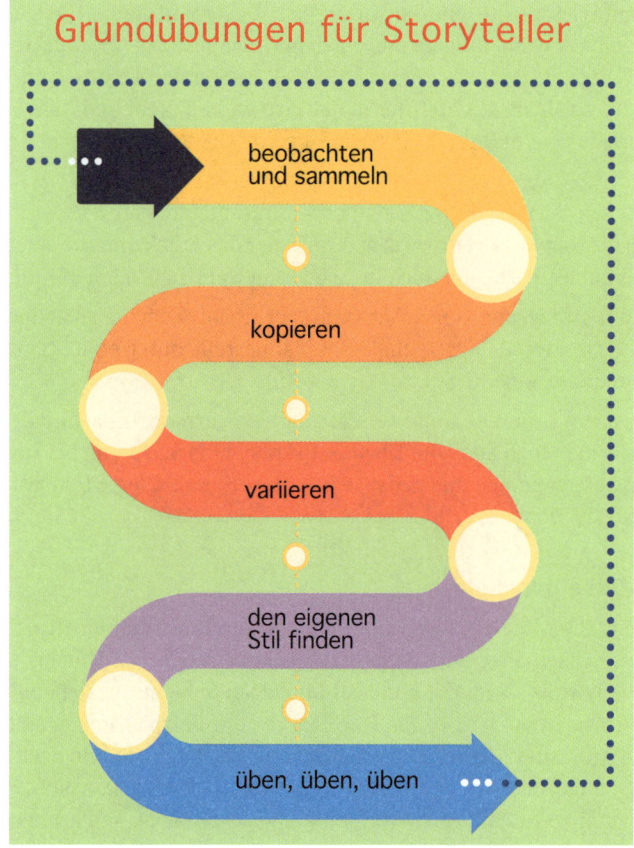

Bild 8.5 Grundübungen für jeden Storyteller.

---

[4] Goethe, Wilhelm Meisters Wanderjahre, 1821; erweiterte Form 1829. 1. Buch, 12. Kap.

8.3 Die Nacktschnecke: The „Naked Presenter"

Garr Reynolds[5] beschäftigt sich mit wirkungsvolleren Präsentationen im Stil von Bill Gates oder Steve Jobs. Er schreibt wundervolle Bücher über die Kunst des Präsentierens. In diesem Zusammenhang spricht er vom „Naked Presenter", da sich laut Reynolds jeder gute Vortragende (also Storyteller) aus seiner Schale befreien und sich verletzbar, angreifbar, ehrlich, authentisch und persönlich zeigen muss.

Reynolds rät dazu, als Vortragender seine Zuhörer zu faszinieren, indem man Unnötiges weglässt und sich auf das Wesentliche, die Kernbotschaft konzentriert. Er definiert folgende Grundtugenden, die für gute Präsentationen eine maßgebende Rolle spielen: Einfachheit, Klarheit, Aufrichtigkeit, Glaubwürdigkeit und Leidenschaft. Das macht die Nähe, die „Geradlinigkeit" des Geschichtenerzählers aus.

Mit Geradlinigkeit der vortragenden bzw. erzählenden Person meint Reynolds, „sich ungekünstelt zu zeigen", keine „Rolle" zu spielen und die Bereitschaft, sich frei auf einen Dialog einzulassen. Storyteller sind Ideengeber und schaffen ein Umfeld, das es dem Publikum (der Zielgruppe) ermöglicht, die Story weiterzuerzählen, sie weiterzutragen. So überleben Geschichten. Übersetzt bedeutet es, dass gerade im Digital Storytelling mehr ein Architekt, der das Umfeld für eine Story (eine Storyworld) erschafft, die Strukturen vorgibt und Spielregeln aufstellt. Das Gerüst, der Plan der Storywelt muss aber offen bleiben, darf nicht als einengendes Korsett empfunden werden, da dies nur ein „leeres", nicht reflektiertes Nacherzählen hervorruft.

So fordert Reynolds auch: „Seien Sie nicht langweilig!" und erläutert weiter: „Nutzen Sie keine gestellte Sprache oder komplizierte Metaphern, Heldenfiguren." Die Fähigkeit, klar, bildhaft und leidenschaftlich zu erzählen, das gesamte Gehirn zu beschäftigen, ist Ziel eines jeden Storytellers. Auch wenn der Präsentationsguru folgende Tipps für Präsentatoren (Vortragende) aufgestellt hat, sind sie gleichermaßen für Geschichtenentwickler und -erzähler anwendbar.

Die Macht des Erzählers

Über die Jahre hinweg hat Reynolds gerade im Austausch mit Storytellern zehn Wege definiert, um bessere Präsentationen zu erstellen. Und Präsentationen und Vorträge haben natürlich viele Gemeinsamkeiten mit dem Geschichtenerzählen.

1. **Seien Sie persönlich**
   Erzählen Sie von Ihrem Umfeld, Ihren Kollegen, Erlebnissen einer Bahnreise. Nur wer persönliche Erlebnisse einbaut, wirkt authentisch, offen und emotional. Es entsteht so keine konstruierte, verkopfte Geschichte.

2. **Erzählen Sie einfach**
   Verwenden Sie einen einfachen Aufbau der Geschichte und nutzen Sie einfache Wörter. Fügen Sie niemals etwas hinzu, wenn Sie auch mit weniger auskommen, und versuchen Sie mit minimalsten Mitteln die größte Wirkung zu erzielen.

---

[5] Reynolds, Garr: Naked Presenter. Wirkungsvoll präsentieren – mit und ohne Folien, Pearson Education Deutschland 2011
WWW: Garr Reynolds Webseite: www.presentationzen.com

3. **Gefühle inspirieren zu Handlungen**
   Es geht nie nur um reine Information. Das Publikum möchte etwas erleben und empfinden. Das Ziel ist es, Botschaften emotional einzubinden und zu verpacken, sie so zum Anliegen der Zuhörer zu machen und diese zu Handlungen zu motivieren. Menschen erinnern sich häufiger an Aussagen, die ihre Emotionen erweckt haben.

4. **Überraschen Sie und bringen Sie etwas vollkommen Unerwartetes**
   Obwohl das Publikum sich in einer Erzählung wiederfinden möchte, sind die Aufmerksamkeit und Spannung sowie auch der Unterhaltungswert bei einem Überraschungsmoment sehr hoch. Tun Sie etwas Unerwartetes, das Gegenteil von dem, was nur „normal" wäre. Überlegen Sie, ob Sie Ihre Geschichte eventuell mit einer schockierenden Aussage oder gar einem Geständnis beginnen könnten. Überraschungen erhöhen die Aufmerksamkeit und motivieren zur Konzentration.

5. **Zeigen Sie etwas Originelles**
   Seien Sie originell, einzigartig und unverwechselbar. Öffnen Sie sich und zeigen Sie Ihre Persönlichkeit, überraschen Sie mit Witz, Humor, einem originellen Bild oder einer einzigartigen Figur.

6. **Seien Sie herausfordernd**
   Wenn Sie das Gehirn des Publikums aktivieren, erhöhen Sie dessen Aufmerksamkeit und Konzentration. Präsentieren Sie Thesen, Ideen, Sätze, Zitate, die das Publikum zum Nachdenken herausfordern (Vorsicht: Sie sollten Ihr Publikum dabei aber nicht überfordern). Häufig wird für provokative Fragen eine Figur des Weisen oder Narren eingesetzt.

7. **Seien Sie positiv, optimistisch, humorvoll**
   Wenn Ihre Erzählung das Publikum zu einem gemeinsamen Lachen, einer positiven Emotion verführt, haben Sie vieles richtig gemacht. Lachen setzt Endorphine frei, entspannt den Körper und kann sogar ein wenig die Perspektive des Publikums ändern. Ein altes Sprichwort besagt: „Wenn sie lachen, dann hören sie zu."

Reynolds stellt folgendes Rezept auf, in dem er erläutert, warum Storytelling relevant ist. Er erinnert uns damit an die Kraft von gut erzählten Geschichten.

Rezept für gute Storys à la Garr Reynolds

1. **Plot comes first!** Zunächst fordert Garr Reynolds, sich auf die eigentlichen Inhalte der Geschichte, den Plot, zu reduzieren. Notieren Sie Ihre Story-Idee, ohne sich sofort in Tools, Umsetzung, Technik oder Recherche mit Google und Co. zu verlieren. Nutzen Sie einfach Papier und Stift und unterstützen Sie Ihre Ideenskizzen mit Zeichnungen.

2. **Denken Sie immer zuerst an Ihr Publikum.** Kümmern Sie sich um die Wünsche und Bedürfnisse der Zuhörer – ob intellektuell, emotional oder bestenfalls beides – und berühren Sie so Ihr Publikum. Der Satz „Your story is really their story!" sollte im Vordergrund stehen. Beachten Sie also, dass Ihre Geschichte auch die des Publikums ist oder wird. Wenn das Publikum sich in der Erzählung wiederfindet, sich damit identifizieren kann und emotional involviert ist, dann wird die Geschichte zur Story jedes einzelnen Zuhörers und hat somit das Potenzial, weitergetragen und erzählt zu werden.

Auch wenn Ihre Geschichte noch so persönlich und einzigartig ist, so sind bekannte Erzählmuster so universell, dass sie immer gleich funktionieren. Andrew Stanton, Direktor der Filmfirma Pixar (die u. a. den Film „Toy Story" herausgebracht hat), bringt es auf folgenden Nenner: *„Make me care. Please – emotionally, intellectually, aesthetically – just make me care."* Übersetzt bedeutet das so viel wie: „Sorgen Sie dafür, dass ich Anteil nehmen kann – egal ob emotional, intellektuell oder ästhetisch, aber lassen Sie mich Anteil nehmen." Damit haben Sie beinahe die halbe „Miete" einer gut funktionierenden Story beisammen. Zudem betont Andrew Stanton, dass Storytelling zwar Guidelines hat, aber keinen strengen Gesetzen folgen muss.

3. **Have a solid structure.** Jede Story benötigt eine solide und gut durchdachte Struktur. Um den Filmmacher *Billy Wilder* zu zitieren: *„Story needs architectural structure, which is completely forgotten once you see the movie."* (Übersetzt bedeutet es, dass jede Geschichte eine Struktur benötigt, die aber – ist der Film erst einmal veröffentlicht – nicht komplett im Vordergrund steht.). Die Struktur ist das Gerüst, das Rückgrat einer Geschichte. Sie rückt in den Hintergrund und wird vom Publikum kaum bewusst wahrgenommen. Erst ihr Fehlen oder eine schwache Struktur wird als „Störung" oder verworrene Geschichte empfunden. Eine der ältesten Strukturen einer Story, sozusagen die Basisstruktur, ist, dass jede Geschichte einen Anfang, eine Mitte und ein Ende hat. Hier wird die Ausgangslage der Story festgelegt, der Konflikt sowie die Auflösung.

4. **Don't forget your message!** So gut Ihre Erzählung auch sein mag, ohne Message, Kernbotschaft, Ideal oder Grund, warum Sie gerade diese eine Geschichte erzählen, ist sie eine leere Hülle. Die Message wird oft mit Emotionen verknüpft. Was denken Sie beispielsweise bei der Aussage „Think different", wenn Sie dazu Vordenker, Künstler und Genies wie Picasso, Einstein und Gandhi abgebildet sehen? Möchten Sie sich nicht auch in die Reihe dieser unverwechselbaren Vorbilder eingliedern? Wie würden Sie sich fühlen, wenn Ihr Foto in dieser „Ahnenreihe" auftauchen würde?

5. **Think big, but tell small, short and focused.** Konzentrieren Sie sich auf das Relevante und entfernen Sie alles, was nicht relevant und wichtig für die Story ist. Alles sollte der Geschichte dienen und einen Grund haben, weshalb es in die Geschichte aufgenommen wird. Unwichtige Nebenschauplätze, die keinen Grund haben, nicht aufgelöst werden, sollten weggelassen werden. Um es bildlich auszudrücken: Erzählen Sie im Bauhausstil und lassen Sie barocke, überladene Schmuckelemente weg, die von der tatsächlichen Message ablenken.

6. **Hook them early.** Beginnen Sie mit einem Paukenschlag! Sie können Ihr Publikum sehr schnell und am Anfang gewinnen, wenn Sie es in die Geschichte einbeziehen. Starten Sie beispielsweise Ihre Story mit dem Satz „Ich wäre beinahe der Sekretär von Angela Merkel geworden …", so gewinnen Sie schnell die Aufmerksamkeit des Publikums. Übertrieben könnte man auch die These aufstellen, dass gute Geschichten in der Mitte starten sollten. Oft fangen Geschichtenerzähler mit zu vielen Details an und bauen ihre Geschichte chronologisch, aber nicht spannend auf.

Storys müssen zunächst die Aufmerksamkeit des Publikums gewinnen, um es dann so zu fesseln, dass es die Story nicht mehr loslässt, gedanklich abschweift. Wenn Sie den Helden der Story, z. B. *Frodo* aus dem *„Herrn der Ringe"* vorstellen, müssen Sie nichts über die Geburt, die Eltern oder über seine Babyjahre erzählen. Das alles ist nicht relevant für die Story des Herrn der Ringe und langweilt die Rezipienten eher.

7. **Show a clear conflict.** Zeigen Sie ein Problem auf, das es zu lösen gilt, eine Konfliktsituation, denn daran kann das Publikum lernen und der Held wächst einem zudem emotional ans Herz.
8. **Demonstrate a clear change.** Alles verändert sich, die Welt verändert sich – zeigen Sie eine gut sichtbare Veränderung zur Ausgangslage. So entwickelt sich auch ein Spannungsbogen.
9. **Show or do someting unexpected.** Zeigen Sie etwas Unvorhersehbares und Unerwartetes oder reichern Sie den Verlauf der Story mit einem Spannungsverlauf (Spannungsbogen), unerwarteten Ereignissen und Hürden an.
10. **Make them feel something.** Emotionen erzeugen ist wichtig, damit das Publikum mitfiebern, sich identifizieren kann und die Botschaft im Gehirn verankert wird.
11. **Be authentic!** Seien Sie greifbar, öffnen Sie sich und gehen Sie ruhig auch das Risiko ein angreifbar zu sein. Nur wer eine greifbare, fassbare und keine künstlich erzeugte Person ist, wirkt glaubwürdig. Erzählen Sie beispielsweise von Ihren Erlebnissen, Ihren Erfahrungen oder Ihren Träumen.

Zugegeben, alle aufgezeigten Techniken sind nicht sonderlich neu. Sämtliche Mittel sind hinlänglich bekannt, doch erst eine Rückbesinnung auf alte Stärken und bewusstes Umdenken führt zu besserem Content.

Storytelling à la Jobs: Von Markteroberung zu Visionen

Der frühere Apple-CEO Steve Jobs galt als begnadeter Präsentator, der das Publikum absolut in seinen Bann ziehen konnte. Die Anziehung seiner Person ging auch nicht verloren, als er sie weltweit über Live-Screen quasi jedermann zugänglich machte. Ein guter Schachzug, denn somit öffnete er seine Privatvorstellung und vergab seiner Zielgruppe, den Endverbrauchern, einen VIP-Status.

Steve Jobs verdeutlichte, dass wahre, authentische Begeisterung, Visionen und seine Überzeugung von den eigenen Ideen ansteckend wirken können. Jobs war tatsächlich in dieser Hinsicht ein Missionar, der Menschen davon überzeugte, einen absoluten Wunsch nach einem Gerät zu haben, das man bis dato noch nicht kannte (es gab also nichts Vergleichbares und schon gar kein Sicherheitsnetz), etwas, das nicht gerade günstig war (so unterstrich er den Duktus von Exklusivität) und das die Kommunikations- und IT-Branche revolutionieren würde. Er vermittelte uns mit seiner Stimme, seiner Überzeugungskraft, seinen Gesten, seinem Know-how seine Hingabe. Authentische Gefühle lassen uns nur selten kalt und stecken sozusagen an, schäumen über. Jobs schaffte es wie kaum ein anderer, zumindest im persönlichen Vergleich zu Steve Ballmer oder Marc Russell Benioff, sein Publikum mit ins Boot zu holen.

Bild 8.6 Steve Jobs wusste die Kraft von Geschichten für sich und seine Firma gekonnt einzusetzen. Das „One more thing …"[6] zum Schluss seiner Apple-Keynotes galt fast schon als legendär.

Die Veranstaltungen hatten Kultstatus und wurden weltweit via Live-Streams übermittelt. Jobs erzählte Geschichten und inszenierte seine Auftritte bis ins kleinste Detail. Er war der ideale „Storyteller". In einem Auftritt vor den Studenten der Universität in Stanford eröffnete Jobs seine Rede mit den Worten: „Today I want to tell you three stories from my life".

Sein Sprachduktus (erinnern Sie sich nur an das legendäre „One more thing …" – siehe Bild 8.6), seine Bewegungen, der rhetorische Aufbau seiner Präsentationen waren einzigartig.

Die Präsentationen des Apple-Konzerns wurden zum Kulturereignis des 21. Jahrhunderts. Ich selbst erinnere mich, wie ich bei solchen Veranstaltungen Screenshots machte und live zum Event twitterte. Das war wichtiger und interessanter als jeder „Tatort".

Geschichten als Eselsbrücken

Wer kennt sie nicht, die hilfreichen Eselsbrücken, die das Erlernen einer Fremdsprache oder eines schwierigen Textes erleichtern? Auch bei dieser Technik werden Text- oder Bildanker gesetzt und Worthülsen oder eine Zahlenfolge in eine logische Geschichte gepackt.

Denken Sie nur an den Werbespot, als die Auskunft eine neue Service-Telefonnummer erhielt. Die neue Zahlenfolge wurde in eine Geschichte verpackt und Verona Pooth half dem Zuschauer in dem Werbefilm mit folgender Eselsbrücke aus: „So merke ich mir die 11 88 0: 11 Mann hat eine Fußballmannschaft, 88 ist meine Omi und die 0, null Ahnung."[7]

---

[6] WWW: YouTube Steve Jobs „One more thing … " complete compilation (1999 – 2011) youtube.com/watch?v=hyCzbXx9i-M

[7] WWW: Werbespot zur Einführung der Service-Auskunft 11 88 0 mit Verona Pooth auf YouTube: youtube.com/watch?v=S0IgEQcfluc

9 Storytelling in Unternehmen

Storytelling für Unternehmen bedeutet nicht nur, spannende Geschichten zu erzählen. Jede Erzählung muss in einen größeren Gesamtkontext – in die Kommunikationsstrategie oder Firmenstrategie – eingebettet sein, damit sie ihre nachhaltig wirkende Kraft entfalten kann. Denn Storytelling ist nicht nur eine Erzählmethode für einen einmaligen Einsatz. Vielmehr ist Storytelling eine Grundhaltung, ein kommunikationsphilosophischer Ansatz zur Unternehmensführung.

So geht strategisches Storytelling auch geplant vor, wenn es gilt, mittels Geschichten ein Unternehmensimage aufzubauen.

Jede einzelne Erzählung bzw. Story eines Unternehmens, ob als Interview, in der Unternehmensbroschüre, im E-Mail-Marketing, im Geschäftsbericht oder auf der Webseite, leistet einen Beitrag zur Umsetzung der übergeordneten Marketing- und Contentstrategie.

■ 9.1 Strategisches Storytelling

Storytelling und Image

Erwecken Sie Ihre Marken und Produkte mittels einer „Story" zum Leben. Entwickeln Sie Charaktere, deren Geschichte, deren Vorlieben und Abneigungen, ihre Sprache, ihre Gewohnheiten und machen Sie sie somit greifbar und real. Machen Sie Ihre Marke, Ihre Firma damit nicht nur verständlicher, sondern unterstreichen Sie Ihre Corporate Identity.

Erzählen Sie, wer Sie sind, wofür Sie stehen und was Sie anstreben. Dadurch und durch den „Helden" der Firma, oft den Gründer oder Geschäftsführer, können sich Ihre Kunden, Partner und Mitarbeiter (Stakeholder) identifizieren. Verbraucher können sich dann nicht nur leichter erinnern, sondern bekommen neben den Fakten auch ein Gefühl vermittelt (Sicherheit, Vertrauen, Zuneigung, gleicher Sinn für Humor etc.).

■ 9.2 Storytelling im Marketing

Sicherlich fragt sich der eine oder andere, was „gut und schön erzählte Geschichten" mit Marketing zu tun haben. Marketing hat ja die Aufgabe, gezielt Kunden anzusprechen und als Kunden den Firmen zuzuführen, neue Kunden zu gewinnen, das Image einer Firma aufzuwerten und letztendlich den Vertrieb zu unterstützen.

Dazu werden verschiedenste Maßnahmen ergriffen, beispielsweise Newsletter versendet, Webseiten kreiert, Informationsflyer und Plakate gestaltet.

Wer über den Begriff **Content Marketing** stolpert, der wird früher oder später auch dem Konzept des Storytelling begegnen und sich verwundert fragen: „Ich soll Geschichten erzählen?" Ja, Geschichten schon, aber keine Märchen. Kunden sollen unterhaltsam, emotional berührend, informativ in eine Geschichte „verwickelt" und nicht übers Ohr gehauen werden.

Content Marketing und Storytelling ergänzen sich

Obwohl Content Marketing zunehmend als der „Heilsbringer" in Sachen Kundenansprache angesehen wird, so wird bereits genauso häufig vor dem *Content-Schock* gewarnt. Darunter ist zu verstehen, dass immer mehr Content jeglicher Art auf die Konsumenten über alle möglichen Kommunikationskanäle losgelassen wird und diese überschwemmt. Gerade in den sozialen Netzwerken produzieren „Nutzer" selbst auch immer mehr Inhalte.

Vermeiden Sie den Content-Schock:
Nutzer und Kunden werden mit Inhalten nahezu überschwemmt.

Um aus der Masse von Inhalten herauszustechen, gilt Qualität vor Quantität: Agenturen, Personen und Unternehmen müssen bessere Inhalte produzieren, um mehr Aufmerksamkeit bei ihren zu Kunden erwecken. Daher werden Unternehmen zu „Medienhäusern" und produzieren gezielt Inhalte für diverse Kommunikationskanäle wie YouTube, Blogs, Webseiten etc. Unternehmen wie Adidas arbeiten mit eigenen Redakteuren und stellen „Marken-Journalisten"[1] ein, um Kunden immer maßgeschneiderte Inhalte liefern zu können.

Daher sollten Unternehmen auf Qualität setzen und gerade in Zeiten von Social Networks und Mobilität[2] „teilbaren" und für mobile Geräte optimierten Content produzieren.

Nicht zu vergessen, dass die Interaktionen mit den Kunden und der Kunden selbst wichtige Faktoren für die Verbreitung von Inhalten sind.

 Niemand wartet auf **Ihren Content**.

Gerade Content von neuen Marken und Startups hat es schwer in der Menge der auftretenden Inhalte bemerkt zu werden und somit ein Publikum für sich zu begeistern. Als Beispiel sei nur genannt, dass alleine auf YouTube weltweit – nach eigenen Angaben im Dezember 2014 – durchschnittlich 300 Stunden Videomaterial pro Minute auf das Portal hochgeladen wurde.[3] Hier als unbekanntes Unternehmen Gehör zu finden, ist nicht einfach.

---

[1] Quelle: Wirtschaftswoche Online: Mehr Präsenz im Social Web: Adidas stellt „Marken-Journalisten" ein vom 13. Januar 2014, http://www.wiwo.de/unternehmen/handel/mehr-praesenz-im-social-web-adidas-stellt-marken-journalisten-ein/9323352.html
[2] WWW: Hierzu gibt es eine hervorragende Grafik auf www.consumerbarometer.com/en/insights/?countryCode=DE
[3] WWW: Infos auf statista unter de.statista.com/themen/162/youtube/

■ 9.3 Expertenbeitrag: Storytelling als zentrales Element im Content Marketing

Experten-Biografie: Claudia Hilker

Claudia Hilker ist Unternehmensberaterin für digitale Marketing-Kommunikation. Sie berät Unternehmen in der digitalen Marketing-Kommunikation mit Social Media, Enterprise 2.0 und Change-Management. Hilker Consulting[4] sorgt für die Umsetzung der Maßnahmen und begleitet Kunden im Reputationsmanagement. Claudia Hilker schult Fach- und Führungskräfte im Social-Media-Marketing und Digital Leadership. Sie gibt Workshops und ist Speaker. Außerdem schreibt sie Fachbücher über Online-Marketing und bloggt über Marketing-Kommunikation, Social Media, Finanzmarketing und Digital Leadership. Sie ist Lehrbeauftragte und schreibt eine Dissertation über Social Media. Hilker Consulting sorgt für die fachgerechte Umsetzung der Maßnahmen und begleitet Kunden in der Strategieentwicklung. Storytelling spielt dabei eine große Rolle im Kontext von Content Marketing und Employer Branding.

Abstract: Storytelling als essenzieller Baustein des Content Marketing

Storytelling ist ein essenzieller Baustein im Content Marketing. Storytelling kann man im Content-Konzept einsetzen, um Geschichten rund um die Produkte zu erzählen. Man kann zum Beispiel die Entstehungsgeschichte des Unternehmens anschaulich zeigen. Im digitalen Storytelling werden dazu Medienplattformen wie YouTube genutzt, um z. B. in Kurzfilmen kleine Geschichten rund um eine Marke oder ein Produkt zu erzählen.

In Social Media müssen Unternehmen ihren Zielgruppen attraktive Inhalte bieten, die so begeistern, dass sie weiterverbreitet werden. Storytelling als universale Erzählmethode eignet sich hierzu hervorragend und nimmt einen zentralen Platz im Content Marketing ein. Wie Storytelling als Erzählmethode in Social Media funktioniert, warum Brand-Storys das Herz des Storytellings bilden, was eine gut geplante Content-Marketing-Strategie damit zu tun hat und welche Handlungsempfehlungen sich ableiten lassen, das erklärt dieser Beitrag.

---

[4] Hilker Consulting, www.hilker-consulting.de

9.3.1 Storytelling als Erzählmethode der Marketingbranche

Mit Storytelling erzählt man Geschichten. Diese Erzählmethode gibt implizites und explizites Wissen weiter. Oftmals werden rhetorische Elemente wie Metaphern, Bilder und Analogien verwendet. Die Zuhörer werden so in die Geschichte eingebunden, damit sie diese leichter verstehen und sich eigenständig in die Handlung einfühlen können. Das Gehirn will schließlich mitmachen. Marketing-Experten und Hirnforscher sind sich sicher: Storytelling funktioniert besser als klassische Werbung, denn das episodische Gedächtnis des Menschen speichert Geschichten besser als Fakten. Rationale Argumente führen nur selten zu den gewünschten Absatz-Ergebnissen. Was fehlt, ist meist das konkrete, emotionale und innere Erleben der Vorteile. Dies löst die Kaufbereitschaft aus. Deshalb ist Storytelling eine erfolgreiche Methode, die subjektive Erfahrungen nachhaltig anregt und im Gedächtnis speichert. Geschichten sind zudem ein ideales Kommunikationsmedium. Sie wecken Interesse, Emotionen und eignen sich für alle Herausforderungen in der Kommunikation: als Instrument zur Führung und Präsentation, in Marketing, Vertrieb, PR und bei Change-Prozessen. Mit unstrukturierten Informationen stößt man auf Unverständnis.

Mit Storytelling werden die Fakten sinnvoll in Zusammenhang gesetzt. Geschichten bieten Orientierung, Verständlichkeit und Sicherheit. Kunden, Geschäftspartner und Mitarbeiter wollen die Werte eines Unternehmens verstehen. Dies verlangt nach Storytelling: Sie wollen Geschichten über Unternehmen, Produkte und die Macher hören. Somit können Marketers Kunden über Geschichten führen und einen bleibenden Eindruck hinterlassen.

- Die Grundlage des Storytellings ist eine Erzählung. Sie umfasst die Historie und den Aufbau einer Organisation. Jeder Unternehmer kann seine eigene Geschichte formen. Die Geschichte ist oftmals eng mit dem Leben des Gründers oder seiner Familie verbunden.
- Der Erfolg beim Storytelling hängt vom Plot ab. Gebraucht werden starke Helden, ein dramatischer Aufbau und ein eigener Stil.
- Durch Emotionen bleibt die Geschichte nachhaltig in Erinnerung.
- Storytelling hat durch Social Media interaktive und multimediale Effekte gewonnen. Geschichten können mit Social Media schnell und einfach multimedial erzählt und online verbreitet werden. Millionen Nutzer tauschen sich täglich mit ihren Freunden über Social Media aus. Sie teilen Milliarden Geschichten, Fotos und Videos.

Kein Journalist, kein Drehbuchautor, nicht einmal der begnadetste Bestseller-Autor kann mit den virtuellen Erlebnissen vom Ideenreichtum her mithalten. Da können sich die Verleger winden vor Wut, wie sie mögen. Der publizistische Kampf entscheidet sich nicht an Snippets bei Google, sondern im interaktiven Austausch per Social Media. Facebook kann Dienste wie Storylane oder Facebook Stories[5] (siehe Bild 9.1) nutzen, um massenhaft Nutzer-Postings als Geschichten aufzubereiten. Zudem gibt es viele Personen, die ihre Geschichten mit allen teilen wollen und sich so eine große Fan-Gemeinde aufbauen. Diese Veränderungen sind relevant für Unternehmen, Verlage und Journalisten.

 Die Geschichten sind schon digital und online. Man muss sie nur zu nutzen wissen.

---

[5] WWW: Facebook Stories, facebookstories.com

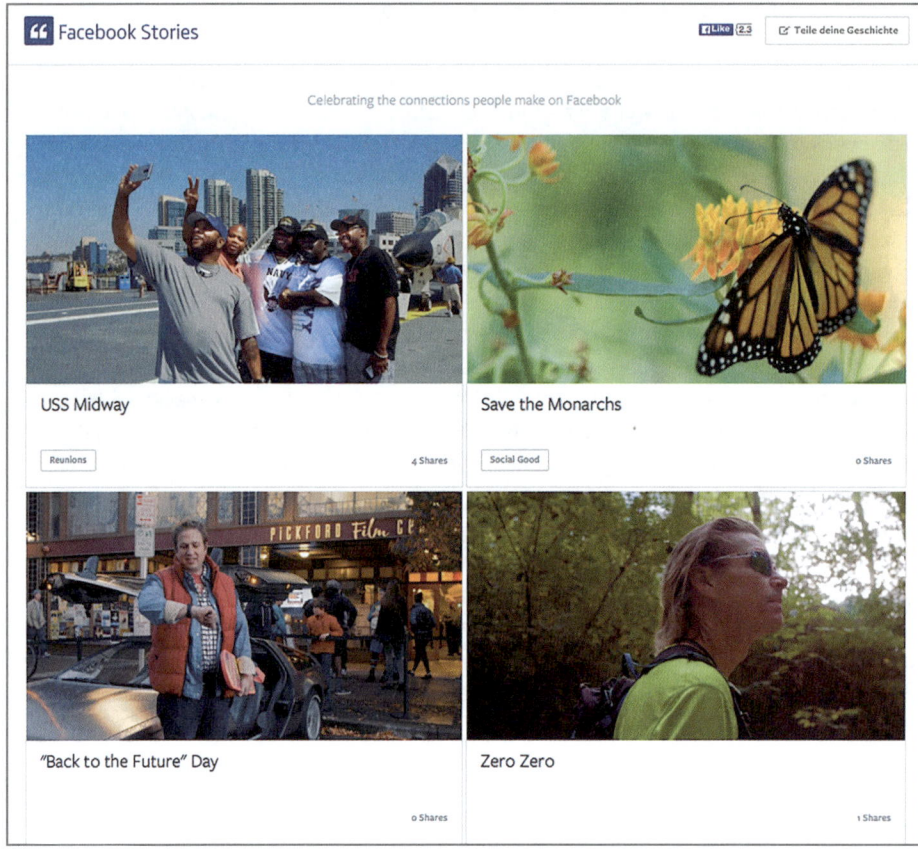

Bild 9.1 Facebook Stories[6] lassen sich schnell und einfach erstellen.

9.3.2 Das Herz des Unternehmens: Storytelling mit Brand Storys

Jedes Unternehmen hat spannende Geschichten zu erzählen und jede Marke braucht relevante und interessante Storys. Daher ist Storytelling ein zentraler Faktor für das **Employer Branding** zur Stärkung der Arbeitgeber-Marke. Zum Beispiel können Auszubildende ihre Lernerfahrungen im Corporate Blog schildern oder Mitarbeiter in Videos über spannende Projekte und reizvolle Aufgaben berichten. So kann man aufzeigen, wie sich ein Unternehmen in Sachen Nachhaltigkeit oder Kinderbetreuung engagiert. Solche Beiträge sollten regelmäßig erstellt, in Medien veröffentlicht und online verbreitet werden.

Auf den Karriereseiten vieler Unternehmen werden oft langweilige Sprüche oder Textblöcke veröffentlicht. Nicht sonderlich ansprechend für junge Kandidaten. Storytelling über Videos und Bilder kann eine wirksame Methode sein, die Unternehmensphilosophie authentisch und packend zu vermitteln.

---

[6] WWW: Facebook Stories erstellen: facebookstories.com/stories/new

Brand Storys mit Storytelling macht ein Unternehmen emotional erlebbar. Es ist eine gute Möglichkeit, Stärken authentisch zu präsentieren und Talente davon zu überzeugen, sich zu bewerben. Zudem können Kandidaten frühzeitig prüfen, ob sie zum Unternehmen passen.

9.3.3 Storytelling – eine Komponente im Content Marketing

Bevor ich Kunden im Storytelling berate, setze ich bei ihrem Content Marketing an. Denn was nutzen die besten Geschichten, wenn diese nicht vernünftig aufbereitet werden und man nicht weiß, wie man sie erfolgreich vermarktet?

Die klassische Werbung trägt kaum noch Früchte. Während früher klassische Medien wie der Fernseher, das Radio, die Tageszeitung, Plakate oder Flyer die einzigen Möglichkeiten waren eine breite Masse zu erreichen, bietet heute das Internet eine scheinbar grenzenlose Kommunikations- und Werbefläche für jedes Unternehmen. Frühere Maßnahmen gingen auch mit sehr hohen Produktionskosten einher, sodass nicht ständig neue Werbung produziert werden konnte. Außerdem war die Werbefläche selbst sehr teuer und daher nur in geringerem Ausmaß verfügbar. Für Unternehmen bedeutete dies, dass sie ihre Unternehmensinhalte nur sehr begrenzt und in hochkonzentrierter Form an den (potenziellen) Kunden bringen konnten.

In der Massenkommunikation ging es den Unternehmen darum, ihr Produkt schnell und einprägsam einer großen Masse bekannt zu machen. Durch das Internet und vor allem durch die Integration von Social Media in die Unternehmenskommunikation wandelten sich die Rahmenbedingungen grundlegend.

Nun haben Unternehmen plötzlich selbst die Kommunikationshoheit inne und sind in der Lage, ohne klassische Gatekeeper wie Werbe-Anzeigen ein breites Publikum zu erreichen. Damit reduzieren sich die Kosten für Produktions- und Distributionskanäle, wie Content-Management-Systeme, und Social Media Netzwerke, wie Facebook, Twitter und Co, massiv.

Durch diese technische Entwicklung haben sich völlig neue Türen für die Unternehmenskommunikation geöffnet, die allerdings gut wirksame Strategien, präzise Planung und Know-how zur Umsetzung benötigen.

9.3.4 Entwicklung einer Content-Marketing-Strategie

Unternehmen brauchen eine Content-Marketing-Strategie, um Storytelling umzusetzen. Im operativen Content Marketing steht die Produktion samt Verteilung im Mittelpunkt. Dafür werden eine Content-Architektur und ein Style-Guide für jedes Format benötigt. Ein Content-Vorgehensmodell fördert die Content-Produktion, schärft das Profil und die Experten-Positionierung, um Anfragen von Kunden zu erhalten.

Die Planung einer **Content-Marketing-Strategie** kann in folgenden Schritten ablaufen.

1. **Content Audit:** Hier werden Inhalte analysiert und geprüft. Was ist aktuell und relevant?
2. **Nutzerforschung:** Wer sind Ihre Leser? Was erwarten sie für Inhalte? Je genauer Sie Ihre Zielgruppe definieren, desto leichter finden Sie die richtigen Themen.
3. **Ziele:** Was wollen Sie mit den Inhalten erreichen und wie lässt sich das mit der Zielgruppe vereinbaren?

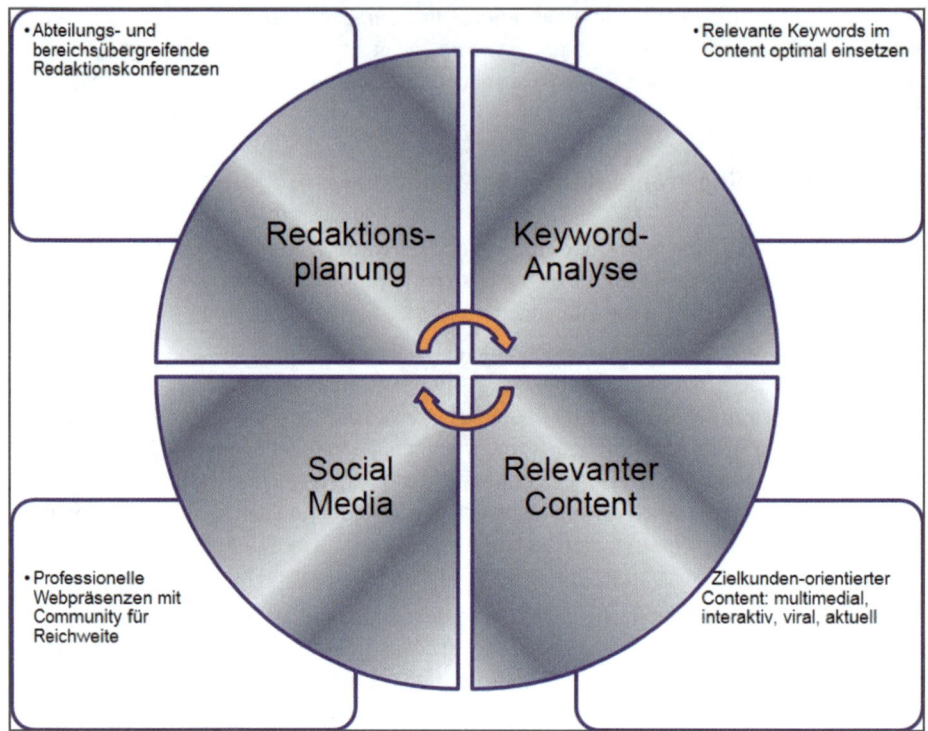

Bild 9.2 Eine Plattformstrategie für die zahlreichen Contentkanäle ist notwendig

4. **Workflow:** Planen Sie Ihre Arbeitsabläufe und legen Sie Verantwortliche fest. Dabei helfen Redaktions- und Themenpläne den Überblick nicht zu verlieren.
5. **Plattformstrategie** (siehe Bild 9.2): Das Internet bietet zahlreiche Kanäle und Plattformen, auf denen Ihre Inhalte publiziert werden können. Aber welche Kanäle sind die richtigen für Ihre Inhalte? Welche werden am ehesten von Ihren Nutzern besucht?

Ist damit eine Strategie entwickelt, geht man im Grunde in vier Schritten vor:

1. **Keyword-Analyse:** Das richtige Schlagwort ist entscheidend für hochwertigen Content. Richten Sie sich nach aktuellen Keyword-Trends, die Sie ganz einfach z. B. mit Tools wie Google Trends herausfinden. Arbeiten Sie auch mit SEO-Assistenten wie Yoast, um die Keywords optimal in Beiträge einzubinden.
2. **Relevanter Content:** Orientieren Sie sich bei Ihrer Content-Suche an Ihren Zielkunden. Was wollen diese sehen oder lesen? Welche Suchanfragen stellen sie? Arbeiten Sie dabei vor allem multimedial – Text, Bilder, Video. Außerdem gilt: Je aktueller ein Thema, desto höher das Interesse und die Nachfrage auf Kundenseite.
3. **Social Media:** Zeigen Sie Präsenz in den sozialen Netzwerken. Das sind die essenziellen Kanäle, über die Sie Ihren Content verbreiten. Bauen Sie sich dafür eine Community auf. Das vergrößert Ihre Reichweite und zieht neue Kunden an. Ein Corporate Blog eignet sich z. B. sehr gut, um effizient Ihren Content an die Öffentlichkeit zu bringen. Mit Tools wie WordPress lässt sich so ein Blog günstig und einfach betreiben und Sie gehen in den interaktiven Dialog mit B2B- und B2C-Zielgruppen.

4. **Redaktionsplanung:** Konstant hochwertigen, interessanten und relevanten Content zu produzieren, ist nicht einfach. Es gelingt nur, wenn Sie eine redaktionelle Planung haben. Dafür eignen sich regelmäßige Redaktionskonferenzen, bei denen jede Abteilung Ideen beitragen kann. Alle Themen werden in einem Redaktionsplan festgehalten. So wissen Sie, wann welches Thema bearbeitet und wo auf welchen Plattformen publiziert wird.

Tipps zum Storytelling für das erfolgreiche Content Marketing

Ist der Rahmen festgelegt, geht es um die Content-Produktion und -Vermarktung. Dabei sind drei Schritte relevant:

1. **Relevanten Content produzieren:** Interessanter und guter Inhalt kommt nicht von ungefähr. Folgende Punkte bieten dabei eine gute Anregung:
   - Konzentrieren Sie sich auf das Wesentliche, denn kurze Geschichten prägen sich besser ein.
   - Die Erzählstruktur sollte logisch aufgebaut sein und im Zusammenhang präsentiert werden.
   - Die Hauptperson braucht markante Merkmale, um eine Faszination auszuüben.
   - Eine einfache Erzählung wird besser von den Zuhörern aufgenommen und weitererzählt.
   - Menschen bevorzugen positive Geschichten und lieben ein Happy End.
   - Klare Botschaften mit einem roten Faden prägen sich besonders gut ein.
   - Eine gute Geschichte verfolgt immer eine Dramaturgie mit Höhen und Tiefen.
   - Metaphern, Symbole und Bilder veranschaulichen die Story und regen die Fantasie an.
2. **Content verbreiten:** Nachdem Ihr Beitrag fertig ist, steht das sogenannte Seeding an. Sie müssen den Content ins Internet säen und ihn wachsen lassen, um Reichweite zu erzielen. Social Media bietet hierbei einen fruchtbaren Raum.
3. **Erfolge messen:** Am Schluss ist es wichtig zu prüfen, wie der Content bei den Zielkunden angekommen ist. Das kann man über die Anzahl der Likes, Kommentare oder das Teilen von Beiträgen erfassen. So erkennt man, welche Kanäle für diese Marketingstrategien geeignet sind, und kann die weitere Planung durchführen.

9.3.5 Storytelling crossmedial umsetzen

Crossmedia-Marketing ist ein Begriff, der mit dem technologischen Fortschritt immer häufiger auftaucht. Es will die Umsetzung von Kommunikationsmaßnahmen mit einer durchgängigen Leitidee in verschiedenen und für die Zielgruppe relevanten Medien, die inhaltlich, formal und zeitlich integriert sind, konzipieren. Die Ansprache soll vernetzt und interaktiv erfolgen, um Interessenten einen Nutzwert und Mehrwerte zu bieten.

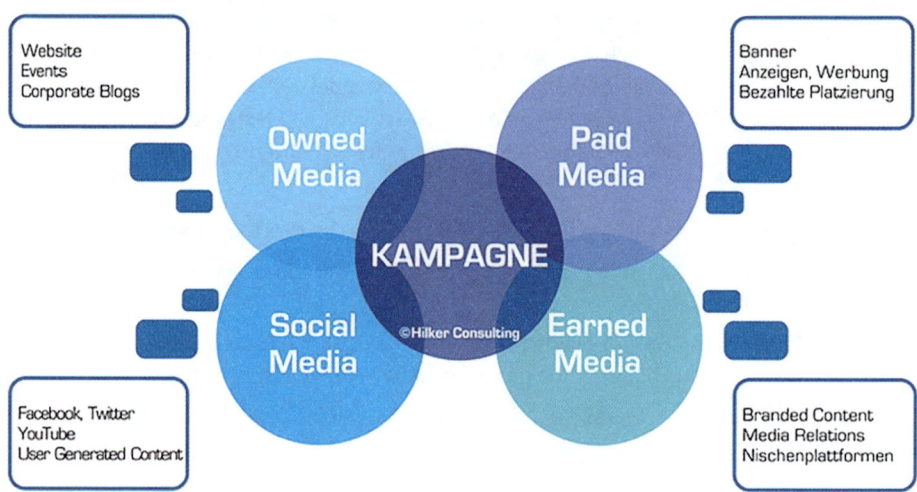

Bild 9.3 Die vier Medientypen aufgesplittet

Unternehmen können dabei **vier Medientypen** verwenden (siehe Bild 9.3):

1. **Owned Media:** Content-Veröffentlichung auf eigenen Plattformen, z. B. Webseite, Blog.
2. **Paid Media:** Content auf anderen Plattformen, wo das Unternehmen kostenpflichtige Werbung schaltet, z. B. Banner-Werbung.
3. **Earned Content:** Content auf anderen Plattformen mit kostenfreier Platzierung durch Mehrwerte wie Nachrichtenwert, z. B. Medienkooperationen und Pressearbeit.
4. **Social Media:** Content auf sozialen Netzwerken, den die User selbst generieren.

9.3.6 Schwierigkeiten und Leistungen für das Storytelling

Bei der Beratung im Content Marketing wie auch im Storytelling stelle ich den Unternehmen folgende Fragen:

1. Wer ist Ihre Zielgruppe – wer soll die Inhalte lesen und anschauen? Welche Ziele verfolgen Sie damit?
2. Welche Themen und Storys sind relevant?
3. Wie machen Sie darauf aufmerksam?
4. Wer kümmert sich überhaupt um die Content-Produktion sowie -Vermarktung?

Damit sind viele Unternehmen bereits überfordert, denn die Umsetzung dieser Fragen kostet zeitlichen, personellen und finanziellen Aufwand. Doch hat man einmal die Schwelle überschritten und sind die Geschichten vorhanden, dann lässt sich mit wenig regelmäßigem Aufwand der Bekanntheitsgrad erweitern, Experten-Status etablieren und die Marke am Markt mitgestalten. Doch dazu brauchen Unternehmen diese Leistungsbereitschaft.

Sie brauchen ein Leitbild, die Content-Strategie, technische und redaktionelle Expertise und die freien Ressourcen zum Recherchieren, Schreiben und Moderieren.

Auch der Umgang mit Social Media sollte geläufig sein. Offenheit und ein rechtliches Grundwissen auf dem Gebiet müssen mindestens vorhanden sein, damit Storytelling funktionieren kann.

9.3.7 Best Practice Beispiele

Doch wie genau setzen Unternehmen Storytelling als Methode für Content Marketing ein? Dazu gibt es zahlreiche Beispiele, von denen ich einige im Folgenden vorstelle.

Coca-Cola

Als Best Practice Beispiel qualifiziert sich Coca-Cola durch den neuen Internetauftritt mit dem Namen: Coca-Cola Journey. Auf dieser Homepage werden Geschichten gesammelt, die sich rund um die Marke Coca-Cola angesammelt haben, sowie ihre Autoren, Fans und ihre Historie. Coca-Cola-Case hat die eigene Content-Strategie online veröffentlicht. In einem YouTube-Video zeigt Coca-Cola (siehe Bild 9.4), wie sich ihre Unternehmenskommunikation aufgrund der technologischen und gesellschaftlichen Veränderungen neu ausrichten muss. Dabei wird die klassische Werbung in die Content-Strategie eingebunden. Doch das reine Senden und Werben hat an Aufmerksamkeit und Wirksamkeit verloren. Wer Menschen überzeugen will, muss Geschichten erzählen. Neu daran ist, dass das Storytelling eine neue Dimension geschaffen hat. Die Nutzer gestalten selbst relevante und glaubwürdige Inhalte. So folgen die Unternehmen nun dem Weg in die neuen Medien, den ihnen ein Teil der Kunden bereits vorangegangen ist.

Bild 9.4 Schauen Sie sich die Content-Strategie mit Liquid Storytelling von Coca-Cola an: Coca-Cola Content 2020 Part One.[7]

---

[7] WWW: Die Story zur Content-Story von Coca-Cola, youtube.com/watch?v=LerdMmWjU_E

Coca-Cola nennt dies **Liquid Content**, also „flüssigen Inhalt". Das meint folgenden Prozess: Die Inhalte sollen so kreativ sein, dass sie andere anstecken und im Netz geteilt werden. Das Ziel ist, dass die Inhalte den Unternehmenszielen, dem Markenversprechen und den Consumer Interests dienen. Dafür verwendet Coca-Cola den Ausdruck „Linked Content".

Durch die Geschichten, die Coca-Cola in Umlauf bringt (Storytelling), wollen sie Gespräche auslösen und sich damit einen überproportionalen Anteil am aktuellen, populären kulturellen Leben verdienen. Zunächst beginnt das Konversationsmodell von Coca-Cola mit Brand Storys. Diese sollen ansteckende, also liquide Ideen produzieren, die den übergeordneten Zielen dienen. Aus den entwickelten Geschichten resultieren Online-Dialoge. Coca-Cola begleitet diese durch Aktionen und Reaktionen während 365 Tagen im Jahr. Die Content-Methode mit Storytelling von Coca-Cola stellte ein Novum dar. Die erfolgreichen Wirkungseffekte der viralen Kommunikation der Coca-Cola-Strategie sind der Beweis, dass Storytelling auf der strategischen und operativen Ebene funktioniert.

Review

Das Bekleidungsunternehmen Review setzt beim eigenen Storytelling auf Außergewöhnlichkeit. Review erzählt in einer Staffel von Kurzfilmen mit dem Namen,,The True Story of Review" die Entstehungsgeschichte des Unternehmens. Beispielsweise gründet ein jüngerer Designer in einem Kurzfilm sein eigenes Modelabel und nennt es Review, da er der Meinung ist, dass die Modewelt neu aufgerollt werden sollte. Am Flughafen werden jedoch die Koffer vertauscht und sein Koffer landet bei einem indischen Bollywood-Star, welcher von den Entwürfen derart angetan ist, dass dieser sie in seinen Musikvideos trägt und Review auf die Art in Indien zu einer Trendmarke macht.

Aber es wird nicht nur die Entstehungsgeschichte von Review erzählt, sondern in den neuesten Filmen spielt sich eine Story um das bereits existierende Unternehmen ab. In einem Kurzfilm mit dem Titel „The Fashion Police of San Julio" wird in Mexiko eine kürzlich verhaftete Frau zur Vernehmung und zur Aufnahme von Polizeifotos geführt. Ein Polizeibeamter stellt ihr aufgrund ihrer zerrissenen Kleidung ein Shirt aus der Asservatenkammer zur Verfügung, welches von Review produziert wurde. Nachdem das Foto mit einem Steckbrief in San Julio an mehreren Hauswänden angebracht wurde, wird sie zu einer Berühmtheit und die Bürger der Stadt lassen sich freiwillig verhaften, um Kleidungsstücke von Review tragen zu können.

Red Bull

Das Unternehmen Red Bull gilt als Vordenker des Content Marketing. Red Bull sponsert jährlich unterschiedliche Extremsportarten. Dadurch erhalten Fans eine umfangreiche und regelmäßige Themensammlung. Dafür existiert ein eigenes Magazin, welches auch als Werbeplattform für andere Unternehmen dient. Durch TV-Sender und Online-Medien wird die Verbreitung der Inhalte gewährleistet. Das beste Beispiel dafür ist der Stratosphärensprung durch den Extremsportler Felix Baumgartner[8], welcher von acht Millionen Menschen alleine auf YouTube live verfolgt wurde. Damit wurde ein neuer Höchstwert erreicht. Etwa 200 Fernsehsender und Netzwerke berichteten live von dem Ereignis, darunter im deutschsprachigen Raum der Salzburger, von Red Bull finanzierte Sender ServusTV sowie ORF eins

---

[8] WWW: Felix Baumgartner's supersonic freefall from 128k' – Mission Highlights, youtube.com/watch?v=FHtvDA0W34I

und n-tv. Servus TV, das über zehn Stunden live berichtete, und n-tv konnten dabei neue Senderrekorde in puncto Einschaltquoten verbuchen.

Bild 9.5 Darstellung des Sprungs von RedBull, Stratos.
(Quelle: cyaspy [CC BY-SA 3.0][9] via Wikimedia Commons)

Der Sprung trug die Projektbezeichnung Red Bull Stratos (siehe Bild 9.5) und wurde am 14. Oktober 2012 durchgeführt.

Das Projekt diente Red Bull als riesige Werbeaktion und wurde kanalübergreifend inszeniert. Durch die Live-Übertragung des Sprungs kreierte Red Bull eine riesige Erfolgsstory für das eigene Unternehmen. Die Übertragung des Sprunges dauerte mehrere Stunden und fast über den gesamten Zeitraum war das Logo von Red Bull zu sehen. Der Sprung ist deshalb als Best Practice Beispiel zu betrachten, da Red Bull mit ihm Unternehmenswerbung auf eine einzigartige Art und Weise umsetzte, wozu nicht jedes Unternehmen fähig ist. Durch die kanalübergreifende Medienpräsenz, welche auch in sozialen Netzwerken stattfand, konnte das Großereignis in Sekundenschnelle verbreitet werden und Nutzer konnten das Event mit

---
[9] WWW: creativecommons.org/licenses/by-sa/3.0

Freunden teilen, um sie darauf aufmerksam zu machen. Red Bull hat sich diese Möglichkeit von Social Media zunutze gemacht und den Beitrag nicht einfach an die Nutzer geliefert, sondern sie aktiv in die Verbreitung mit eingebunden.

Hornbach

Hornbach setzte beim eigenen Storytelling auf Originalität und Polarisierung. Dies wurde dadurch erreicht, dass Hornbach gegen 2012 einen alten Panzer erwarb, den Stahl schmolz und daraus den „Hornbach Hammer" fertigte. Vor dem Verkaufsstart des Hammers wurden in sozialen Netzwerken immer wieder kurze Teaser verbreitet, die die Nutzer der Netzwerke dazu anregten, über den Rest der Entstehungsgeschichte nachzudenken, und so blieb der Hammer im Gedächtnis. Als der Hornbach Hammer auf den Markt kam, war er in kürzester Zeit ausverkauft.

Siemens

Das Beispiel von Siemens zeigt, dass sich Storytelling nicht nur auf den Bereich Marketing beziehen muss. Im Rahmen einer Kampagne mit dem Namen „/answers" bietet Siemens Kurzfilme an, welche durch einen Dokumentarfilmer von echten Menschen gedreht wurden. Dabei werden unterschiedliche Bereiche thematisiert, zum Beispiel die Alzheimerforschung oder gemeinnützige Themen. Das Besondere an den Kurzfilmen ist, dass am Ende eines jeden Films ein nüchtern gestalteter Erklärtext angesetzt ist, durch den eine Verbindungsbrücke zu dem Unternehmen geschlagen wird. In sozialen Medien sind diese Filme äußerst populär. Siemens zeigt durch die Aufnahme von realen Menschen, dass Storys überall zu finden sind.

9.3.8 Fazit

Die Einweg-Kommunikation (One-Way) hat beim Storytelling ausgedient. Die Entwicklung von dynamischen Geschichten (Dynamic Storytelling) ist gefragt. Damit ist die schrittweise Entwicklung von Elementen einer Markenidee gemeint, die systematisch über verschiedene Gesprächskanäle verteilt werden, um ein einheitliches und koordiniertes Markenerlebnis zu gestalten. Doch die Geschichten benötigen einen Rahmen. Coca-Cola nutzt z. B. einen Redaktionsrahmen, der folgende Arten von Geschichten beinhaltet:

- seriöses Storytelling
- Geschichten aus mehreren Perspektiven erzählt
- vertiefende Entdecker-Geschichten
- aktivierende Geschichten mit Engagement

9.3.9 Handlungsempfehlungen für das Storytelling von Unternehmen

Für den Umgang mit Social Media können Social-Media-Guidelines eine gute Basis bieten. Eine Social-Media-Guideline sichert die Online-Reputation für Unternehmen. Sie dient Führungskräften und Mitarbeitern zur Orientierung im Social Web. Sie klärt auf über Chancen und Risiken und sensibilisiert im Umgang mit Facebook, Twitter, Blogs und Co.

Wichtige Inhalte einer Social-Media-Policy sind beispielsweise:
- Eigenverantwortung des Mitarbeiters
- Hinweise zum Kommunikationsverhalten wie Netiquette
- Umgang mit vertraulichen Informationen des Unternehmens
- Hinweise zur Einhaltung des Urheberrechts
- Hinweise auf Trennung von Privatem und Geschäftlichem

9.3.10 Sieben Tipps für erfolgreiches Storytelling

Zum Schluss gebe ich gern einige kurze Tipps mit auf den Weg:

1. **Einfach**
   Schreiben Sie so, wie Sie sprechen. Wenige Nebensätze oder Substantivierungen, Fremdwörter und Passiv meiden. Besser: viele Hauptsätze, Verben, Zitate und aktive Sprache.
2. **Prägnant**
   Weniger ist mehr: Konzentrieren Sie sich auf das Wichtigste.
3. **Human touch**
   Zeigen Sie dem Leser, dass er betroffen ist! Erklären Sie ihm alles, was relevant ist.
4. **Geschichten**
   Unterhalten Sie die Leser! Spannende, skurrile, witzige und ironische Storys lockern auf. Das hebt Ihren Inhalt positiv ab!
5. **Statements**
   Haben Sie Mut zur eigenen Meinung. Leser suchen Beiträge zur Orientierung. Schreiben Sie Beiträge, die ihm helfen, die Lage zu beurteilen.
6. **Polarisierung**
   Spitzen Sie das Problem zu, um den Konflikt zu verdeutlichen. Machen Sie den Leser neugierig auf das Problem. Aufgabe von Storys ist nicht, Konflikte zu beheben, sondern sie verständlich darzustellen.
7. **Lebendig**
   Beschreiben Sie es so anschaulich, als würden Sie es einem Kind erzählen. Der Leser muss sich die Situation lebhaft vorstellen können. Also erzeugen Sie „Human touch": Setzen Sie Zitate und Gesten ein. Beschreiben Sie Aussehen und Handlungen, damit Ihre Geschichten unter die Haut gehen.

Fazit: Jegliche Unternehmenskommunikation ist ohne Storytelling kaum mehr denkbar. Erst durch Storytelling wird eine Unternehmenskultur lebendig, denn so werden gelungene Projekte, pfiffige Mitarbeiter, ein kluger Rat oder auch die Einsicht in Fehler emotional vermittelt. In deutschen Firmen wird viel geredet, aber viel zu wenig erzählt. Dabei ist es viel leichter, mit Sellingstorys Kunden zu gewinnen und zu binden. Zum Beispiel in Form von: Best-Practice, Whitepaper, Website, Microsite oder Events. Es braucht dazu eben nur eine gute Geschichte und eine durchdachte Strategie.

9.4 Corporate Media

Ein Unternehmen, das „Corporate Storytelling" in allen Facetten bespielt, ist Bosch. Hierbei wird der Fokus der Kommunikation zunehmend von den Produkten über Geschichten hin zum Menschen gelenkt.

Das Storytelling der Bosch-Kampagnen geschieht immer gleichzeitig auf mehreren Kanälen. Die Geschichten werden dabei aus den unterschiedlichen Blickwinkeln der Protagonisten erzählt. Gerade bei den „Social Storys" setzt das Kommunikationsteam von Bosch über interaktive Inhalte, Share-Funktionen und aktives Community Management Impulse, die von den Community-Mitgliedern aufgenommen und weitererzählt werden können (Offene Storys).

9.5 Expertenbeitrag: Wenn Storyloops in Leads umschlagen – Storytelling als Content-Marketing-Strategie

Experten-Biografie: Michael Schmidtke, Bosch

Dr. Michael Schmidtke, Director Digital Communications bei Bosch, leitet seit 2010 die digitale Kommunikation bei Bosch weltweit. Diese Aufgabe umfasst u. a. die strategische Weiterentwicklung, technische Umsetzung und inhaltliche Ausgestaltung der digitalen Unternehmensauftritte von den Websites bis zu den Social-Media-Aktivitäten. Zuvor leitete Dr. Michael Schmidtke die Kommunikation von Bosch Power Tools und arbeitete in Beratungsunternehmen in den Bereichen Veränderungsmanagement sowie Finanz- und Technologiekommunikation.

Abstract: Die digitale Welt verändert die Kommunikation von Kunden und Unternehmen

Aus einer Leitstelle für Alarmanlagen wurden Spezialisten für Social Media, aus Hausgerätenutzern wurden „Experiencer", die auf Facebook ihre Liebe zum Kühlschrank zum Ausdruck brachten: Die digitale Welt verändert die Kommunikation von Kunden und Unternehmen. Bosch setzt dabei konsequent auf Storytelling. Dr. Michael Schmidtke, Director Digital and Social Media, beschreibt die digitale Content-Marketing-Strategie und deren „Return-On-Investment".

In der digitalen Welt gibt es immer mehr Angebote, immer mehr Kanäle. So verfügt allein Bosch[10] über mehr als 500 Webseiten, 350 offizielle Social-Media-Auftritte und 300 Apps – Tendenz weiterhin steigend. Angesichts der wachsenden Zahl an digitalen Kanälen stellt sich die Frage, wie alle digitalen Initiativen optimal zusammenspielen und für die Kunden ein stimmiges Bild ergeben.

---

[10] WWW: http://www.bosch.de

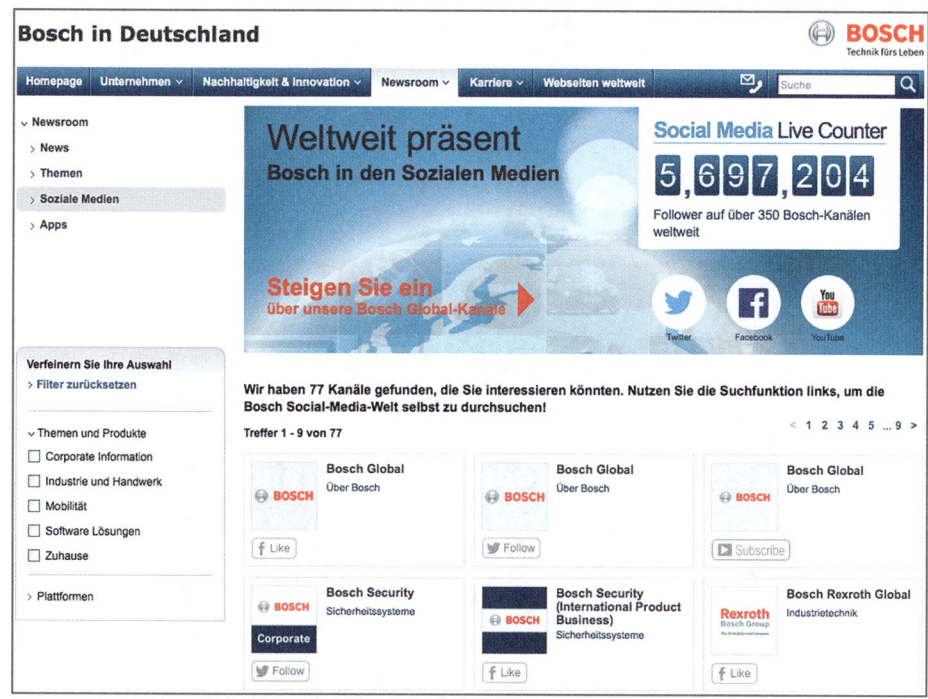

Bild 9.6 Screenshot des Newsrooms auf der Online-Präsenz von Bosch.

Storytelling ist dabei ein wichtiges verbindendes Element für mehr Konsistenz: Es kann einen Bogen zwischen unterschiedlichen Produktbereichen, Länderangeboten, aber auch zwischen den verschiedenen digitalen Plattformen schlagen. Damit bildet Storytelling die Grundlage für eine übergreifende Content-Strategie, die hilft, die Reputation eines Unternehmens zu steigern, die Attraktivität als Arbeitgeber zu erhöhen, aber auch den Verkauf von Produkten zu unterstützen.

9.5.1 Storytelling als Content-Strategie in Zeiten von Social Media

Schon unsere Vorfahren saßen um das Lagerfeuer herum und haben sich Geschichten erzählt und diese geteilt. Storytelling ist nicht neu, aber in Zeiten von Social Media gibt es zahlreiche neue Möglichkeiten, Geschichten zu erzählen und weiterzuerzählen, also zu teilen. Früher hatten Geschichten einen Anfang und ein Ende mit einer festgelegten Dramaturgie. In Social Media mit zahlreichen unterschiedlichen Plattformen verhalten sich die Erzählformen eher wie die von Online-Games. Hier befinden sich die „User", oder besser „Experiencer", immer in permanenten „Loops", um von einem auf das „nächste Level" zu gelangen. In ähnlicher Weise sollte das „Storytelling" stets so offen angelegt sein, dass Kunden und andere Stakeholder über verschiedene „Storyloops" je nach Interesse auf unterschiedliche Ebenen gelangen können. Dabei können sie auch selbst zu „Storytellern" werden und Inhalte nicht nur teilen, sondern anreichern und selbst weiterentwickeln.

Bei dieser Sichtweise auf Storytelling geht es weniger darum, wie man in Social Media oder anderen digitalen Kanälen eine gute Geschichte erzählt. Vielmehr bildet Storytelling ein strategisches Rahmenwerk, um eine inhaltliche Konsistenz angesichts einer wachsenden Zahl digitaler Kanäle herzustellen und die Reputation eines Unternehmens zu steigern. So wie das Geschichtenerzählen unsere Vorfahren am Lagerfeuer miteinander verbunden hat, so verbindet es heute Kommunikatoren, Marketing- und Salesexperten in der ganzen Welt und hilft die funktionalen Silos der Kommunikation zu überwinden.

Bild 9.7 In diesem Sinne baut Storytelling Brücken zwischen Communications, Marketing oder Sales – aber auch zwischen Online und Offline.

Ein Beispiel dafür ist „#ExperienceBosch", ein ganzjährig angelegtes Storytelling, an dessen Höhepunkt sich im Sommer 2014 über 50.000 Menschen dafür beworben haben, mit Bosch rund um die Welt zu reisen und „Technik fürs Leben" und ihren Nutzen zu erleben.

9.5.2 Der Hashtag #ExperienceBosch als Ticket für eine ganzjährige Reise

Ausgangspunkt für die Content-Strategie war folgende Erkenntnis der Bosch-Marktforschung: Je mehr Kunden über unser Unternehmen wissen, desto höher ist die Reputation und folglich auch die Kaufbereitschaft für die Produkte.

Dass Bosch Hausgeräte herstellt, wissen viele. Und auch die Elektrowerkzeuge sind bekannt. Doch wer weiß schon, dass Bosch auch eBike-Systeme, Roboter oder selbstfahrende Autos baut? Um zu zeigen, wie breit das Unternehmen aufgestellt ist, haben wir alle unsere Communities auf eine virtuelle und reale Reise eingeladen, die sich über das ganze Jahr hin erstreckt hat. Das Ticket dafür war der Hashtag #ExperienceBosch (siehe Bild 9.8), das „Reisemagazin" waren die Corporate Websites. Und das Souvenir und Take-away war ein Satz: „Bosch is more than you think."

Bild 9.8 #ExperienceBosch.

Angefangen hat das Storytelling rund um *#ExperienceBosch*[11] auf der Internationalen Automobilmesse IAA 2013 mit der Kampagne „What would you do" rund um selbstfahrende Autos. Die Story war einfach: Einen ganzen Tag pro Jahr verbringt ein Autofahrer durchschnittlich mit der Parkplatzsuche und dem Einparken. Diesen „Extra Day" werden die Autofahrer wiederbekommen, dank automatisierter Systeme, die in Zukunft selbst einen Parkplatz suchen und das Auto parken.

Wir fragten die User: Was würdest du mit diesem freien „Extra Day" machen? Die Gewinnerin dieses Wettbewerbs durfte im Januar zur International Consumer Electronics Show (CES) nach Las Vegas fahren und dort ein selbstfahrendes Auto mit Bosch Technik testen – die erste „Bosch Experience" 2014.

Bild 9.9 Geschichten zu #ExperienceBosch – die #lovemyfridge-Kampagne.

---
[11] WWW: http://www.bosch.com/de/com/boschglobal/bosch_world_experience/home.html

Der #ExperienceBosch-Content-Strategie folgend wurde im April auch der Geschäftsbericht – Print wie Online – als „24-Stunden-Experience" gestaltet. Dabei wurden zu verschiedenen Uhrzeiten zahlreiche Geschichten von Bosch rund um den Globus präsentiert, z. B. „Der Sound zum Spiel", eine Geschichte im Jahr der Weltmeisterschaft in Brasilien über Mario Tito, den Stadionsprecher der Arena Itaipava Fonte Nova in Salvador de Bahia, der seine Fans auf den Rängen mittels Bosch-Sound-Technologie in Euphorie versetzen kann.

9.5.3 Von Storytelling zu Storydoing: Die Bosch World Experience

Ein Höhepunkt von #ExperienceBosch war die „Bosch World Experience" im Sommer 2014. Sechs Bosch-„Explorer", die aus 50.000 Bewerbern ausgewählt worden waren, reisten dabei 16 Tage um die Welt, um an sechs Stationen auf drei Kontinenten hinter die Kulissen interessanter Bosch-Projekte zu blicken und live darüber im Social Web zu berichten. Sie besuchten u. a. die mit Hydrauliksystemen des Unternehmens ausgestattete Tower Bridge in London und den Panamakanal, das „Palo Alto Research and Technology Center" in San Francisco, wo zum automatisierten Fahren geforscht wird, das mit Bosch-Sicherheitstechnik ausgerüstete World Financial Center in Shanghai sowie die für Südostasien zuständige Bosch-Dependance in Singapur, wo Forschungen zur Elektromobilität und zum Connected Car betrieben werden. Aus den Reiseberichten entstanden ist eine sechsteilige „Blogumentary", die den Verlauf des Trips vom Beginn bis zur Abschlussfeier in Berlin nachzeichnet. Die Blogumentary bildete wiederum den Ausgangspunkt für zahlreiche neue „Storyloops", die den Bogen zu unterschiedlichen Produktbereichen, Länderangeboten, aber auch zwischen den zahlreichen digitalen Plattformen von Bosch weiter schlagen konnten.

Dass die „Storyloops" wirklich diese Bögen schlagen und auf allen Kanälen ein kompetenter Dialog in Echtzeit geführt werden kann, dafür sorgte ein globales Social-Media-Team und ein einheitliches Kontaktmanagement. Nur so können Anfragen rasch an die richtige Stelle gelangen und schnell beantwortet werden. Dies ist auch eine kleine Erfolgsgeschichte digitaler Transformation, denn die Bosch-Einheit, die heute die Anfragen auf Social Media bearbeitet, hat sich aus der Leitstelle für Alarmanlagen entwickelt.

Heute bieten die Kollegen in 26 Sprachen in 40 Ländern eine Vielzahl von Social Media Dialog-Services, und zwar nicht nur Bosch-intern, sondern als Geschäftsmodell auch für zahlreiche andere Kunden. Für Bosch ist es natürlich ein großer Vorteil, dass eigene Mitarbeiter den Dialog führen. Das kommt gut an, wie man etwa an den Rückmeldungen zu Dialog und Service auf unserer Facebook-Wall auf „Bosch Global" sehen kann.

Und so war es möglich, dass bereits im Herbst auf den Kanälen von Bosch die User wieder zu „Storytellern" und „Experiencern" werden konnten. Bei der #lovemyfridge-Kampagne (siehe Bild 9.9) erzählten Menschen aus der ganzen Welt, warum sie den „coolsten Typ in ihrer Küche", ihren Kühlschrank, lieben. Internationale Food-Blogger kochten auf den Bosch-Kanälen ihre Lieblingsrezepte und teilten ihre Erfahrungen und Liebe für den Kühlschrank mit ihren Fans. Das Teilen von Fotos, Videos oder kurzen Texten über ihre sozialen Netzwerke mit dem Hashtag #lovemyfridge machten die Geschichten interaktiv und die User wurden von Zuhörern zu Hauptdarstellern. Eine weitere „Bosch Experience" war schließlich der erste Bosch Hackathon im Oktober 2014, bei dem in Berlin 24 Stunden lang Apps in ein Auto programmiert wurden.

Rund 30 unabhängige Software-Entwickler, Designer und Internet-Nutzer trafen sich in Berlin, um innovative Apps für die Bosch-Software mySPIN zu entwickeln.

mySPIN kann Apps von iPhones und Android-Smartphones ins Fahrzeug einbinden. Alle kompatiblen, auf dem Smartphone gespeicherten Apps können über den Bildschirm im Fahrzeug angezeigt und genutzt werden. Das Design und Bedienkonzept auf dem Fahrzeugdisplay ist an die Fahrsituation angepasst. Die Bedienung des Smartphones erfolgt über den Touchscreen des Fahrzeugs. Durch die Integration des Smartphones und vieler Apps in seine Fahrzeuge kann ein Automobilhersteller seinen Kunden eine attraktive Palette stets aktueller Services bieten.

9.5.4 Content Marketing fängt dort an, wo Storyloops in Leads umschlagen

Als Ergebnis der #ExperienceBosch-Content-Strategie konnte in vielen Ländern nachgewiesen werden, dass Bosch innerhalb dieses Jahres seine Reputation messbar steigern konnte – teilweise sogar mit zweistelligen Prozentzuwächsen. Wir konnten aber auch bei einigen Produkten, die wir auf die digitalen Reisen mitgenommen haben, den Verkauf unterstützen, z. B. beim „Quigo" im Rahmen der „Streetart-Kampagne" im Frühjahr 2014. Dabei handelte es sich um eine Geschichte rund um ein Laser-Nivelliergerät, das in der zweiten Generation im dritten Jahr war – also ein Produkt, für das nur noch wenig Kommunikation gemacht wurde und dessen Verkaufskurve tendenziell eher fiel. Doch der „Quigo" hatte viele Fans in Social Media, vor allem „Streetartists", die die Laserlinien des Quigo an die Wand warfen und daran ihre Graffiti-Kreationen ausrichteten. Diese Geschichten haben uns so begeistert, dass wir ein „Streetart"-Video produziert haben und sogar unsere Corporate Websites in sechs Ländern einmal mit Graffiti gestalten ließen. Dies machte dann den Unterschied zur kaum existenten Produktkommunikation des Vorjahres und steigerte die verkauften Stückzahlen um rund 40 Prozent. Der zusätzliche Umsatz war rund zehnmal höher als das eingesetzte Budget für digitales „Storytelling".

Auch bei anderen Produkten, die mit auf der „Reise" waren, wie z. B. die Kühlschränke der #lovemyfridge-Kampagne, konnten deutlich messbare Korrelationen zwischen Content-Marketing-Kampagne und Verkaufszahlen festgestellt werden, die zeigten: Storytelling zahlt sich aus, wenn es die Grundlage für eine nachhaltige Content-Strategie ist. Die User, besser „Experiencer", erwarten von Marken heute Storywelten, die offen sind für eine glaubwürdige Teilhabe und teilbare Erfahrungen – und zwar nicht nur im Rahmen einer einzelnen Kampagne, sondern das ganze Jahr über.

9.6 Einsatz von Storytelling in der Öffentlichkeitsarbeit

Was hat Storytelling mit Public Relations (PR) zu tun? Eigentlich eine ganze Menge, da PR-Abteilungen und -Fachkräfte primär die Aufgabe haben, das jeweilige Unternehmen, die Marke und die Produkte in der Öffentlichkeit bekanntzumachen bzw. die Bekanntheit auszubauen. Sie informieren, inspirieren, unterhalten und erklären. Dies sind auch die Grundziele jeder narrativen Story, denn die spannendsten Geschichten sind so konzipiert, dass sie erziehen, informieren, aufklären und begeistern. Gleich, ob die Storys über Text, Bild, Video, Events, Games oder Apps erzählt werden!

Eine weitere Aufgabe der PR besteht darin, möglichst nachhaltig Informationen zu streuen. Auch hierfür sind Geschichten hervorragend geeignet, da sie Emotionen transportieren, die sich nachhaltig im Gedächtnis speichern. Gleich ob eine Pressemeldung über eine Produktneuheit, ein Interview mit einem glücklichen Anwender, eine Success Story, ein Onlinetext, ein Mitgliedermagazin oder ein Fachartikel erstellt wird, die Möglichkeiten und Darstellungsformen sind mannigfaltig. Nur sollte nicht die Pflicht herrschen, aus jeder Information gleich eine Geschichte machen zu müssen.

Das Gesamtpaket muss passen!

„Marketing PR isn't about the stuff you sell; it's about the stories you tell", so brachte es bereits Seth Godin, Fachbuchautor im Bereich Marketing, auf den Nenner. PR hilft Journalisten und Vertrieblern Geschichten rund um Produkte, Personen und Marken zu erzählen. Sie erzeugen das Interesse und die Neugierde der Stakeholder, also sowohl der Partner und Investoren als auch der Zielgruppe.

Auch wenn Pressebotschaften oft auf harten Fakten beruhen, werden gerne emotionale Storys mit dem „Human touch" erzählt, denn diese berühren und gehen unter die Haut.

Im Grunde enthält jede PR-Botschaft eine Story. Die Botschaft ist schlichtweg einfach: Es existiert ein Problem oder ein Bedarf und das Produkt, das Unternehmen, die Dienstleistung oder auch personalisiert der CEO (denken Sie nur an Steve Jobs oder PR in der Politik) lösen das Problem oder helfen.

Beim Aufbau einer Geschichte (siehe auch Kapitel 6 „Der Story-Baukasten") folgt die PR auch den bekannten narrativen Mustern. Die Abgrenzung vom Marketing ist fließend. Je nach Unternehmen ist die Kommunikationsabteilung ein Teil des Marketings oder der PR. Die Storys werden dann entweder über die hauseigenen Content-Kanäle (Owned Media), mithilfe von Journalisten und Social Influencers (Earned Media) oder über Werbeformate (Paid Media) veröffentlicht. Wichtig ist, dass es eine übergreifende Strategie gibt, die alle Bereiche der Kommunikation betrifft.

Im Folgenden lassen wir Experten über deren Einsatz von PR-Storytelling berichten.

9.7 Expertenbeitrag: Von Produkt zu Produktivität – wie Microsoft für ein neues Arbeiten in Deutschland eintritt

Experten-Biografie: Diana Heinrichs, Microsoft

Diana Heinrichs ist Communications Manager bei Microsoft Deutschland. Als Communications Manager Digital Workstyle bei Microsoft Deutschland hat Diana Heinrichs[12] die Brücke von der technischen zur kulturellen Perspektive geschlagen. Next Step? Eine breitere digitale Partizipation, die alle Gesellschaftsteile, von der Generation Y bis zu den Goldies, einschließt. Dafür hat sie ihren Twitter-Kanal stets bei sich – und führt ein Leben #OutofOffice.

Abstract: #einfachmachen

Microsoft Office. Jeder hat es, keiner spricht darüber – der ein oder andere flucht höchstens, wenn ein Dokument unter Office 2010 hakt. Office gehört neben Windows zum Kern von Microsoft. Egal ob Familie, Schüler, Student, Freelancer, Startup oder Global Player: Die Software ist von Computern, Tablets und Smartphones nicht mehr wegzudenken. Dabei wirkt sie pünktlich zum 25. Jubiläum im Jahr 2014 so alltäglich wie eingestaubt. Gleichzeitig machen wir uns Gedanken darüber, wie die Zukunft der Wissensarbeit in Deutschland aussieht. Wie passt das zusammen?

> **Zeit für einen kommunikativen Relaunch: Weg von Features und Funktionen, hin zu der Frage ‚Wie wollen wir arbeiten'.**

---

[12] Twitteraccount von Diana Heinrichs: twitter.com/dianatells

9.7.1 Kommunikativer Relaunch bei Microsoft

Wir schreiben das Jahr 1989. Eine uns bestens bekannte Software erblickt das Licht der Welt: Microsoft Office. Fortan tippen wir mit Word, präsentieren mit PowerPoint und kalkulieren mit Excel. Was Tempo für das Taschentuch ist, wird Office für Software. Ein Büro ohne Office? Kaum vorstellbar. Wir haben die Technologie über die letzten 25 Jahre stets weiterentwickelt, mobiler gemacht, in die Cloud verlagert und in den 2000er-Jahren um moderne Tools wie *Skype*[13], *Yammer*[14] oder *Sway*[15] ergänzt. Heute nutzen über eine Milliarde Menschen auf der Welt unsere Lösung. Über zwei Drittel der DAX-30-Konzerne vertrauen darauf. Klingt gut – aber fast schon zu normal, zu langweilig und alltäglich, um in einer digitalen Medienwelt für die nächsten 25 Jahre zu stehen.

Bild 9.10 Storytelling mit PowerPoint für Präsentationen.

---

[13] WWW: Skype, skype.com
[14] Yammer ist laut Wikipedia „ein soziales Netzwerk, das ursprünglich als Mikrobloggingdienst gestartet wurde. Das Angebot richtet sich nicht an Einzelpersonen, sondern an Unternehmen; es können interne Netzwerke (nur E-Mail-Adressen mit der gleichen Domain sind erlaubt) und externe Netzwerke eingerichtet werden. Durch den beruflichen Fokus stehen das Teilen und die Bearbeitung von Dokumenten, der Austausch von Wissen sowie die unternehmensinterne und unternehmensübergreifende Zusammenarbeit und Kommunikation im Vordergrund." www.yammer.com
[15] Laut Wikipedia ist Sway eine „Präsentations-Webanwendung und Teil der Microsoft-Office-Reihe. ... Texte und Medien können vom Computer des Anwenders oder aus dem Internet von Seiten wie Bing, Microsoft OneDrive, YouTube, und Facebook eingefügt werden." www.sway.com

Doch wenn wir uns fragen, wie die Zukunft der Wissensarbeit ausschaut, sehen wir uns vernetzt. Wir sitzen im Café, am Schreibtisch, im Home Office (siehe Bild 9.10). Wir haben gelernt von überall zu arbeiten. Dass uns Wertschöpfung und Geniestreiche nicht in der isolierten Kammer gelingen, wissen wir nur zu gut. Wir wollen Teamwork und Familienbande vereinbaren. In Telefonkonferenzen zwischen London, München und San Francisco gestalten wir Projekte für globale Märkte. Für dieses Leben benötigen wir einen verlässlichen Partner – einerseits.

Andererseits erwarten wir auch agile Werkzeuge, mehr Zeit für menschliche Nähe und persönliche Assistenten, die mitdenken. Auch wenn wir als Microsoft wissen, dass Office 365 die Antwort darauf ist, weil es Generationen von Wissensarbeitern verbindet, auf allen mobilen Endgeräten vom iPad bis zum Android Phone bereitsteht und mit *Cortana*[16] einen cleveren Sprachassistenten bietet, bleibt die Frage: Wie bekommen wir pünktlich zum 25-jährigen Jubiläum Aufmerksamkeit für eine vermeintlich staubtrockene Software? Zeit für einen Neustart.

Bild 9.11 Gerade in der Kommunikation setzt Microsoft auch auf visuelles Storytelling.

 Unser Rezept für eine zeitgemäße Kommunikation: Relations, starke Meinungen sowie visuelles Storytelling mit persönlichem Ansatz.

---

[16] WWW: Cortana, windows.microsoft.com/de-de/windows-10/getstarted-what-is-cortana

Gewürzt mit einer Brise Mut, abgeschmeckt mit dem richtigen Content für jeden (Social) Kanal und serviert mit einem Mega-Trend unserer Zeit – der Veränderung der Arbeitswelt. Denn: Wen interessiert die neue Excel-Funktion, wenn das eigentliche Thema die Zukunft der Arbeit ist? Wie initiieren wir eine Debatte über Technologien, die uns mobil, vernetzt, jederzeit und von überall miteinander arbeiten lassen? Wie und wo wollen wir künftig arbeiten und leben – und welche Werkzeuge brauchen wir dazu?

 Weil das „Ich" gewinnt: **Storytelling beginnt mit persönlichem Ansatz.**

Storytelling in digitalen Welten beginnt für uns in erster Linie persönlich und kreativ, um eine emotionale Bindung zur Marke zu schaffen. Und Nachdenken über eine Neuausrichtung der Arbeit beginnt mit Menschen, die Veränderungen suchen, ohne das Menschliche zu verlieren. Sie prägen die Vorstellung vom Neuen Arbeiten – sie bringt Microsoft Office als Hebel zu einer neuen Art des Arbeitens und als täglicher Begleiter tatsächlich weiter.

Um Storytelling allerdings nicht zu einem Buzzword der Kommunikationsbranche verkommen zu lassen, benötigen Geschichten die richtige Würze, Kontroversen und Meinungen. Wie heben wir uns bei der Vielzahl der Kanäle und Informationen, die täglich auf uns einprasseln, kommunikativ ab? Was haben „Hauptstadtmuttis"[17], Startups, coole Daddys, die viel zitierte Generation Y oder Modeexperten[18] mit Word, PowerPoint und Excel zu tun? Mit ihrer Meinung tragen sie seit 2014 maßgeblich zu einer transparent und bewusst kontrovers geführten Debatte über die Veränderung der Arbeitswelt bei – initiiert von Microsoft, begleitet durch das stets mobiler werdende Produkt Office.

9.7.2 Heldensagen: Dat erzähl ich meinen Enkeln!

Wir machen aus diesen Meinungen Geschichten. Auf Konferenzen wie der re:publica in Berlin, der NEXT in Hamburg oder dem Zündfunknetzkongress in München. Auf Blogger-Workshops und in Diskussionen. Wir drehen YouTube-Clips, machen Fotos und nehmen Podcasts auf. Wir holen bewusst externe Meinungen mit Reibungsfläche auf unseren Unternehmensblog. Wir machen Microsoft zum Vorreiter einer Debatte um neue Arbeitsformen. Wir provozieren mit einem *Manifest und Thesen zu Produktivität*[19] (siehe Bild 9.12).

Wir denken nach und tun das laut. Aus Office wird fortan eine vernetzte, digitale Suite, die überrascht. Aus *Beachvolleyball-Feldern oder der Autowerkstatt um die Ecke werden Arbeitsplätze.*[20] Ein Office ohne Büro? Die Realität. Aus dem Produkt wird Produktivität.

Unser Motto lautet **#einfachmachen**[21], schließlich ist *„Done better than perfect"*. Das gilt auch für Storytelling und die Content-Produktion rund um Microsoft Office.

---

[17] WWW: YouTube Office 365: Wünsche werden wahr – Isa Grütering und Claudia Kahnt, Hauptstadtmutti.de, youtube.com/watch?v=SfyW1B9qnjg
[18] WWW: New Work, New Style! Microsoft Fashion-Event, youtube.com/watch?v=V2RhUl8s_pw
[19] WWW: Manifest für ein neues Arbeiten, microsoft.com/de-de/office/manifest-arbeiten-leben/default.aspx
[20] WWW: Microsoft lebt #OutofOffice in Berlin, youtube.com/watch?v=zrzR95tvuEU
[21] WWW: Folgen Sie dem Hashtag #einfachmachen auf Twitter, twitter.com/search?q=%23einfachmachen&src=typd

Bild 9.12 Microsofts Manifest (Auszug) für ein neues Arbeiten.

Als **Werkzeuge der PR-Arbeit** werfen wir Content Marketing, Storytelling und Influencer-Kommunikation zusammen und nennen es **Content Relations**. Über 40 Influencer von Ninia Binias über Richard Gutjahr bis Raul Krauthausen involvieren wir, sorgen für weit über 300.000 Aufrufe unserer Videos bei YouTube und rund 15.000 unique Tweets pro Jahr. Office ist untrennbar mit dem Wandel der Arbeitswelt verbunden. Was mit kurzen Tweets bei Twitter & Co. begonnen hat, hat längst klassische Medien mitgezogen: Von Capital und Bild am Sonntag über den Bayerischen Rundfunk bis hin zum Lufthansa Magazin und dem Harvard Business Manager.

9.7.3 Storys als mächtiges PR-Element – und warum Kopf der beste Code ist

Mit unserer Kommunikation sind wir bei Microsoft Vorreiter für die Entwicklung der klassischen Pressearbeit hin zu einem Content Studio. Ein **Change-Prozess** findet nicht nur bei den Menschen und ihrer Arbeit statt, sondern auch in den Werkzeugen unserer Kommunikation. Wir kehren viele Entstehungs- und Denkprozesse, mit denen wir uns intern beschäftigen, nach außen, um so früh wie möglich Meinungen und Perspektiven miteinzubeziehen. Wir machen, wir inspirieren, wir koordinieren und wir finden. Und vor allem stellen wir Fragen. Denn auch wir wissen bei Weitem nicht alle Antworten auf die Fragen zur Zukunft unserer Arbeitswelt.

Natürlich nutzen wir dafür Social Listening Tools, um die Bedürfnisse unserer Zielgruppe besser zu verstehen. Wir klicken und bingen uns durch das Netz, abonnieren Newsletter und RSS-Feeds. Wir vermessen die digitale Welt und setzen uns stets die Outside-In-Brille auf. Doch am Ende bleibt Kopf der beste Code. Für unser Storytelling arbeiten wir maschinengestützt, nicht maschinengesteuert.

9.7.4 Learnings, Learnings, Learnings – oder warum wir Beef für die Mitte brauchen

Doch was heißt das nun für unsere Zukunft? Wie müssen sich Kommunikationsabteilungen künftig aufstellen und welche Trends spielen in einer visuellen, schnelllebigen und digital vernetzten Welt eine Rolle?

1. **Two-Speed-Communications:** Digitale Echtzeit versus Thementiefe und Substanz – beides müssen wir verbinden. Es liegt an uns, Kommunikation der zwei Geschwindigkeiten dabei authentisch und im Alltag machbar zu halten.
2. **Beef für die Mitte:** Zwischen Features-und-Functions der Produktkommunikation wird Beef verlangt. Wir müssen es schaffen, Nutzen und Anwendungsszenarien in Storys und Content zu packen.
3. **Muskeln gezielt trainieren:** Wir wollen die Muskeln einzelner Digital-Kanäle noch besser verstehen und so miteinander verknüpfen, dass unsere Inhalte gezielt mehr kommunikative Kraft bekommen.
4. **Content schafft Beziehungen – und Beziehungen schaffen Content.** Communications Manager brauchen Relations, um in der Themen-Discovery und Content Distribution erfolgreich zu sein.
5. **Kommunikative Chancen durch eigene Präsenz:** Für die Content Distribution werden Business-Plattformen wie LinkedIn, Xing, Slidehare und Co. immer wichtiger – bis hin zu direkter redaktioneller Beteiligung.
6. **Dark Social:** Welche Inhalte werden gesnackt, in Gruppen diskutiert und geteilt? Alles, was mobil funktioniert, als Snack verfügbar ist und hohe Relevanz mitbringt.
7. **PR ist Content Studio:** PR kann sich intern als Content-Marketing-Spezialist profilieren und wird als Distributor und Story-Plattform mit externen Relations unverzichtbar.
8. **PR muss seine eigentlichen Fähigkeiten im „Drivers Seat" ausspielen:** Dialogfähigkeit, Nachhaltigkeit, Relations, Offenheit und Themenkompetenz.

Die neue Welt des Arbeitens ist in Deutschland angekommen – technologisch. Mittlerweile vertrauen mehr als zwei Drittel der DAX-30-Konzerne auf die Microsoft Cloud. Dabei sind sich die Exportschlager von A wie adidas über B wie BASF bis H wie Henkel bewusst, dass der Weg zum vernetzten Arbeiten über die Cloud kein rein technologischer ist. Es betrifft die Unternehmenskultur und den Führungsstil genauso wie den Wissensarbeiter und seinen Arbeitsalltag.

9.8 Expertenbeitrag: Benötigen wir neue Geschichten? – Bastei-Lübbe

Experten-Biografie: Tina Pfeifer

Tina Pfeifer[22] *ist seit März 2010 Online PR-Referentin in der Bastei Lübbe AG.*[23] *Zuvor war sie als Online Marketing Managerin beim Verlag Kiepenheuer & Witsch und als Online-Redakteurin bei einer Jugendzeitschrift des Rheinischen Merkur tätig.*

Abstract: Storytelling made by Bastei Lübbe – Unterhaltung für eine neue Leser-Generation

Schon im alten Rom begeisterten Geschichten von Liebe, Mord, Betrug und lustigen Begebenheiten die Zuhörer. Heute, über 2000 Jahre später, sind es nach wie vor dieselben Themen, die die Menschen bewegen, nur die Form der Unterhaltung hat sich verändert: Die Nachfrage nach digitalen Erzählformen steigt stetig. Ein Trend, den wir früh erkannt haben und den wir mitgestalten möchten. Wir denken, wenn wir Geschichten auch interaktiv erzählen, kommt das dem neuen Leseverhalten (nämlich immer und überall auf Inhalte zugreifen zu können) entgegen und eröffnet unseren Lesern eine viel größere Welt. Deshalb haben wir im Herbst 2010 eine eigene Digitalabteilung gegründet.

Unser täglicher Ansporn
Wir wollen Menschen unterhalten mit hochwertigen Inhalten und in einer Form, die den Ansprüchen der Zeit entspricht. Die Nutzung der vielen technischen Geräte wie Smartphones und Tablets, die mittlerweile im alltäglichen Leben eine große Rolle spielen, und die veränderten Lesegewohnheiten machen es möglich, digitale Inhalte interaktiv zum Leben zu erwecken. Seither ist unser Ziel, den Menschen mehr als nur Wörter in digitaler Form zu liefern und durch eine medienübergreifende Erzählweise sowie durch zusätzliche Bilder, Videos und Audio-Elemente die Geschichten noch intensiver erfahrbar zu machen und die Menschen so bestmöglich zu unterhalten. In den letzten fünf Jahren haben wir einige spannende Projekte erarbeitet, die diesen Ansatz verfolgen.

---
[22] WWW: Tina Pfeifer, xing.com/profile/Tina_Pfeifer, Foto © Olivier Favre
[23] WWW: Bastei Lübbe AG in den sozialen Netzwerken (Auszug): Bastei Lübbe, www.luebbe.de (B2C), www.luebbe.com (B2B); Facebook, facebook.com/BasteiLuebbe, facebook.com/LuebbeAudio; facebook.com/Geisterjaeger.John.Sinclair; facebook.com/basteientertainment

9.8.1 Qualitatives Storytelling – was ist darunter zu verstehen?

Unser im Herbst 2014 verstorbener Verleger Stefan Lübbe hatte schon immer die 360°-Verwertung unserer Bücher im Kopf. Er wollte ganze Welten rund um einen Inhalt schaffen. Er hat neben dem klassischen Buch an Filme, Gesellschaftsspiele, Kalender, Computerspiele, gebrandete Gebrauchsgegenstände und noch vieles mehr gedacht. Außerdem haben Stefan Lübbe schon immer die Möglichkeiten der digitalen Welt fasziniert.

Er favorisierte nicht nur das Konsumieren unserer Titel auf verschiedene Weisen (er erzählte gerne, dass er im Flieger auf dem iPad liest, dann im Auto auf ein Audioformat wechselt und abends im Bett ein richtiges Buch in den Händen hält), sondern er hatte immer die Vorstellung, unsere literarischen Welten im Digitalbereich förmlich erlebbar zu machen.

9.8.2 Was ist neu an dieser Art des Geschichtenerzählens?

Wichtig ist weiterhin eine überzeugende Geschichte, das heißt das Grundgerüst einer interaktiven Erzählung muss eine Story mit klassischem Spannungsbogen sein. Es bedarf überzeugender Figuren, es braucht unbedingt einen Helden, also eine Identifikationsfigur, einen Konflikt, eine Lösung usw. Das muss als Grundlage vorhanden sein. Dann geht es darum, diese Welt durch Zusatzmaterialien zum Leben zu erwecken. Die Leser müssen Abzweigungen nehmen, die Erzählrichtung ändern oder in das Thema tiefer einsteigen können, indem Fotos und Videos „aufpoppen", man O-Töne der Protagonisten hören kann, Karten und Koordinationsdaten die Lage beschreiben, Musik die Szenerie untermalt und noch vieles mehr. Die Zusatzmaterialien müssen dabei hochwertig produziert und absolut überzeugend sein, um die Leser zusätzlich mitzureißen. Aber, wie gesagt, die Geschichte an sich muss schon stimmig sein und den Leser überzeugen.

9.8.3 Kurzer Einblick in die Praxis: Apocalypsis (2011)

Apocalypsis ist ein hochspannender Vatikanthriller als Serienroman (siehe Bild 9.13), der speziell und exklusiv für alle digitalen Endgeräte entwickelt wurde: als App, als eBook, als Read-&-Listen-Version und als Audio-Download. Damit haben wir als klassischer Buchverlag ein multimediales Leseerlebnis geschaffen. Wir haben die Form der Lese-Unterhaltung also damals revolutioniert, indem wir Texte und Illustrationen, Videos, Audios und interaktive Inhalte in einer App verschmolzen haben.

Mittlerweile ist *Apocalypsis* auf dem internationalen Markt sogar in den Sprachen Englisch und Mandarin erhältlich. Außerdem haben wir die Idee bzw. das Projekt auch nach Spanien, Tschechien und Slowenien verkauft.

Bild 9.13 Einen kurzen Einblick in „Apocalypsis – der ultimative digitale Serienroman" erhalten Sie auf YouTube.[24]

 Exkurs: Worum geht es in dem Serienroman Apocalypsis?

Die Kurzfassung: Papst Johannes Paul III. ist zurückgetreten und spurlos verschwunden. Der Journalist Peter Adam stellt Nachforschungen an. Er stößt auf einen Orden, der seit Jahrhunderten gegen die Kirche arbeitet: Die Träger des Lichts. Die Verschwörer wollen den Weltuntergang herbeiführen. Sie stützen sich auf die Prophezeiung des Malachias: Der letzte Papst wird sich den Namen »Petrus II.« geben. Mit ihm soll das Ende aller Tage kommen.

Das Konzept zu *Apocalypsis*[25] haben wir bei uns im Verlagshaus entwickelt. Ausgehend von einer internen Projektgruppe, die 2009 gegründet wurde, um zu erörtern, wie die jüngere Zielgruppe der Leserinnen und Leser in der Zukunft aussieht und wie das dazu passende Produkt. Nur kurze Zeit später stand die Antwort für uns fest: ein digitaler Serienroman, der auf allen digitalen Endgeräten funktionieren sollte, der wochenweise einen spannenden Romanstoff verspricht, der mit hochwertigen multimedialen Zusätzen versehen ist, der gelesen oder gehört werden kann. Die Ideen haben unseren damaligen Verleger Stefan Lübbe so sehr überzeugt, dass er 2010 eine eigene Digitalabteilung dafür gründete, der heute über 40 Mitarbeiter angehören. Damals war es noch ein dreiköpfiges Team, welches mit *Mario Giordano*, u. a. Drehbuchautor des ausgezeichneten Films „Das Experiment", den perfekten Autor gefunden hat, um dieses Projekt gemeinsam umzusetzen. Und der renommierte Schauspieler und Hörbuchsprecher *Matthias Koerbelin* lieh dem Apocalypsis-Projekt seine Stimme.

---

[24] WWW: Apocalypsis auf Youtube, youtube.com/gp8x_-OjBG8
[25] WWW: Die Homepage des Autors Mario Giordano zeigt „Apocalypsis", ein „digitaler, multimedialer Serienroman in 3 Staffeln" als App für iPhone, iPad und Android-Tablets, eBook für alle gängigen Reader, Hörbuch, Read-&-Listen-Version und als Taschenbuch, mariogiordano.de/giopage/Apocalypsis.html

EXPERTENBEITRAG

9.8.4 Kurze Beschreibung: Coffeeshop – die Lifestyle-Serie aus Berlin (2013)

Coffeeshop (siehe Bild 9.14) ist ein digitaler Serienroman in zwölf Episoden, der für alle E-Reader, Tablets und Smartphones verfügbar ist: Erhältlich als App[26] mit Filmen (je drei bis vier Minuten pro Episode), Musik (eigens komponiert und gesungen von der Künstlerin Kat Kaufmann, Sängerin der Band XXXBENKAT), Game und vielen anderen Zusatzinhalten wie Rezepte und Buchtipps. Oder als E-Book, Audio-Download und als Read-&-Listen-Version (inkl. Videos).

Bild 9.14 Coffeeshop – die Lifestyle-Serie aus Berlin.

 Exkurs: Kurzer inhaltlicher Überblick über die Serie Coffeeshop

Sandra ist Ende 20 und hat sich selbstständig gemacht. Ihr Büro? Ein Tisch und ein Stuhl im *Coffeeshop*, einem Berliner Szene-Café ihres Kumpels Captain. Ihr Job? Sie sucht Dinge für Kunden, die etwas verloren haben. Besondere Dinge, die eine Bedeutung haben und bei deren Suche man nicht allein sein will. Den Absender eines Liebesbriefes, vertauschte Eltern, eine verlorengegangene Jungfräulichkeit, ein verschwundenes Lachen, einen Grund für die Annahme des Heiratsantrages, die Weltformel? – Sandra findet, was unauffindbar scheint. Und scheut keine Herausforderung. Bis auf eine. Die große Liebe hat sie immer noch nicht gefunden. Doch damit ist sie zum Glück nicht allein.*

---

* WWW: Quelle zur Serie Coffeeshop: bastei-media.de/apps/coffeeshop

---

[26] WWW: Die App zum Serienroman Coffeeshop, bastei-media.de/apps/coffeeshop

Das Konzept des innovativen Serienromans haben wir gemeinsam mit Saxonia Media entwickelt, die zu den führenden Film- und Fernsehproduzenten Deutschlands zählt. Die Serie *Coffeeshop* spricht durch ihren multimedialen Ansatz die junge, urbane Zielgruppe an, die gerne in digitaler Form „Entertainment to go" (siehe Bild 9.15) konsumiert und sich für Sitcoms und Soaps interessiert.

Die vier Hauptfiguren Sandra, Nils, Captain und Klaudi waren zum Erscheinen der Serie (Ende 2013) für ca. ein Jahr zusätzlich auf Facebook und Twitter mit eigenen Profilen vertreten. Somit konnten die User die Geschichte medienübergreifend erleben und mit den Figuren virtuell in Kontakt treten.

Bild 9.15 Die crossmediale App-Serie bietet Read & Listen, Videos und Audiofiles, Game und Rezepte.

9.8.5 Einsatz von Storytelling in der PR?

Storytelling ist seit einigen Jahren *das* Keyword in der heutigen PR- und Medienwelt, wenn es darum geht, dass es nicht mehr reicht, seine Kunden über Produkte und Neuigkeiten des Unternehmens per Pressemitteilung zu informieren, sondern, um größtmögliche Aufmerksamkeit zu erzeugen, dass die Kunden emotional abgeholt, tief berührt und von den Inhalten gefesselt werden müssen. Das erreicht man, so heißt es, durch das Storytelling. Es geht also darum, nicht nur ein Produkt zu bewerben, sondern Geschichten zu erzählen, die Emotionen wecken: Unter anderem durch Bilder, Musik, Audio- und Video-Elemente.

Für uns als großer Publikumsverlag ist dieser Ansatz gar nicht neu. Mit unserer über 60-jährigen Verlagsgeschichte erwecken wir mit unseren Büchern seit jeher Emotionen, produzieren Bilder, schaffen Aufmerksamkeit. Natürlich zum einen allein durch den Inhalt des Buches, aber gerade auch durch die vielen Presse- und Marketingmaßnahmen rund um unsere Bücher und Autoren. Durch die zusätzliche Presseaufmerksamkeit, zum Beispiel, die wir in Form von Zeitungsartikeln, Interviews, Talkshow-Auftritten, Content fürs Netz etc. generieren, werden und wurden die Geschichten im Buch schon immer weitergesponnen. Es geht darum, den Lesern zusätzliche Infos zu liefern, um noch mehr Interesse zu wecken: Wer ist der Autor, der hinter dem Buch steckt, was hat ihn inspiriert, worin besteht die Kunst des guten Geschichtenerzählens und vieles mehr. Am überzeugendsten lassen sich Inhalte noch immer vom Autor selbst rüberbringen.

Für unsere Pressearbeit, egal ob für ein Print- oder Digital-Produkt bedarf es also gar keines interaktiven Storytellings. Denn wenn wir dies auch noch interaktiv gestalten würden, wäre das noch mal zu sehr eins draufgesetzt und würde alles nur verkomplizieren. Es ist wichtig die Journalisten und Blogger mitzureißen, das schaffen wir über die vielen Zusatzinfos und -materialien, die wir von vornherein zur Verfügung stellen oder versuchen durch die Presse zu generieren.

9.8.6 Storytelling – ein Verlag geht neue Wege!

Wir haben uns in den letzten Jahren vom klassischen Buchverlag zu einem internationalen Medienunternehmen entwickelt. Wir probieren viel aus und versuchen uns stetig zu verbessern. Wenn eine Idee oder gar ein Projekt nicht funktioniert, lernen wir daraus und probieren etwas Neues. Wir wollen immer innovativ bleiben. Natürlich hat sich dadurch auch die Struktur des Verlages erheblich verändert. Angefangen hat unsere Digitalabteilung 2010 mit drei Mitarbeitern. Mittlerweile sind über 40 Kollegen damit beschäftigt, nicht nur unser gesamtes Printprogramm digital verfügbar zu machen, sondern auch eigene Stoffe und Produkte zu entwickeln und die ggf. auch ins Ausland zu verkaufen. Wir haben fest angestellte App-Entwickler, Projektmanager, Contentproduzenten, nationale und internationale Vertriebsleute, Rechte- und Lizenz-Referenten, PR- und Marketingfachkräfte, die sich allesamt ausschließlich um unsere digitalen Produkte und Strategien kümmern.

Außerdem haben wir in den letzten Jahren unsere Geschäftsfelder strategisch erweitert. Unser in Erfurt ansässiges Film- und Fernsehproduktionsunternehmen Bastei Media entwickelt ein hochwertiges crossmediales Programm für Kinder und Erwachsene im linearen und nonlinearen Bereich. Bastei Media baut Onlinewelten in Form von Animation, Spiel oder Film für alle digitalen Unterhaltungsformate von der App bis zum Web. Neben Auftragsproduktionen für uns, öffentlich-rechtliche Fernsehanstalten und private TV- und Radiosender, produziert das Unternehmen Werbespots und Trailer und bietet verschiedenste Dienstleistungen im Redaktions- und Grafikbereich an: Erstellung von On Air Design, Character-Entwicklung, 2D-3D-Visualisierungen, Programmpromotion, Printdesign, App-Programmierung und vieles mehr.

Die Mehrheitsbeteiligung an der Daedalic Entertainment GmbH aus Hamburg bedeutet für uns einen weiteren konsequenten Schritt bei der Umsetzung unserer multimedialen Wachstumsstrategie. Daedalic Entertainment entwickelt und vermarktet weltweit erfolgreiche, qualitativ hochwertige Computer- und Videospiele mit stark narrativem Charakter, die bereits mehrmals mit dem Deutschen Entwicklerpreis, dem Deutschen Computerspielpreis und dem European Games Award ausgezeichnet wurden. Somit ergänzt Daedalic zum einen unser Produktportfolio und bietet zum anderen mit der großen Fangemeinde seiner preisgekrönten Adventures ideale Voraussetzungen für eine kombinierte Nutzung im Film-, Audio-, Comic- und eBook-Bereich.

Bastei LLC ist das Joint Venture der Bastei Lübbe AG mit dem in Los Angeles ansässigen Multi-Plattform-Entertainment-Studio Imperative Entertainment, dessen Gründer Tim Kring, Bradley Thomas, Zak Kadison und Dan Friedkin zusammen ein bisheriges Einspielergebnis von mehr als anderthalb Milliarden US-Dollar an den Kinokassen erzielt haben und über langjährige Erfahrung bei der Produktion erfolgreicher TV-Formate verfügen. Imperative Entertainment ist auf die Entwicklung, Produktion und Finanzierung von Kinofilmen, TV-Formaten, Computerspielen, Büchern, Comics und anderen Digitalinhalten spezialisiert.

Das Gemeinschaftsunternehmen Bastei LLC ermöglicht beiden Seiten, mit Autoren, Drehbuchschreibern, Regisseuren und Medienunternehmen völlig neue *intellectual properties* für Medien wie Film, Fernsehen oder den Games-Markt zu schaffen, ihre Aktivitäten international stärker zu bündeln sowie multimedial zu kombinieren und zu perfektionieren.

Nur durch diese strategischen Zukäufe und Beteiligungen ist es möglich, unsere multimedialen Projekte bestmöglich umzusetzen. So arbeiten wir mit Partnern zusammen, auf die wir uns verlassen können, haben kürzere Wege und es vereinfacht auch die internationale Ausrichtung.

9.8.7 Benötigen neue Formen neue Autoren und Lektoren?

Absolut. Auch wenn das Herzstück des digitalen Storytelling-Projekts weiterhin eine gute Geschichte ist, so muss der Autor auch schon beim Schreiben mitdenken, wie und an welchen Stellen der Text angereichert werden kann. So hat unser Apocalypsis-Autor Mario Giordano zum Beispiel zwar allein geschrieben, aber regelmäßig mit den App-Entwicklern, Gamern, Technikern etc. zusammengesessen, um gemeinsam zu brainstormen. Der Schreibprozess ist also im Grunde gleich, verlangt aber zusätzlichen Aufwand und neue Denkweisen vom Autor. Auch ist es so, dass der Autor bei dem Projekt in den Hintergrund rückt, weil er eben nur ein Teil des Gesamten ist. Außerdem handelte es sich bei unseren multimedialen Storytelling-Projekten für den Autor auch um eine Auftragsarbeit. Das heißt, die Idee kommt im Normalfall aus unserem Haus und wir suchen dann konkret nach einem Autor, der unseren Anforderungen entsprechend die passende Story zu dem Projekt liefert.

Wir haben einen *Writers Room* ins Leben gerufen, eine Gemeinschaft unserer acht internen Autoren, die bei uns an Storys, Dialogen aber auch Game Designs für unsere narrativen Spiele arbeiten. Sie tauschen sich sehr regelmäßig aus und treffen sich alle vier Wochen zu einem Meeting, um gegenseitig ihre Ideen und Fortschritte zu berichten und mit den anderen Autoren ihre Storys zu diskutieren.

Unterschiede zwischen Digital und Transmedia Storytelling

Transmedia Storytelling geht noch mal einen Schritt weiter als rein digitale Storytelling-Projekte. Das bedeutet, dass die Geschichten, zum Beispiel, auch noch in einer TV-Sendung weitererzählt werden oder im Radio stattfinden. Da gibt es vielerlei Möglichkeiten. Reine digitale Storytelling-Projekte finden aus unserer Sicht nur online (also u. a. auf Websites, in den Social-Media-Kanälen, mobil etc.) statt.

Neue Storytelling-Wege in Daedalic-Spielen

Aus der Zusammenarbeit von Daedalic Entertainment und uns als Mehrheitsgesellschafter des renommierten Spieleentwicklers ist ein erstes konkretes Projekt entstanden, an dem wir gerade arbeiten: Daedalic Entertainment wird ein Computerspiel, basierend auf Ken Folletts Weltbestseller „Die Säulen der Erde" entwickeln und weltweit vermarkten.

Gleichzeitig mit dem Verkaufsstart des dritten Kingsbridge-Buches im Herbst 2017 soll auch das Computerspiel in verschiedenen Ländern im Handel sowie digital weltweit für alle Konsolen, PC und Mobilgeräte erscheinen. Damit können wir unsere jahrzehntelange erfolgreiche Zusammenarbeit mit dem einzigartigen Erfolgsautoren Ken Follett nicht nur verlängern, sondern auch auf zusätzliche Medienkanäle weltweit ausdehnen. Dadurch wird Ken Folletts bekanntestes Werk einer ganz neuen Generation von Lesern bekannt gemacht.

Adventures sind interaktive Literatur. Somit führen wir sein Werk in die Interaktivität und sind die Ersten, die zu einem neuen Buch eines internationalen Bestsellerautors gleichzeitig ein mit hohem Aufwand produziertes Computerspiel veröffentlichen. Übersetzungen sollen in bis zu zehn Sprachen erfolgen.

Storytelling war immer, ist und wird ein fundamentaler Bestandteil von interaktiven Spielen bleiben. Es gibt sehr viele Facetten und neue Spielformen wie Virtual Reality, Projektion und später mal das Holodeck werden immer neue Subgenres zutage fördern. Unsere Spiele wie etwa die Deponia-Reihe oder unsere Releases Silence and The Devils Men werden einen wichtigen und nachhaltigen Beitrag bringen.

9.8.8 Zukunft des Storytelling – wie sieht sie aus?

Die technischen Möglichkeiten der Zukunft werden vermutlich noch viel ausgereifter sein, sodass es noch einfacher für Verlage sein wird, spannende Geschichten und Welten zu entwickeln, die die Leser interaktiv entdecken können. Wünschenswert wäre, dass die Leser noch interaktiver eingreifen können, die Geschichte förmlich spüren, damit interagieren können und – nicht wie bisher – deren Gefühle und Eindrücke durch Audio- und Videoelemente lediglich intensiviert werden.

9.9 Expertenbeitrag: Erst die Story, dann das Telling

Experten-Biografie: Björn Eichstädt, Storymaker

Björn Eichstädt ist Geschäftsführender Gesellschafter bei der Storymaker GmbH[27], einer Kommunikationsagentur, die PR, Digitale Kommunikation und Corporate Publishing auf der Basis der Story von Unternehmen betreibt. Bereits als Biologiestudent befasste er sich mit der Frage menschlicher Aufmerksamkeit, mit den Medien kam er als freier Journalist bei einer Tageszeitung in Kontakt und das Internet entdeckte er im Rechenzentrum der Universität – irgendwann in den mittleren 90er-Jahren. Das Zusammenspiel aus Journalismus, Neurobiologie und Digitalem brachte ihn 2001 als Trainee zur Agentur Storymaker, die er heute gemeinsam mit der Gründerin Heidrun Haug als Geschäftsführer und Teilhaber leitet. Björn ist 40 Jahre alt, verheiratet, lebt in München und hat einen Sohn.

Abstract: Erst die Story, dann das Telling

Storytelling ist in aller Munde. Doch meist nur als Buzzword und neuer Marketingtrend. Bei nachhaltigem Storytelling geht es darum, eine Geschichte zu definieren, auf unterschiedliche Arten zu erzählen und nachhaltig in Hirn und Herz des Publikums zu verankern. Hierzu bedarf es eines mehrstufigen Vorgehens.

Erst die Story, dann das Telling, und das auf unterschiedlichen Wegen und in verschiedenen Formen. Bei der Story handelt es sich um die Basis: die Identität eines Unternehmens, eines Produkts oder einer Person. Diese wird in der Regel nicht erfunden, sondern gefunden. Denn sie ist immer schon da, oft sehr präsent, manchmal verschüttet.

So handelt es sich beim Finden der Story und der Aufbereitung vor allem um einen Analyseprozess.

---

[27] WWW: www.storymaker.de

Das operative Telling sorgt im Anschluss für die Vermittlung:

1. Wie transportiere ich die Einzigartigkeit einer Sache, um sie kommunikativ zu vermitteln?
2. Wie nutze ich klassische Mechanismen des Geschichtenerzählens, um Inhalte anfassbar, erinnerbar und teilbar zu gestalten?
3. Wie bereite ich Inhalte für die PR oder die Digitalkommunikation auf, damit das Publikum sie versteht und optimal nutzt und idealerweise weitererzählt?

9.9.1 Einige Punkte, die mir interessant erscheinen

Unsere Agentur heißt Storymaker. Und das sagt schon einiges über das Vorgehen aus. Es geht bei einer Story nämlich darum, sie nicht nur aufzuschreiben, sondern zunächst einmal sie zu erkennen, zu entwickeln und zu formen. Ein kreativer Akt also, der viel mit Entdecken und Erkunden, allerdings wenig mit reinem Erfinden zu tun hat. Bei Storymaker steht die Story im Mittelpunkt jeder Form von Kommunikation für und mit dem Kunden. Zu Beginn eines Projekts – unabhängig davon, ob es sich um PR, Digitalkommunikation oder Corporate Publishing handelt – erarbeiten wir in aller Regel die (Kern-)Story eines Kunden. Mal rudimentär, mal sehr aufwendig.

9.9.2 Das Formen der Kern-Story ist zunächst ein Prozess der Verdichtung

Was war die Idee bei der Gründung eines Unternehmens, welche Produkte bietet es an, was zeichnet seine Mitarbeiter aus, wo soll die Reise hingehen? Und was sagt all das über das Unternehmen, den Helden der Geschichte und seine Reise?

Was ist der Kern all dessen, wie lautet das Destillat (einer unserer Mitarbeiter hat einmal gesagt, das sei im Prinzip wie ein Brühwürfel, der aus verschiedenen Zutaten zusammengekocht wird) in Form einer kurzen Geschichte, die einen Anfang und ein Ende, eine Dramaturgie und eine einzigartige Handlung hat.

Bild 9.16 Die Kern-Story macht ein Unternehmen aus.

Also kurz: Was macht mich als Unternehmen aus, was macht mich einmalig und wie kann ich das auf den Punkt bringen? Die Kern-Story (siehe Bild 9.16) ist also etwas, das sich gut im sogenannten „Elevator Pitch" macht; eine kurze Erzählung, die das Original vom Me-too-Unternehmen unterscheidet. Und deren Einsatz vor allem für die Unternehmen geeignet ist, die nicht im Windschatten anderer Segeln wollen, sondern die ihre Einzigartigkeit, ihr Erbe und ihre Vision in den Mittelpunkt der Kommunikationsaktivitäten stellen möchten. Um zu dieser Kern-Story zu kommen, muss ich zunächst einmal alle Aspekte eines Unternehmens aufsaugen – man kann auch Storylistening dazu sagen. Und diese dann formen und konzentrieren: **das Storymaking**.

9.9.3 Das Storymaking

Die Kern-Story ist der Ausgangspunkt für alles, was kommt. Die Essenz dessen, was in der Kommunikation vermittelt werden soll. Oder, aus Sicht des Publikums gesprochen: das, was beim Leser, beim Hörer, beim Zuseher oder allgemeiner beim Rezipienten hängenbleiben und was dieser im Anschluss idealerweise weitererzählen soll. Also beispielsweise: „Das Unternehmen A finde ich klasse. Die haben mal in einer Garage angefangen. Einer der Gründer hat das Studium geschmissen, stattdessen Drogen genommen, aber das hat ihm ganz neue Welten eröffnet, ihn dazu gebracht anders über die Dinge zu denken. Schon bei ihren ersten Computern haben sie sich gegen die Ansätze der Restindustrie gestellt und über die Jahrzehnte immer wieder komplette Produktkategorien revolutioniert. Und das sieht man noch heute in allen Produkten und auch in den künftigen Visionen. Die sind einfach anders." Wem kommt das bekannt vor?

In der operativen Umsetzung – dem Storytelling – muss diese Kern-Story dann immer wieder aufscheinen. Natürlich in unterschiedlichen Formen und Formaten, in Kurz- oder Langform, als Einzelevent oder als Kampagne. Und das alles an den verschiedenen Touchpoints, an denen Kommunikation stattfindet. Also auf der Webseite, in den Social-Media-Kanälen, in Ladengeschäften (falls das Unternehmen über solche verfügt), in Kundenmagazinen und Newslettern, in der klassischen Medienarbeit, in Buchpublikationen, bei Events oder natürlich im oder am Produkt eines Unternehmens selbst.

Die Kern-Story muss allerdings nicht immer komplett am Stück erzählt werden. Im Gegenteil. Erst die unterschiedlichen Puzzlesteine ergeben oft das ganze Bild, das sich als Story im Kopf des Rezipienten festsetzt. Eine Anekdote hier, ein Versatzstück dort. Das eine Thema in Konsequenz beim Event gespielt, das andere in der Pressekonferenz: die Elemente der Story müssen klar sein, sie müssen immer wieder auftauchen. Aber alles auf einmal sagen zu wollen, genau das macht es am Ende langweilig. Viel wichtiger ist es, dass die Geschichte kontinuierlich und konstant vermittelt wird. Sie ist die Essenz eines Unternehmens und deshalb die Basis für Kommunikation.

Der Puzzle-Ansatz

Bild 9.17 Der Puzzle-Ansatz beim Storytelling: Die einzelnen Contentbausteine müssen zu einem GANZEN zusammengefügt werden.

Der **Puzzle-Ansatz** (siehe Bild 9.17) ist es auch, der das Thema Storytelling mit der aktuellen Entwicklung in der digitalen Kommunikation zusammenbringt. Immer mehr Plattformen bieten Ansatzpunkte für kleine Content-Bausteine. Wo in der klassischen PR nur die Pressemitteilung, der Fachartikel oder das Interview als Format zur Verfügung standen, da gibt es heute Videos, Audio-Schnipsel, animierte GIFs, Persicope-Liveübertragungen, Slides, Fotos, Tweets und Postings – und vieles mehr. Die Möglichkeiten sind enorm vielfältig, den Ausdrucksformen sind kaum Grenzen gesetzt. Eine Geschichte, die idealerweise einen Anfang und ein Ende hat, einen oder mehrere Protagonisten, eine Dramaturgie, kann so enorm aufgesplittert werden.

Das haben zum Beispiel die Macher der ein oder anderen amerikanischen Fernsehserie erkannt, die die Protagonisten ihrer Storytelling-Langform schon mal als Charaktere auf Twitter mit eigenen Accounts auftauchen lassen, spannende Grundaussagen und Zitate als Visual Statements über Facebook laufen lassen.

Globalisierung als Herausforderung

Eine besondere Herausforderung im zeitgenössischen Storytelling liegt in Zeiten der vernetzten Globalisierung darin, die Geschichte nicht im kultur- und landesneutralen Einheitsbrei ertrinken zu lassen. Beim Storytelling gibt es immer zwei Seiten: den Erzähler mit seiner Geschichte einerseits, das Publikum auf der anderen Seite. Je nach Region, Land oder Kontext interessieren sich Menschen für andere Dinge, aktuelle Themen und Hintergründe. Den Deutschen bekomme ich fast immer mit Fußball, den Japaner mit Essen. Wer seine Geschichte also nicht nur zu Hause erzählen, sondern sie auch in die Welt hinausposaunen möchte, der sollte sich die Orte und Zusammenhänge, in denen er die Story erzählt, sehr genau anschauen. Natürlich ändert sich dadurch nichts an der Kern-Story. Doch das „Telling" ändert sich durch die Kontexte im Zweifel enorm. „Make global, tell local", könnte also das Motto für das Storytelling eines Unternehmens sein.

Schon aus der klassischen PR ist bekannt, dass ein Unternehmen am besten mit lokalem Content punkten kann. Anwendergeschichten etwa mit Unternehmen, die vor Ort sitzen, sind in der Regel überzeugender als solche mit Unternehmen, die am anderen Ende der Welt ihren Ruf aufbauen und verteidigen. „Was der Storylistener nicht kennt, das rezipiert er nicht", könnte man in Anlehnung an ein deutsches Sprichwort sagen. Deshalb ist es immer wichtig, ins Storytelling auf internationaler Ebene lokale Themen, Bilder und Einflüsse einzubinden. Nur so erreicht man das Publikum dort, wo man es erreichen möchte.

9.9.4 Storydoing

Neben dem klassischen Storytelling bildet sich derzeit ein weiterer wichtiger Ansatzpunkt heraus: das Storydoing. Nach dem alten PR-Motto „Tue Gutes und rede darüber" sind Storydoing und Storytelling sogar eine Einheit. Zunächst etwas tun, dann darüber sprechen. Das Storydoing, als Spezialform des normalen Doings, ist allerdings ein strategisch aus der Kern-Story und einem Story-Konzept abgeleitetes Tun. Das können entweder Aktionen sein, die mit der Kern-Story des Unternehmens zusammengehen, oder auch Installationen etc., die dazu gedacht sind, dass sie von Rezipienten aufgenommen und weiterverbreitet werden. Ein gutes Beispiel hierfür sind die bekannten Installationen des Autovermieters SIXT, die an Flughäfen immer wieder für Schmunzeln sorgen und die via Smartphone-Kamera immer häufiger ihren Weg auf Facebook oder Instagram finden. Und dort die Geschichte von SIXT erzählen: dem Autovermieter, der ungewöhnlich ist, günstig und trotzdem hochwertige Modelle am Puls der Zeit bietet. Jedes Bild auf Twitter, Facebook oder Instagram transportiert diese Story in die sozialen Netzwerke und darüber hinaus ins Bewusstsein des Publikums.

Bilder als neues Format

Bilder sind sowieso das neue Format des Storytellings. „Ein Bild sagt mehr als tausend Worte", heißt es. Und viel wichtiger: ein Bild sagt schneller als tausend Worte.

In Zeiten der Infoflut und der kurzen Aufmerksamkeitsspannen sind es im wahrsten Sinne des Wortes „Augenblicke" der visuellen Aufmerksamkeit, die entscheiden; darüber, ob der Baustein einer Geschichte wahrgenommen oder für immer nach unten weggescrollt wird. Das Bild prägt wie nie zuvor die Kommunikation und wer in der Gegenwartskommunikation zu seinem Publikum durchdringen möchte, der muss viel mehr als früher in Bildern, nicht in Worten denken. Das visuelle Storytelling ist damit zur Königsdisziplin im Zeitalter der digitalen Transformation des Geschichtenerzählens geworden. Die Kern-Story eines Unternehmens nicht nur in einen kurzen Text, sondern auch in ein einzelnes Bild zu fassen, kann deshalb eine gute Übung zum Einstieg ins Thema „Story" sein.

10 Lagerfeuer im Social Web

Das Lagerfeuer, an dem Geschichten erzählt werden, wird im World Wide Web entfacht. Das Magazin Absatzwirtschaft bezeichnet das Social Web als das neue „Lagerfeuer"[1] des Storytelling.

So schön und romantisch die Lagerfeuer-Metapher fürs Geschichtenerzählen auch sein mag, – Einwurf: Wer sitzt heutzutage noch am Lagerfeuer und lauscht Geschichten? – so ist sie in einer Hinsicht zeitgemäß: Ein Lagerfeuer zu entfachen macht viel Arbeit.

Zunächst muss eine Feuerstelle gefunden und vorbereitet – mit Steinen gesichert – werden. Dann wird Holz und Reisig gesammelt und zerkleinert. Falls kein Streichholz vorhanden ist, muss mithilfe eines Feuersteins das Feuer entfacht werden. Für Notfälle, also Brand, sollte ein Eimer gefüllt mit Löschwasser neben dem Feuer stehen. So geht es immer weiter bis zu den Aufräumarbeiten nach dem Feuer. Also – aus der Traum vom romantischen Lagerfeuer.

---

[1] WWW: Absatzwirtschaft, In drei Schritten zu erfolgreichem Storytelling, absatzwirtschaft.de/in-drei-schritten-zu-erfolgreichem-storytelling-54847/

Ähnlich romantisiert oder als schnelle und kostengünstige Alternative zu Marketingmaßnahmen wie eine TV- oder Printkampagne wird das Social Web betrachtet. Doch die professionelle Nutzung von Social Media macht Arbeit und sollte zunächst geplant werden und innerhalb der Gesamtstrategie des Unternehmens einen Platz finden. Bis das Social-Media-Feuer brennt und Inhalte (Content) als Geschichten im Social Web verbreitet werden, braucht es eine gründliche und strategische Vorbereitung. Dazu zählen die Festlegung der messbaren Ziele, eine Zielgruppenanalyse, die Recherche und Erstellung der Storys und vieles mehr.

Auch ein Notfallplan muss bereitstehen, weiterer Content als Feuerholz, und natürlich bedarf es der Menschen (Community-Manager), die das Feuer nicht ausgehen lassen. Ein echtes Feuer darf normalerweise ausgehen und ist nur für einen bestimmten Zeitraum, etwa die Zubereitung einer Speise oder während der kalten Nacht, gedacht. Dagegen sind in den sozialen Netzwerken gleich eine große Anzahl diverser Feuerstellen, je Kanal zumindest eine, vonnöten.

Oft genug wird anstatt einer gleichmäßig wärmenden Feuerstätte ein Schwelbrand verursacht, ein „unvollständig brennendes Feuer ohne Flammenbildung durch Sauerstoffmangel".[2]

■ 10.1 Digitale Askese: Die Abkehr von Social Media als neuer Trend?

Auch das ursprünglich so gehypte „Kommunikationswunder" Social Media ist nicht mehr neu. Längst lässt sich bei den Usern ein Überdruss und in zunehmendem Maße ein Trend zur Einschränkung oder Abkehr von Social Media erkennen. Immer häufiger liest man: „Ich bin in den nächsten Wochen dann mal offline!" Und sogenannte Offline-Camps sind im Kommen.

Bild 10.1 Die „digitale Entgiftung" verspricht, dass wir wieder zu uns selbst finden würden, wenn wir Smartphone, Tablet oder Laptop für längere Zeit beiseitelegen. Auf dem Programm der „Offline-Camps" stehen Aktionen wie Wandern, Yoga, Malen oder Meditation.

---

[2] WWW: Definition aus dem Feuerwehr-Lexikon, lg-weilerswist.de

Einige eher aktive Internet-Nutzer absolvieren ein „Digital Sabbatical" oder zumindest eine digitale Reinigung. Hierbei wird die große anonyme Follower- und Fan-Gemeinde entfreundet und man folgt nur noch den „echten" – real bekannten – Freunden auf den Social-Media-Kanälen. Sehr häufig verabschieden sich in den Social Networks sehr aktive Personen für eine gewisse Zeit von Social Media und Co. und schreiben über ihre Erfahrungen sogar ganze Bücher oder Blogartikel. Stars wie der Sänger Ed Sheeran machen die „Abkehr von der permanenten Verfügbarkeit" vor. So verkündete er via Instagram, dass er eine Auszeit von Facebook, Twitter und Co. nehmen würde, mit den Worten: „Ich mache eine Pause von meinem Handy, meinen E-Mails und all meinen Social-Media-Accounts". Nach fünf „fantastischen Jahren" in der Social World wolle der Sänger die Welt wieder real erfahren, er wolle reisen und alles sehen, was er verpasst habe, und er wolle die Welt in Zukunft nicht mehr über Bildschirme, sondern mit seinen eigenen Augen wahrnehmen.

Die Zeitschrift t3n beschreibt in dem Artikel *„Heilfasten im digitalen Zeitalter: Mit ‚Digital Detox' gegen die ständige Erreichbarkeit im Job"*,[3] dass das Verlangen nach der „digitalen Auszeit" mehr als nur ein Hype oder ein Medien-Phänomen ist: „Es könnte den Menschen helfen, besser mit den Errungenschaften des Internets und der mobilen Arbeitswelt umzugehen. Es hilft dabei, den eigenen Umgang mit dem Smartphone zu hinterfragen. Es macht klar, dass Kommunikation immer zweiseitig ist: Wer nachts E-Mails und SMS schreibt, belastet womöglich nicht nur sich selbst, sondern setzt auch seine Kollegen unter Druck."

Trotzdem, machen wir uns nichts vor: Der Wunsch nach einer Zeit ohne digitalen Austausch ist auch schon wieder zur „Marktlücke" geworden: *Digital Detox* nennt sich die Bewegung, die für einen bewussteren Umgang mit dem Smartphone und anderen mit dem Internet verbundenen Geräten steht. Es existieren bereits Anti-Online-Videos, wie *I Forgot My Phone*[4], *Look Up*[5] oder auch das Video *Coca-Cola Social Media Guard*[6] (siehe Bild 10.2) zeigen.

Coca-Cola beschreibt auf dem Storytelling-Online-Magazin *Journey* den *Social-Media-Guard*[7] folgendermaßen: „Deine Freunde twittern, statt sich zu unterhalten? Sie hängen auf Facebook rum, obwohl ihr eigentlich gemeinsam abhängen wollt? Und ihre witzigen Katzenvideos stellt dein Stubentiger mit einem Pfotenschlag in den Schatten? Dann brauchst du den Coca-Cola Social Media Guard! Er bringt deine Freunde zurück ins wirkliche Leben – Kopf hoch! Wie ihm das gelingt? Schau selbst!"[8]

---

[3] WWW: t3n Artikel „Heilfasten im digitalen Zeitalter ...",
t3n.de/magazin/digital-detox-gegen-staendige-erreichbarketi-237296/
[4] WWW: YouTube, I Forgot My Phone, Video zur „digitalen Auszeit", youtube.com/OINa46HeWg8
[5] WWW: YouTube, Look Up, Video zur „digitalen Auszeit", youtube.com/Z7dLU6fk9QY
[6] WWW: YouTube, Coca-Cola Social-Media-Guard, Video zur „digitalen Auszeit", youtube.com/_u3BRY2RF5I
[7] WWW: Coca-Cola Social-Media-Guard,
coca-cola-deutschland.de/stories/kopf-hoch-der-coca-cola-social-media-guard
[8] WWW: Storytelling-Online-Magazin Journey von Coca-Cola über den Social Media Guard,
coca-cola-deutschland.de/stories/kopf-hoch-der-coca-cola-social-media-guard

Bild 10.2 Der Social Media Guard von Coca-Cola. Quelle: Coca-Cola Journey

10.2 Achtung: Overload!

Viele Smartphone-Besitzer klagen über Stress – ausgelöst durch ständige Erreichbarkeit. Durch die voranschreitende Digitalisierung findet eine zunehmende Überlappung von Arbeitswelt und Privatleben statt (hierzu gibt es eine Untersuchung der AOK[9]). Die Abkehr von der digitalen Welt ist nicht nur eine Antwort auf zu viele, sondern vor allem auf zu viele unnütze oder zu viele berufliche Übergriffe auf die Freizeit und auch als eine Reaktion auf das Phänomen der Smartphone-Sucht zu sehen. Und ist es nicht ein wenig paradox, dass die Ankündigung der „digitalen Entgiftung" oder Hinweise auf Gefahren der Social-Network-Vereinsamung mithilfe von reichweitenstarken Storys gerade auf Social Media produziert und verteilt wird?

---

[9] WWW: Fehlzeitenreport 2012, AOK,
aok-bv.de/imperia/md/aokbv/presse/radioservice/politik/p_fzr_22082012.pdf

Exkurs

Menthal* ist sowohl die App für digitale Diäten als auch die umfassendste Studie über den Gebrauch von Mobiltelefonen. Die App erteilt dem Nutzer Auskunft über seinen Umgang mit dem Smartphone. Sie speichert Daten über das Nutzerverhalten und zeigt in Statistiken u. a. wie lange der User das Smartphone täglich nutzt, wie viele Nachrichten er austauscht und welche Apps er am häufigsten nutzt.

* WWW: App Menthal, menthal.org

Werbung überflutet Social-Media-Kanäle

Ein weiterer Trend ist zu erkennen: Mehr und mehr Unternehmen übernehmen oder besser gesagt missbrauchen Social-Media-Kanäle als Werbekanal. Zusammen mit Marketingagenturen bevölkern sie auf der Suche nach Kunden Plattformen wie Twitter und Co. Sie nutzen Werbung/Ads, sie kaufen Follower und Fans, sie sprechen eine andere Sprache. Auch dies ist laut Untersuchungen häufig ein Grund, warum viele Digital Natives Social-Media-Communities den Rücken kehren. Die ursprünglich „private" Welt der „Nerds und Digital Adopter", deren Regeln wie Authentizität, Transparenz, Aufklärung, Hilfe, ein Augenzwinkern und mehr nun durch Werbeaufrufe und Werbesprache, undurchsichtige Angebote und Halbwahrheiten unterminiert werden. Die Welt innerhalb der Communities hat sich verändert. Oft mag auch die Nachfolgegeneration, die nun 14- bis 18-Jährigen sich nicht auf einer Plattform bewegen, die von ihren Eltern und Lehrern überwacht wird. All das sind Ansätze, die Sie im Umgang mit Social Media bedenken sollten.

Die Abkehr von der „digitalen Welt" ist auch eine Reaktion der User darauf, wie und in welchem Maße Social-Media-Plattformen von Unternehmen und Marketiers übernommen und verändert wurden. Werbespots, so scheint es zumindest, überfluten mittlerweile die Timelines.

Dennoch waren laut einer Erhebung der britischen Agentur GlobalWebIndex über die Nutzung von Social Media[10] – es wurden Daten von 170.000 Nutzern in 32 Ländern ausgewertet – im dritten Quartal 2015 93 % aller Internet-Nutzer bei einem Social-Media-Netzwerk angemeldet. Die Anzahl der Nutzer der Social-Media-Kanäle wächst weiter, wie diese Statistik aus dem 1. Quartal 2015 zeigt.[11]

---

[10] WWW: insight.globalwebindex.net/social,
Infografik: globalwebindex.net/blog/93-have-a-social-media-account
[11] Social-Media-Wachstum der Nutzer, Quelle: de.statista.com/statistik/daten/studie/150235/umfrage/social-media-plattformen-mit-hoechstem-wachstum-weltweit/

10.3 Motivation ist die eigentliche Aufgabe

Dass gute Inhalte sich in Social Media von alleine verbreiten, ist ein Märchen. Es bedeutet Arbeit, das Lagerfeuer in Social Media zu entfachen, und auch Arbeit, ein möglichst großes Publikum für die Inhalte auf den Social-Media-Kanälen zu gewinnen.

Längst sind die Zeiten vorbei, in denen sich Menschen um einen Beta-Account bewarben oder Einladungen für einen Account unter der Hand verteilt wurden. Die einzelnen Feuer leuchten nicht mehr in einem Tal, bestehend aus einer großen Feuerstellenlandschaft. Die Zuschauer werden nicht mehr angezogen vom Licht des „Unbekannten und neuen Social Networks". Es gilt zielgruppenrelevante und kanalspezifische Storys zu generieren.

Und es gilt die Nutzer, sogenannte User, zu motivieren Inhalte zu erstellen, zu teilen und sich auszutauschen. Dies scheint die größte Herausforderung: Storys, und gerade Transmedia Storys, können nur dann mit Menschen interagieren, wenn diese Bereitschaft zeigen und motiviert werden.

Zahlreiche Social-Media-Plattformen beruhen auf dem Prinzip von **User-Generated-Content** (siehe Bild 10.3). Facebook, Wikipedia, YouTube, Flickr und Co. bieten einen inhaltsleeren Raum. Ohne Inhalte der Nutzer wären diese Plattformen leer und sinnlos.

Unter User-Generated-Content fallen digitale Inhalte wie Text, Musik oder Fotos, die eine eigene „kreative Schöpfung" der Nutzer sind. Der Vielfalt an User-Generated-Content sind dabei keine Grenzen gesetzt. Die von Nutzern generierten Inhalte reichen von Blog-Beiträgen über YouTube-Videos, Design-Entwürfe bis hin zu Buch- und Hotelbewertungen und vielen anderen Inhalten.

Bild 10.3 Gemeinsam oder von Nutzern (Usern) erstellte Inhalte sind für das Storytelling in den Communities ideal.

Die Vorteile von User-Generated-Content sind mannigfaltig:
- Die Zielgruppe identifiziert sich stärker mit Personen, Marken oder Produkten, wenn diese in Aktionen eingebunden werden (denken Sie nur an die vielen Fotowettbewerbe).
- Gesteigerte Interaktionen sorgen für mehr Sichtbarkeit und für mehr Reichweite.
- Der Content-Pool wir durch nutzergenerierte Inhalte größer.
- User-Generated-Content wirkt nicht als Werbung und dadurch wird die Marke, das Produkt glaubwürdiger (authentischer).
- Ideen und Meinungen der User können wertvolle Impulse, Ideen oder Konzepte bringen (Crowdsourcing).

Interessant ist auch das Ergebnis einer Umfrage[12], in der Follower und Fans befragt wurden, warum sie Unternehmen und Marken folgen. 53 % aller Befragten möchten über Neuigkeiten des jeweiligen Unternehmens unterrichtet werden, 45 % möchten Spaß haben und 43 % möchten zeigen, für welche Firmen sie sich interessieren.

Es gibt viele Möglichkeiten, Ihre User und Fans zu motivieren, zunächst Ihre Inhalte zu teilen und dann bestenfalls eigene Inhalte zu erstellen. Meiner Meinung nach liegt die Motivation der Menschen darin, zunächst Mitglied einer Community zu werden (ob Fan oder Follwer) und dann nicht nur den dargebotenen Content zu teilen, sondern als Mitglied einer „Gesellschaft" auch Bereitschaft zu zeigen, eigene Inhalte zu produzieren. Als Community-Betreiber sollten Sie also Ihre Mitglieder nicht nur durch gut erzählte Geschichten motivieren, sondern mit in die Produktion eines Gemeinschaftswerks einbeziehen. Dazu gehört auch, dass Sie die Mitglieder belohnen, reizen, herausfordern und schulen.

Motivationstipps
- Bereiten Sie Ihre Inhalte durch Plug-ins und Buttons so auf, dass sie leicht und schnell teilbar sind. Wenn Ihr Content direkt auf Facebook, Twitter oder anderen Social Networks landet, dann ist das Teilen und Retweeten kein Mehraufwand.
- Bedanken Sie sich persönlich! Belohnung funktioniert auch bei Erwachsenen. Dabei muss es nicht immer ein Gewinnspiel mit Preisen sein; es reicht häufig, wenn Sie Kommentare und Teilen nicht nur liken, sondern persönlich anerkennen. Manche Communities haben einen Belohnungsbutton wie „Du bist ein Superstar!" erschaffen, der als Kommentar zu einem Foto erscheint, das ein User erstellt und in die Community geladen hat.
- Fordern Sie zu einer Handlung, Aktion auf, die nicht zu kompliziert sein darf. In vielen Fällen erhalten Gewinnspielbeiträge deutlich mehr Shares, Likes und Kommentare als übliche Posts.

---
[12] Quelle: de.statista.com/statistik/daten/studie/165581/umfrage/motivation-fuer-fans-und-follower-von-unternehmenprofilen

- Behandeln Sie Ihre Communitymitglieder wie VIPs oder Vereinsmitglieder. Verteilen Sie Rabatte, Einladungen, Incentives an Ihre Fans und Follower.
- Visueller Content wird immer wichtiger! Erstellen Sie wiedererkennbare, witzige und einzigartige Grafiken, Bilder, Infografiken, Videos und mehr.
- Machen Sie doch mal Umfragen und erfahren Sie, was Ihre Community denkt, sich wünscht, verärgert, träumt etc.
- Seien Sie nicht eine anonyme Firma, sondern eine Person, die Emotionen zeigt. Diese werden mit dem Sternchen und Text, z. B. „*stinksauer" oder mittels Emoticons ausgedrückt. Dabei sind, wie auch im realen Leben, oft positive Emotionen beliebter als negative Posts.

Ein Beispiel

Firmen-Kampagnen auf Instagram, YouTube und Co. haben längst gezeigt, wie wertvoll Inhalte aktiver Nutzer sind. Beispielsweise ließ McDonald's seine Fans im „Burger Battle" ihren eigenen Burger kreieren. User haben innerhalb von vier Wochen insgesamt 187.790 Rezepte auf das Online-Portal burgerbattle.de hochgeladen. Am Ende des Abstimmungszeitraums verzeichnete McDonald's über 17 Millionen abgegebene Votes.

* WWW: Burger Battle auf YouTube,
  www.youtube.com/playlist?list=PLYL69Loq3crxm1th6kukU0cU9JVHPp_oB
** Quelle: horizont.net

10.4 Storytelling auf Social-Media-Kanälen

Die Grundlagen des Storytelling haben sich im Lauf der Zeit nicht verändert, aber mit den neuen Möglichkeiten von Web 2.0 und Social Media haben sich nicht nur neue Kanäle und Medien entwickelt, sondern auch neue Erzählformate.

Das Besondere am *Social Telling* ist, dass ...

- sich einerseits Geschichten schneller und weiter streuen lassen. Das bedeutet, dass kulturelle Grenzen, Sprachbarrieren usw. häufig keine Rolle mehr spielen dürfen und Geschichten in ihrer Planung nicht mehr lokal bzw. regional angelegt werden, sondern global und universal.
- andererseits Storys nun direkt kommentiert, geshared, fortgesetzt oder mit Kommentaren beeinflusst werden können. Der Zuschauer bzw. die Zielgruppe hat nun leichter die Möglichkeit aktiv am Geschehen teilzunehmen.
- weit verbreitete Inhalte (virale Verbreitung), aktive und zufriedenere Zielgruppen sowohl bessere Rankings auf Suchmaschinen bringen als auch eine höhere Reputation und positive Emotionen.

Virales Storytelling

Folgende Tools im Netz sind geeignet, um Geschichten nicht nur zu teilen (Digital Storytelling), sondern deren Inhalte gezielt auf die jeweiligen Plattformen abzustimmen als kleine Einheit einer Storyworld. In der Storyworld konzentriert sich die Planung und Umsetzung nicht auf eine Geschichte und deren Helden, sondern auf ein Storyuniversum. Als Beispiel wäre auch hier das Filmepos Star Wars zu nennen. Die Geschichte, erzählt über mehrere Episoden, handelt zwar von dem Helden *Luke Skywalker*, jedoch gibt im Hintergrund ein ganzes Universum viel Spielraum für Erweiterungen der eigentlichen Geschichte von z. B. „Gut und Böse" bzw. „Vater und Sohn".

Folgende Plattformen sind für das Transmedia Storytelling geeignet, da sich hier Storys nicht nur viral verbreiten lassen, sondern jede Plattform für sich eine Besonderheit darstellt. Deshalb sollte für jede dieser Plattformen eine eigene Storyerzählform entwickelt werden, auf die das Publikum direkt Einfluss nehmen kann und mit der es eigene Geschichten entwickeln und weitererzählen kann:

- **Social Networks** haben digitale Verbindungen und Austausch zu einer wichtigen erzählerischen Institution gemacht.
- Gerade bei **Facebook** eignen sich die Milestones oder auch die Fotoalben zum Geschichtenerzählen. Auf Facebook kann man sowohl Texte als auch Bilder und Videos teilen. Facebook hat den Vorteil, viele Menschen zu erreichen.
- **Google+**: Auch auf Googles Community-Plattform sind Fotos, Videos, Diskussionen etc. einzubinden. Als Besonderheit bietet Google Hangouts-on-Air – also quasi Live-Videokonferenzen.
- **Blogs** (z. B. tumblr, Wordpress) und Userforen sind „Webseiten", auf denen Nutzer diskutieren und ihre Erfahrungen, Meinungen und Wissen zu spezifischen Themen austauschen können.

- Microblogs wie **Twitter**: Es werden Storys in einer eingeschränkten Zeichenanzahl erzählt. Jeder Tweet erzählt eine andere Miniaturgeschichte.
- **Video-Plattformen** (YouTube, Vimeo, Vine, Clipfish, MyVideo u. a.): Bewegte Bilder, häufig mit rasanter Musik untermalt, ziehen die Aufmerksamkeit besser auf sich als Fotos, Text oder reines Audio.
- Immer interessanter wird der Einsatz von **Bewegtbild-Kurzvideos**, zum Beispiel auf Vine oder Hyperlapse.
- **Messenger** wie WhatsApp und Co. werden immer häufiger als Kommunikationsmittel eingesetzt – warum dann nicht auch als Kanal, um Geschichten zu erzählen?
- **Live Streaming:** Mit Tools wie u. a. Periscope oder Snapchat können Storys live übertragen und verbreitet werden.
- **Audio-Plattformen** für Podcasts etc.
- **Foto-Plattformen** für visuelles Storytelling (Flickr, Instagram, Pinterest, 500px, 1x, Fotocommunity, EyeEm, Stern View u. a.).
- **Verlinkte Foto-Plattformen** (Pinterest, Keeeb).
- **Slideshare:** Gerade hier kann gut Wissen geteilt werden.
- **Gameportale**/Onlinegames.
- **(Lern-)Plattformen:** Pottermore beispielsweise ist ein Web-Projekt der Autorin J. K. Rowling. Die Webseite dient als Verkaufsplattform für E-Books und Audiobooks der sieben Harry-Potter-Romane. Außerdem bietet sie zusätzlichen Inhalt, Hintergrundinformationen und Notizen der Autorin.

Diese Liste kann bei der Fülle der verschiedenen Social-Media-Plattformen natürlich nicht vollständig sein.

Bild 10.4 Die Anzahl der Communities wächst täglich; um hier herauszustechen, ist gutes Storytelling mit einer Contentstrategie notwendig.

Von Werbebotschaften zum Storytelling in Social Media

Um sich im Social Web von der breiten Masse abzuheben und wahrgenommen zu werden, muss man die richtigen Geschichten erzählen. Denn nur Geschichten, die Emotionen wecken, unterhalten, motivieren und letztlich auch zum Weitererzählen animieren kommen bei den Nutzern an und bleiben haften. Ihr Publikum möchte abgeholt werden, und zwar genau dort, wo es sich gerade befindet – sei es emotional, sei es der Wissensstand, die Sprache, die Bildwelt. Sie müssen sich eingliedern in die Community, nicht die Zielgruppe. Innerhalb der Community geht es um Emotionen, Unterhaltung, Rat, Trost und Verständnis.

Es folgen nun einige Gedanken und Tipps, was beim Storytelling in Social-Media-Kanälen zu beachten ist:

Social Media ist nicht nur ein Werkzeug, um schnell und möglichst preiswert ein großes Publikum bzw. eine Konsumentengruppe zu erreichen. Social Media ist eine Einstellung. Dies erkannten bereits die Verfasser des Cluetrain Manifests.[13] Hier ein Auszug aus den 95 Thesen des Manifests:

Auszug aus dem Cluetrain Manifest
1. Märkte sind Gespräche.
2. Die Märkte bestehen aus Menschen, nicht aus demografischen Segmenten.
3. Gespräche zwischen Menschen klingen menschlich. Sie werden in einer menschlichen Stimme geführt.
4. Ob es darum geht, Informationen oder Meinungen auszutauschen, Standpunkte zu vertreten, zu argumentieren oder Anekdoten zu verbreiten – die menschliche Stimme ist offen, natürlich und unprätentiös.
5. Menschen erkennen sich am Klang dieser Stimme.
6. Das Internet ermöglicht Gespräche zwischen Menschen, die im Zeitalter der Massenmedien unmöglich waren. Hyperlinks untergraben Hierarchien.
7. Sowohl in intervernetzten Märkten als auch in intravernetzten Unternehmen sprechen Menschen miteinander auf eine machtvolle neue Art.
8. Diese vernetzten Gespräche ermöglichen es, dass sich machtvolle neue Formen sozialer Organisation und des Austauschs von Wissen entfalten.

...

Die wohl bekannteste Aussage des **Cluetrain Manifests** trifft das „Wesen" von Social Media: Social Media spricht nicht mit „Zielgruppen oder Endnutzern oder Konsumenten", sondern kommuniziert in erster Linien mit Menschen.

Fazit: Als Quintessenz können wir feststellen, dass die Social-Media-Gesellschaft eigene soziale Verhaltensregeln aufgestellt hat, und nur wer als Person oder Unternehmen auch diese „Grundauffassung" der Social-Media-Welt versteht und beherzigt, wird sich dort auch halten können. Ich spreche jetzt nicht von einer möglichst großen Fangemeinde, einer

---

[13] WWW: Infos bei Wikipedia über das Cluetrain Manifest, de.wikipedia.org/wiki/Cluetrain-Manifest und www.cluetrain.com/ (engl.)

möglichst großen Gruppe vermeintlicher Freunde, die meist nur auf die neuesten Gratisangebote oder Gewinnspiele warten. Ich spreche von einer Community, einer Gemeinschaft, die sich gegenseitig unterstützt, miteinander spricht und austauscht. Beispiele dafür sind etwa geschlossene Facebook-Gruppen, die sich gegenseitig Fragen zu Social Media, Fragen zur Weiterbildung beantworten. Sie posten auch Jobangebote, empfehlen sich gegenseitig, realisieren zusammen Projekte, treffen sich auf Messen und Kongressen und vieles mehr.

Mehrwert für das Publikum

Bieten Sie **qualitativ hohen Mehrwert** an: Es gilt eine möglichst relevante und interessante Themenwelt mit einzigartigen Inhalten rund um die Marke zu definieren. Google empfiehlt drei Wege, um diese Themenwelt zu realisieren:

- **Inspirieren Sie Ihr Publikum:** Kreieren Sie Storys, also interessante Geschichten rund um das Unternehmen (Marke, Produkte, Service), sodass Ihr Publikum sofort den Impuls verspürt, diese zu teilen. Ihr Benefit: Reichweite, Aufmerksamkeit, Interaktion.
- **Vermitteln Sie Wissen:** Stellen Sie Ihrem Publikum nützliche und neue bzw. interessante Informationen bereit, die sowohl beruflich als auch privat weiterhelfen.
- **Bieten Sie Unterhaltung:** Die Zielgruppe möchte unterhalten werden, Sorgen vergessen und sich beispielsweise überraschen oder amüsieren. Spektakuläre Hinweise oder „cute" als niedlicher (Katzen-)Content wir immer gerne geteilt.
- **Relationships:** Social Media ist die geeignete „Spielwiese" für Storytelling, denn es geht um persönliche Beziehungen, Relationships, in denen Vertrauen, Ehrlichkeit und Grundzüge einer sozialen Gesellschaft gelebt werden, in denen Respekt, gegenseitiges Verstehen, Rücksichtnahme und der Dialog gefördert werden. Diese Ansätze finden sich häufig in den „Regeln" (Social Media Guidelines, Netiquette) der Communities wieder.

Aktivieren Sie Meinungsmacher

Influencer: Identifizieren Sie wichtige Multiplikatoren und holen Sie sich die wichtigsten Meinungsmacher, die zu Ihrem Thema passen und von der Zielgruppe akzeptiert werden, mit ins Boot. In ein Boot holen bedeutet dabei nicht, dass Sie Influencer als Werbe-Ikonen einkaufen sollen; so fördern Sie die Glaubwürdigkeit Ihrer Marke und der Aktivitäten im Social Net nicht. Vielmehr erarbeiten Sie zusammen mit ihnen und der Zielgruppe eine Strategie und einen Redaktionsplan.

Vieles läuft über die Identifizierung mit den Influencern – sie sind die neuen Erzähler, die Märchenonkel, Moderatoren und Informationsquellen im Social Web. Ihnen glaubt man, sie sind diejenigen, die man imitiert und mit denen man sich identifiziert. Hier sind als Beispiele die „Aktion Blogger für Flüchtlinge"[14] oder das „Tutu Project"[15] (siehe Bild 10.5) zu nennen.

- **Mixen Sie das Netz mit dem Real Life:** Wie oben bereits erwähnt, möchten immer mehr Menschen den Kontakt der Social Communities auch real und live kennenlernen. Mischen Sie daher Ihre Social-Aktivitäten im Netz mit realen Events und veranstalten Sie Bloggertreffen, Instagram-Walks und Ähnliches.

---

[14] WWW: blogger-fuer-fluechtlinge.de
[15] WWW: http://thetutuproject.com

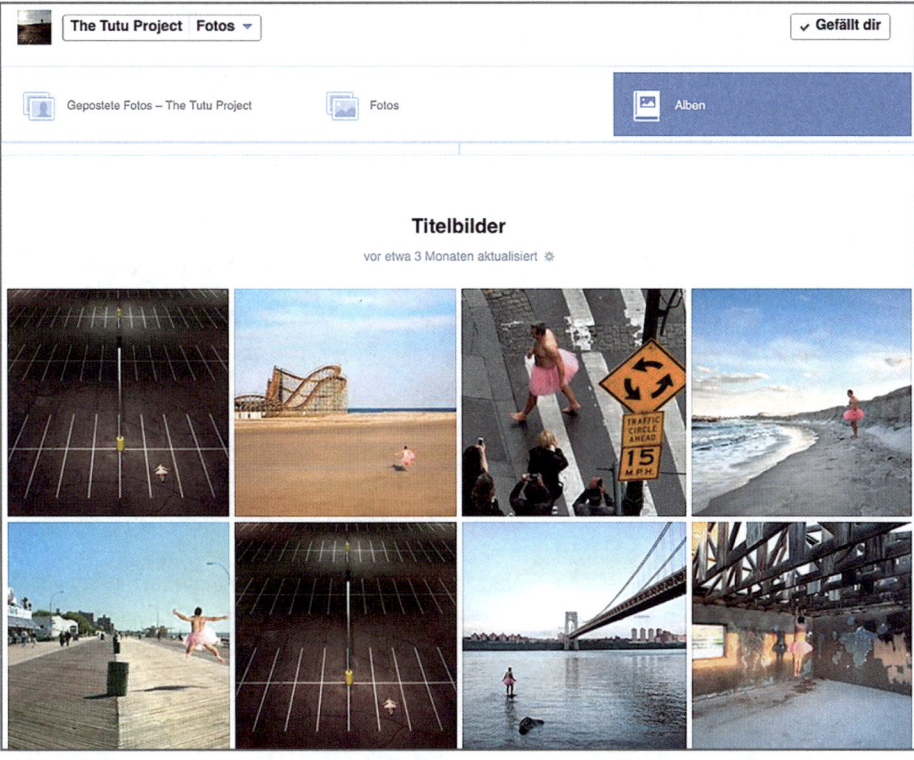

Bild 10.5 Mit dem „The TUTU Project" unterstützen Linda und Bob Carey an Brustkrebs erkrankte Personen. Sie haben ihre Foundation zur Aufklärung und Unterstützung nur durch Aktionen im Social Web bekanntgemacht, und so Erfolge erringen können. Mittlerweile konnten Sie Medienpartner wie die Telekom gewinnen.

> **Beispiel**
>
> Die aktiven Mitglieder der Bewertungs- und Tipp-Community *Yelp** treffen sich in den einzelnen Städten regelmäßig zum Austausch. Sie bilden die sogenannten *Yelp-Elite-Teams***. Diejenigen Yelp-Rezensenten, die sehr aktiv sind, erhalten „schimmernde Profilabzeichen" und werden zu „exklusiven Veranstaltungen" eingeladen.
>
> ---
> * Yelp ist eine Art Online-Rezensionsplattform für Geschäfte, Restaurants, Hotels, Dienstleister, Bars und Clubs. Jeder angemeldete Nutzer kann zu jedem Geschäft in Deutschland eine Rezension beisteuern
> ** WWW: Beispiel für ein Yelp-Elite-Team: yelp.de/elite/berlin

- **Geben und Nehmen:** Die User der Social-Media-Plattformen sind nicht dazu da, in erster Linie durch Storytelling Ihre Produkte zu kaufen. Dies ist Storyselling und wird genauso ungern gesehen wie Spam. Auf den Social-Media-Plattformen herrscht eine Welt auf Augenhöhe: Man hilft sich gegenseitig, ist kaum förmlich und tauscht Erfahrungen und Wissen aus, ohne einen Gegenwert zu erwarten.

- **Dialogbereitschaft:** Die Einbahnstraßenkommunikation ist in den Social Networks passé. Der Dialog wird hier bewusst gefördert, wenn auch durch Social-Media-Guidelines Regeln gesetzt werden. Hier besteht die Kunst eher darin, die Zielgruppe zum regen Austausch zu ermutigen. Je nach Produktkategorie und Unternehmen können per Crowdsourcing neue, von der Zielgruppe inszenierte Produkte entstehen.

> **Beispiel**
>
> Tchibo hat mit *Tchibo ideas** eine Crowdsourcing-Plattform ins Leben gerufen. Das Motto „Mitmachen. Mitreden. Mitgestalten" ist hier Programm: „Unser Ziel ist es, mit eurer Hilfe, das Tchibo Angebot ständig zu verbessern", beschreibt Tchibo die Plattform: „Kurzum, bei Tchibo ideas habt ihr die Möglichkeit an der Entwicklung eurer Lieblingsprodukte mitzuwirken. Dabei spielt es keine Rolle, ob du Profi bist oder nicht – jeder kann mitmachen und jede Meinung zählt. Alle Interessierten können sich ganz einfach an unseren Aktionen rund um Tchibo beteiligen."
>
> * WWW: Tchibo ideas, tchibo-ideas.de

- **Authentizität:** Zeigen Sie Gesicht, seien Sie persönlich, echt und einzigartig. Sobald Sie sich hinter den Aussagen (einer Maske) eines Teams beispielsweise verstecken, sind Sie mit vielen anderen Teams austauschbar. Authentische Geschichten müssen glaubwürdig, echt, persönlich, überprüfbar sein und dürfen keinen gestelzten, inszenierten Werbeslogans entsprechen. Auch eine strategische Redaktionsplanung und ein durchdachtes Verbreitungskonzept können hier weiterhelfen.
- **Glaubwürdigkeit:** Bauen Sie für Ihre Marke Reputation auf. Wenn Sie als Experte nie enttäuschen, nimmt man Ihnen auch ohne weitere Überprüfung Ihre Empfehlungen und Tipps ab und teilt diese. Vertrauen bauen Sie nur auf, indem Sie Ihre Zielgruppe über einen längeren Zeitraum davon überzeugen konnten, dass Sie und Ihre Inhalte es auch wert sind.
- **Interne Kommunikation:** Die besten und interessiertesten Community-Mitglieder sind Ihre Kollegen. Unternehmensmitarbeiter haben ein Interesse Nachrichten, Informationen und Ideen rund um ihre Firma und ihren Arbeitsplatz zu kreieren und zu teilen. Geben Sie ihnen anhand einer Social-Media-Guideline[16] (Verhaltensregeln Ihres Unternehmens in Social Media) ein Werkzeug an die Hand, mit dem sie arbeiten können.
- **Richtige Frequenz:** Kombinieren Sie Ihre individuellen Inhalte mit der von der Zielgruppe erwünschten Frequenz (das sollten Sie ganz einfach testen oder beobachten).
- **Motivation:** Die Hauptaufgabe der Social-Media-Inhalte besteht darin, Menschen so zu berühren und zu motivieren, dass sie einen Grund sehen, sich aktiv zu engagieren. Dies tun sie, indem sie einerseits die Inhalte liken und sharen, Kommentare schreiben und diskutieren oder sogar themen- und zielgruppenrelevante Inhalte produzieren und mit der Community teilen.

---

[16] Tipp: Infos zu Social-Media-Guidelines erhalten Sie z. B. beim Branchenverband Bitkom unter www.bitkom.org/Publikationen/2015/Leitfaden/Social-Media-Guidelines/150521-LF-Social-Media.pdf

Exkurs

Kennen Sie die Ein-Prozent-Regel (90-9-1 %-Regel)? Hierunter versteht man in der Netzkultur eine Faustregel, wonach die große Mehrheit der Benutzer von Online-Communities keine eigenen Inhalte beiträgt, sondern nur still mitliest. Man geht in allen sozialen Netzwerken, Online-Foren, Foto-Communities von nur etwa einem Prozent aktiver User aus, die Beiträge produzieren. Jakob Nielsen prägte 2006 zur Beschreibung des Web 2.0 die 90-9-1-Regel in der Form, in der sie auch heute noch bekannt ist: „Die meisten Benutzer beteiligen sich nicht sehr viel. Meistens lauern sie nur im Hintergrund herum. Demgegenüber stammt eine unverhältnismäßig große Menge an Inhalt und anderer Aktivität von einer winzig kleinen Minderheit aller Benutzer."*

Es gibt auch Stimmen, die besagen, dass Nielsens Ein-Prozent-Regel bereits überholt sei. Demnach sollte nicht mehr von einem „Ungleichgewicht der Partizipation" die Rede sein, sondern man sollte von einer „Wahlmöglichkeit der Partizipation" ausgehen.

Nach neueren Daten aus UK ist die „Ein-Prozent-Regel" veraltet, da sich heute bereits 17 % der Menschen intensiv im Social Web beteiligen. 60 % der Menschen machen mit, indem sie die durch die technologische Weiterentwicklung heute viel einfacheren Möglichkeiten nutzen, um beispielsweise Fotos hochzuladen, eine Diskussion zu starten oder eine Gruppe anzulegen. Trotzdem bleiben 23 % der Menschen passiv und beteiligen sich überhaupt nicht. Interessant an dieser Gruppe ist, dass man hier nicht nur „digital unerfahrene" Menschen findet. 11 % der Menschen dieser Gruppe sind frühzeitige Anwender („Early Adopter"), gehören also zu den Innovatoren, die für neue Produkte und Ideen prinzipiell sehr aufgeschlossen sind. Diese haben sowohl die Technologien als auch die Fähigkeiten und die Möglichkeiten, haben aber entschieden, sich nicht zu beteiligen.

77 % der Menschen sind heute nach diesen Zahlen in irgendeiner Form in sozialen Medien aktiv. Keine schlechten Voraussetzungen für Enterprise 2.0 und Social Business in den Unternehmen. Zumindest ist es schwerer geworden, sich mit der 90-9-1-Regel herauszureden, falls die Mitmachmöglichkeiten im Unternehmen nicht genutzt werden."**

---

* WWW: Nielsen, Jakob: „Community is Dead; Long Live Mega-Collaboration", August 15, 1997, nngroup.com/articles/community-is-dead-long-live-mega-collaboration/
** WWW: centrestage.de/2012/05/14/90-9-1-war-gestern/

Zusammenfassend gesagt, ermöglicht und fordert **Social Media** zugleich neue Formen der Kommunikation und des Storytelling. Obwohl Unternehmen, Marketingverantwortliche, Public Relations-Fachleute, Künstler, Institutionen und Selbstständige „Reichweite" herstellen müssen, ist Social Media nicht nur Mittel zu dem Zweck, seine Botschaft an ein möglichst großes Publikum zu verbreiten. Vielmehr ist es eine Einstellung, die Sie und Ihr Unternehmen bewusst aussuchen und dann auch leben sollten. Es reicht nicht, eine Fanpage oder einen Firmen-Blog als Unternehmen zu „haben" und dann die Kommentarfunktion zu schließen. Das ist genau der Unterschied zwischen „einen Blog betreiben" und „einen Blog haben". Wer sich nur die Rosinen und Erfolge von Social Media zu eigen machen möchte, ohne das „Spiel" mitsamt den Regeln mitspielen zu wollen, wird bald von den Mitspielern gemieden oder als Spielpartner vom Spielbrett entfernt (entfolgt etc.).

Mobilität: Social Media findet immer und überall statt

Während ich diese Zeilen schreibe, sichte ich Reisefotos aus Marokko für einen Reiseblogartikel. Mir fallen immer wieder Menschen ins Auge, die traditionell gekleidet ihr Smartphone in der Hand halten (siehe Bild 10.6) und kommunizieren, sich mitteilen, Erfahrungen und Wissen austauschen, Geschichten erzählen. Kommunikation und Storytelling gehen mit der Zeit und nutzen neue Kommunikationsmittel und -kanäle.

Kommunikation verändert sich und damit oft auch jene Orte, wo Geschichten erzählt werden. Immer häufiger findet das Storytelling, das Erzählen und Weiterleiten von Erfahrungen, Wissen und Gefühlen, im Social Web statt.

Bild 10.6 Mobile Geräte begleiten uns überall. Das Foto zeigt einen jungen Mann, der im Hafen von Essaouira, Marokko, während seiner Mittagspause mithilfe seines Smartphones kommuniziert.

Zum Thema Mobilität einige **Thesen und Ideen:**

- Storytelling im Social Web wird immer globaler.
- Kommunikation funktioniert mit den mobilen Geräten immer schneller. Daher ist auch Storytelling ein schnelles Medium, denn unsere Communities sind heutzutage hungriger nach immer neuen Inhalten denn je.
- Die Geräte sind immer und überall dabei und die Storys möchten auch unterwegs gelesen und aufgenommen werden. Daher ist die Aufbereitung für diverse Screens nötig – nicht nur als Responsive Design, sondern auch die Menge der Informations- und Storyhappen ist abhängig vom Gerät und sollte dementsprechend aufbereitet werden.
- Häufig findet Kommunikation im Bereich Social Media im One-2-Many-Prozess statt. Dagegen kann bei der Kommunikation im Messenger – etwa bei WhatsApp – auch von der One-2-One-Kommunikation ausgegangen werden.
- Mobile Endgeräte ermöglichen die schnelle und einfache Erstellung von User-Generated Content (Storys).
- Multimedia Storys auf mobilen Endgeräten sind in der Lage, viele Sinne anzusprechen.

Weg vom Kanaldenken und hin zum Netzdenken

Stärker als bei allen anderen Medien reagieren die Nutzer der sozialen Medien darauf, wenn ihre Bedürfnisse nicht befriedigt werden. Dennoch wird häufig gerade vonseiten der Firmen zuerst an den Kanal gedacht – also wir müssen unbedingt etwas auf YouTube machen, da sich dort immer mehr Menschen tummeln – anstatt zunächst an die Zielgruppe zu denken, an deren Wünsche, an den Mehrwert, der sie begeistern könnte. Erst in den nachfolgenden Schritten sollte man sich überlegen, für welchen Kanal in welcher Erzählform man eine Geschichte erzählt. Das Auswahlkriterium Nummer 1 ist und bleibt immer die Zielgruppe!

Social Media bewegt sich aktuell weg vom reinen Kanaldenken hin zu Netzwerken, in denen sich Menschen verbinden und zu bestimmten Themen austauschen. Der Dialog mit der Zielgruppe steht dabei im Vordergrund und nicht das Medium.

Kuratiertes Erzählen

Ein immer schnellerer und kürzerer Medienkonsum sowie eine große Auswahl an vorhandenem Material bietet die Möglichkeit Content nach gewissen Gesichtspunkten zu sammeln und als Gesamtangebot zu veröffentlichen. Beim Kuratieren geht es darum, relevante und hochwertige Inhalte zu sammeln, zu organisieren und so aufzubereiten, dass ein stimmiges Gesamtergebnis entsteht.

Mehrwert durch Filtern

Der Mehrwert liegt auf der Hand: Durch das Filtern fremder Inhalte werden unterschiedliche Meinungen, viele persönliche Geschichten, verschiedene Medienarten (Video, Fotos, Grafiken etc.) gefunden und verwendet, auf die man sonst nie Zugriff hätte. Dies ist besonders nützlich, wenn man Geschichten als „zeitlichen Anlauf" (Dokumentation) verwendet. Inhalte zu einer Messe, die unter einem bestimmten Hashtag veröffentlicht wurden, können beispielsweise eine gute Zusammenstellung der jeweiligen Messetage ergeben. Es entstehen interessante Kombinationen und neue Aspekte eines Inhaltes, die man als einzelne Person nicht erreichen kann. Oft ist hierbei auch der Zeitfaktor ausschlaggebend. Nicht zu vergessen, dass viel Input (viele Suchbegriffe beispielsweise bei Storify) einen möglichst breitgefächerten Output ermöglicht.

 Für das Kuratieren von Inhalten eignen sich so ziemlich alle Media-Kanäle im Internet vom Blog bis zu den sozialen Netzwerken.

Tool für kuratierte Storys: Storify

„Curation is King" ist eine interessante Variante des bisherigen Mottos „Content is King". Hierbei werden nach Vorgaben automatisch Inhalte gesammelt und zusammengestellt.

Ursprünglich diente Storify[17] dazu, Internetinhalte wie Tweets, Facebook-Posts, Soundcloud-Inhalte oder RSS-Feeds zu kuratieren, zusammenzustellen und in einen multimedialen Überblick zu integrieren. Zunehmend wird Storify aber auch dazu genutzt, ganze Geschichten zu erzählen. Dabei können gewünschte Inhalte per Drag & Drop in ein Feld gezogen werden, wo sie sich verschieben und ergänzen lassen. Dabei wird von Storify immer ein Link zur Quelle gesetzt. Die so kreierten Geschichten lassen sich per Embed-Code auch in die eigene Webseite einbetten.

Die Anwendungsmöglichkeiten sind vielfältig. Eine gute Storify-Geschichte sollte jedoch kurz und bündig sein, durch Kommentare der gesammelten Beiträge klar strukturiert sein und zur Visualisierung Bilder und Videos enthalten.

Ein Beispiel einer Storify-Geschichte ist der Stromausfall im Deutschen Bundestag, den die *Berliner Morgenpost* aus dem Twitter-Stream[18] kuratierte.

Sway – Microsofts Way of Storytelling

Mit *Sway*[19] kann man auf einfache Weise Geschichten erzählen, Präsentationen oder interaktive Berichte aufbereiten und vieles mehr erstellen.

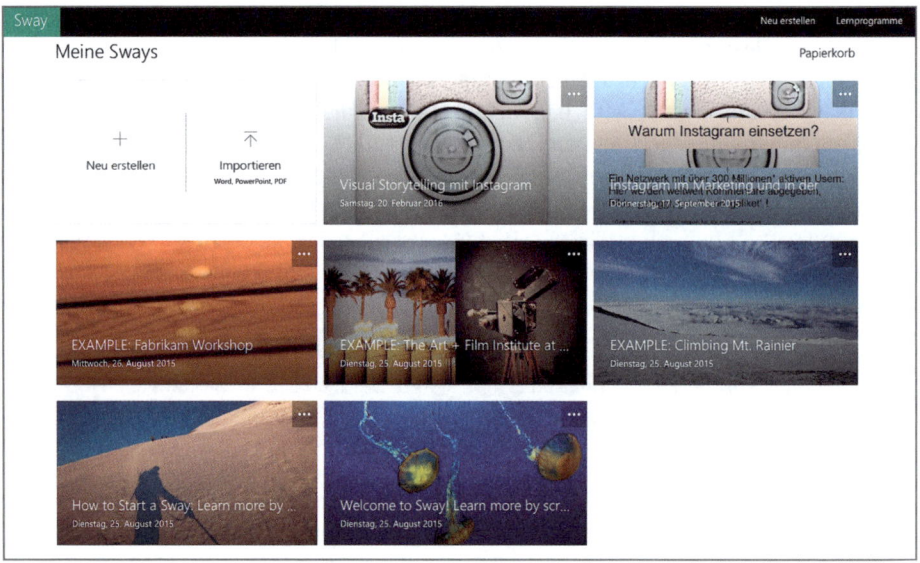

Bild 10.7 So sieht die Arbeitsfläche von Sway aus.

---

[17] WWW: https://storify.com
[18] WWW: Storify zum Stromausfall im Deutschen Bundestag, https://storify.com/bmonline/stromausfallaimabundestag
[19] WWW: https://sway.com

Das Handling ist sehr einfach: Man kann mit dem webbasierten Tool oder der App Fotos, Videos, Texte und andere Elemente, ähnlich wie in einem digitalen Magazin, aufbereiten und zusammenstellen. Die Inhalte der multimedialen Story werden dazu einfach auf die Plattform hochgeladen und per Drag & Drop in die „Storyline" geschoben (siehe Bild 10.7). Sway bietet sogar eine Bilddatenbank an. Geschichten mit Bildinhalten aus dieser Datenbank dürfen aber nicht gewerblich genutzt werden.

Lädt man etwa PDFs hoch, so wandelt Sway diese um oder schlägt passende Fotos und Grafiken aus dem Web vor (hierzu werden Ergebnisse der Suchmaschine Bing angezeigt), um die Geschichte zu vervollständigen. Auch hier erscheint nochmals ein Hinweis auf die Klärung der Urheber- und Verwendungsrechte des vorgeschlagenen Bildmaterials.

Sway bietet vorgefertigte Designlayouts (Templates), aber auch automatisch erstellte Storylayouts an. Wer eine persönliche Gestaltung und Note in seine Sway-Story hineinbringen möchte, kann dies sehr schnell und leicht umsetzen.

BMWstories: Teil einer Geschichte werden

Besonders schön zeigt BMW über die Kampagne BMWstories[20], wie Geschichten und Bilder von Usern und Marken-Fans (usergenerierter Content) in eine Marken-Kommunikation integriert werden können. Unter dem Hashtag #bmwstories begegnet man auf Twitter, Facebook, Instagram und YouTube Menschen und deren Erlebnissen, die sie mit ihrem BMW hatten.

BMWstories ist eine Online-Plattform für persönliche Geschichten rund um den BMW; sie erinnert an eine Fangemeinschaft für Freunde und Fahrer der Marke.

---

[20] WWW: Wenn Marken ihr Publikum erzählen lassen: #BMWstories, bmw.com/bmwstories/at/de/index.html

10.5 Expertenbeitrag: Videos auf Instagram

Experten-Biografie: Jenny Janson, Kreative Kommunikationskonzepte GmbH

Jenny Janson ist studierte Journalistin und Kommunikationsfachfrau. Sie arbeitet als Videojournalistin und Produktionsleiterin bei der Videoagentur Kreative Kommunikationskonzepte GmbH[21] in Essen, wo sie Videoprojekte konzipiert und für die Drehplanung verantwortlich ist. Außerdem schreibt sie Blogbeiträge für feste Kundenstämme und spricht auf Vorträgen, Konferenzen und Barcamps über Kurzvideos und Webvideos in der Unternehmenskommunikation.

Abstract: Warum Videos auf Instagram einfach anders sind

„Die Kunst sich kurz zu halten", das ist wohl auch auf Instagram die größte Herausforderung. Denn zunächst muss ich mir Geschichten überlegen, die sich in 15 Sekunden logisch erzählen lassen und im besten Fall mit einer unerwarteten Wendung daherkommen.

---

[21] Kreative KommunikationsKonzepte GmbH, www.KreativeKK.de

10.5.1 Warum Videos auf Instagram einfach anders sind

Bild 10.8 Besuchen Sie das KKundK-Blog und schauen Sie sich sowohl die Videos als auch die Beiträge zu „OFFICEwars"[22] an.

Natürlich bieten sich auch Videoreihen an, die über mehrere Folgen hinweg eine Geschichte erzählen. Dennoch sollte jedes Video in sich geschlossen zu verstehen sein, da sonst die Motivation, sich ein weiteres Video anzusehen, verloren gehen kann.

Ich muss mir also genau überlegen, welche Informationen der Betrachter benötigt, um meine Botschaft zu verstehen. Ein Bild mit ins Video zu nehmen, nur weil ich es besonders schön finde, ist also nicht das Mittel der Wahl. Jedes Bild sollte etwas aussagen und zur Gesamtbotschaft beitragen.

Natürlich gelten bei Instagram-Videos alle Regeln, die auch für Videos auf anderen Plattformen gelten – nur eben noch verschärfter!

> Eine der wichtigsten Regeln lautet: Schaffe Aufmerksamkeit und Interesse bereits in den ersten zwei Sekunden!

Möglichkeiten hierfür sind zum Beispiel sehr „stimmige" bzw. „gute" Bilder: Eine durchdachte Bildaufteilung, ungewöhnliche Motive oder Perspektiven. Aber auch durch polarisierende Bilder oder bekannte Vorgänge, die in einen unbekannten Kontext transferiert werden, kann ich Aufmerksamkeit vom Zuschauer erhalten.

---

[22] WWW: OFFICEwars auf www.kreativekommunikationskonzepte.de/officewars-die-macht-des-genres

10.5.2 Ton ist nicht obligatorisch!

Hinzu kommt die Tatsache, dass Videos im Autoplay zunächst ohne Ton starten. Ich kann also nicht wie auf anderen Plattformen davon ausgehen, dass die akustische Ebene in jedem Fall zum Verständnis beitragen kann. Deshalb bietet es sich noch mehr als bei anderen Plattformen an, mit einer starken Bildsprache zu experimentieren. Einfache Bilder mit klaren Aussagen sind wichtig und natürlich sollte man auf jegliche Dialoge oder Szenen verzichten, die nur durch Ton getragen werden.

 Ein Tipp zum Abschluss: Aus alten Stummfilmen kann man wunderbar lernen, wie man Geschichten auch ohne Ton erzählen kann!

10.6 Expertenbeitrag: Storytelling für die Generation YouTube

Experten-Biografie: Oliver Rosenthal, Google

Oliver Rosenthal hat seit mehr als dreizehn Jahren für verschiedene Bereiche der Markenkommunikation gearbeitet: Digitale und klassische Markenführung (Interone, Saatchi & Saatchi), eCRM und POS (OgilvyOne, G2) sowie PR (A&B One). Er hat in dieser Zeit unter anderem Kunden wie P&G, Nestlé, Coca-Cola, Telefónica, MINI, Audi, BMW und American Express betreut. Gegenwärtig arbeitet er als Industry Leader für den Bereich Creative Agencies bei **Google Germany**.

Abstract: Storytelling für die Generation YouTube

Die Zahl der Screens nimmt zu, und damit auch gleichzeitig die Anzahl der Situationen, in denen Zuschauer Bewegtbild-Content ansehen. Dabei verschwindet der Unterschied zwischen digitalen und klassischen TV-Inhalten fast vollständig. Welche Anforderungen das für Marken in Bezug auf das Storytelling in Werbespots mit sich bringt, erläutert Oliver Rosenthal, Industry Leader Creative Agencies, Google DACH, in diesem Artikel.

10.6.1 Das Zeitalter der Screens

Es scheint, als kenne seit Monaten jeder Marketing-Kongress, jedes Briefing, jede Agentur-Präsentation nur eine Antwort darauf, wie Marken mit Konsumenten interagieren sollten – nämlich mit Content. Marken müssten Geschichten erzählen, um Konsumenten zu erreichen, darin sind sich Auftraggeber, Kreativ- und Mediaagenturen einig.

Dabei argumentieren Marketing-Experten häufig, dass Content Marketing gar keine neue Erscheinung, sondern im Prinzip schon immer Grundlage der Markenkommunikation gewesen sei. Schließlich hätten Marken ja bereits seit den 70er-Jahren versucht, mittels Geschichten und Emotionen zu begeistern. Viele sehen den berühmten Coca-Cola „*Hilltop*" TV-Spot

(„*I'd Like to Buy The World a Coke*"[23]) als Beginn dieser Ära, in der Storytelling den reinen Produktinformationen gegenüber bevorzugt wurde.

Diese Aussage ignoriert jedoch die Tatsache, dass Werbung bis zum Siegeszug digitaler Medien zum Beginn des 21. Jahrhunderts eine Unterbrecher-Funktion hatte: Gemeint ist damit, dass klassische Werbung, vor allem der TV-Spot, Content unterbricht. Sie stellt zwar auch Content dar, jedoch wird dieser nicht bewusst gewählt, sondern hält von dem eigentlich gewünschten Inhalt ab.

Dass wir in einem Zeitalter der Screens leben, bedeutet, dass wir uns Bewegtbild-Content in unterschiedlicher Größe und in verschiedenen Situationen anschauen: den Netflix-Stream auf dem großen Flatscreen, Nachrichten auf dem Smartphone beim Warten auf die S-Bahn, YouTube Content über Chromecast, Apple TV auf internetfähigen Fernsehern oder das Kochvideo auf dem Tablet in der Küche.

Digitale Plattformen, allen voran Suchmaschinen wie Google, Video-Plattformen wie YouTube sowie Facebook und Twitter, **verändern grundlegend die Art und Weise, wie Menschen Content konsumieren**: Sie suchen gezielt nach Inhalten und können Werbung ignorieren, wegklicken oder überspringen.

Die gegenwärtige Adblocker-Diskussion[24] macht das Dilemma deutlich: Es ist heute wichtiger denn je, Menschen mit guter Kreation zu überzeugen und ihnen mit der Werbebotschaft einen Mehrwert zu liefern.

Werbung muss begeistern, nicht belästigen

Dabei steigen die Möglichkeiten, Menschen mit Content zu erreichen, durch die Präsenz von Screens: Wearables sowie Augmented Reality Tools wie Google's Cardboard werden das Screen-Erlebnis noch vielfältiger und allgegenwärtiger machen.

Für Marken, die in dieser komplexen Screen-Welt Menschen wirklich erreichen wollen, heißt das: **Sie brauchen eine digitale Bewegtbildstrategie.** Während Kreativ- und Media-Agenturen sowie Marketing-Verantwortliche noch mit Begriffen wie „TV Spot", „YouTube Spot", „viral" etc. arbeiten, werden diese Labels für die Generation YouTube zunehmend irrelevant. Diese Labels von Bewegtbildformaten nach dem Nutzungskanal entstammen dem Wunsch, sie dementsprechend bepreisen zu können – was weiterhin das Missverständnis fördert, digitaler Content sei günstiger zu produzieren als TV-Content. Mit der Lebensrealität von Menschen, die digitale Medien selbstverständlich in allen Lebenssituationen nutzen, hat dies nichts mehr zu tun.

---

[23] WWW: YouTube Coca-Cola, 1971, „Hilltop", „I'd like to buy the world a Coke", youtube.com/1VM2eLhvsSM
[24] Anmerkung der Herausgeberin: Adblocker unterdrücken die Werbeeinblendungen. Die derzeitige Diskussion handelt von der Frage, ob Nutzer von Adblockern „Schnorrer" sind, die im Netz alles kostenlos haben wollen. Oder hat jeder User das Recht, Werbung auszublenden?

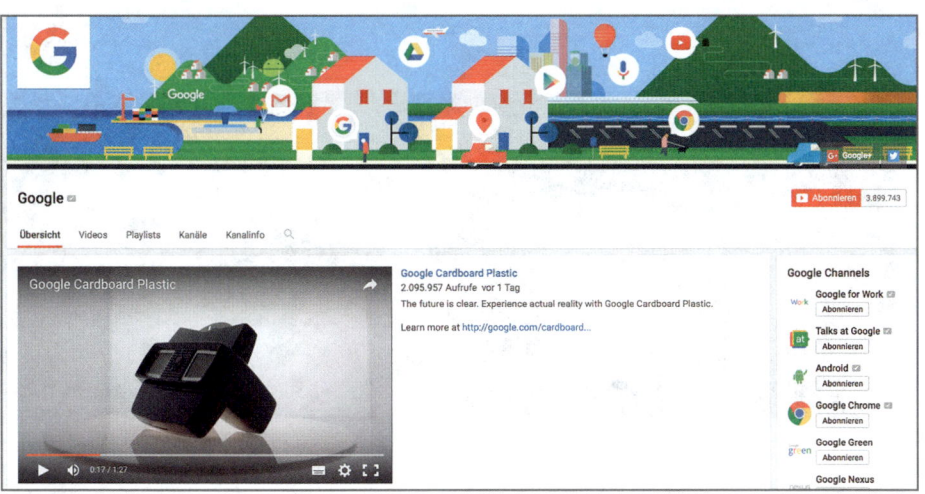

Bild 10.9 Screenshot des Google-Kanals auf YouTube: youtube.com/user/GoogleDeutschland

Für Markenkommunikation gilt: Neben einer wachsenden Zahl von Screens und Anwendungsmöglichkeiten entscheiden Sekunden über den Erfolg im digitalen Ökosystem. Besonders deutlich wird dies bei YouTubes *True View*[25], einer einfachen Idee, welche die Art, wie wir Werbung wahrnehmen, nachhaltig verändert hat. Die Möglichkeit, einen Werbespot nach wenigen Sekunden wegzuklicken, ist eine Revolution: Ich sehe als Konsument Werbung nur, wenn ich will, und ich zahle als Werbetreibender auch nur für Werbung, die gesehen wurde.

Maximal fünf Sekunden haben Kreative also Zeit, einen Zuschauer in den Bann zu ziehen – und es gibt fantastische Beispiele hierfür, die regelmäßig auf thinkwithgoogle.de[26] veröffentlicht werden (siehe Bild 10.10). Werden Spots zum Beispiel im Facebook-Stream durch Autoplay gestartet, kommt neben der zeitlichen Einschränkung noch eine akustische Herausforderung hinzu: die Voreinstellung ist lautlos, sodass in AdAge bereits die Frage gestellt wurde: „Sind Stummfilme die Zukunft der Werbung?" Es gibt diesen wunderbaren Satz von Kevin Roberts, der, angesprochen auf die Wirkungsforschung von TV-Spots, einmal sagte, es gäbe hier nur eine relevante Frage für ihn: „Willst du es noch einmal sehen?" Auf digitalen Plattformen heißt diese Frage jetzt: „Willst du es überhaupt sehen?"

---

[25] WWW: Infos zu YouTube TrueView-Videoanzeigen auf google.de/intl/de_de/ads/innovations/trueview.html; in dem Video zum Überblick von TrueView gibt es auch ein herrliches Beispiel für Visual Storytelling, youtube.com/BRmeq4XHZXk

[26] WWW: thinkwithgoogle.de

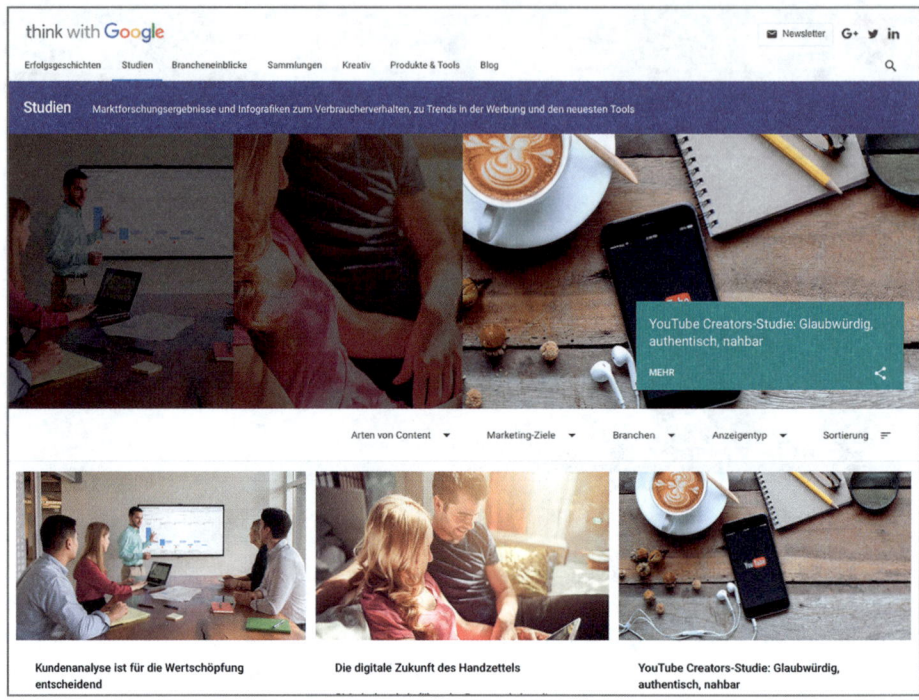

Bild 10.10 Googles thinkwithgoogle[27] ist auch ein hervorragendes Research-Tool. (Screenshoot © Google Inc.)

10.6.2 Werbung = Content?

Seit wann ist Werbung eigentlich Content? War Werbung nicht immer das, was vor interessanten Content geschaltet wurde? Versperrte bzw. verzögerte Werbung nicht eigentlich das Anschauen von Content? Das Interstitial versperrt den Blick auf die Wetter-App, Pre-Rolls verursachen Wartezeiten auf Online-Portalen, der TV-Spot unterbricht die Fernsehsendung …

Jahrzehntelang galt für den TV-Spot ein enges Korsett. Die Filme waren bis auf wenige Ausnahmen maximal 30 Sekunden lang. Der Produktname wurde möglichst oft und prominent erwähnt bzw. eingeblendet und Packshots sollten die Erinnerung fördern und zum Kauf animieren. Briefings enthielten derart umfangreiche Anforderungen, dass Kreative häufig nur noch die sogenannten Vignetten in unterschiedliche Reihenfolgen bringen konnten. Das Ergebnis waren gefühlt endlose Wiederholungen von lachenden Familien und Autos auf Serpentinen im klassischen TV-Werbeblock.

---

[27] WWW: thinkwithgoogle.com/intl/de-de/research

10.6 Expertenbeitrag: Storytelling für die Generation YouTube

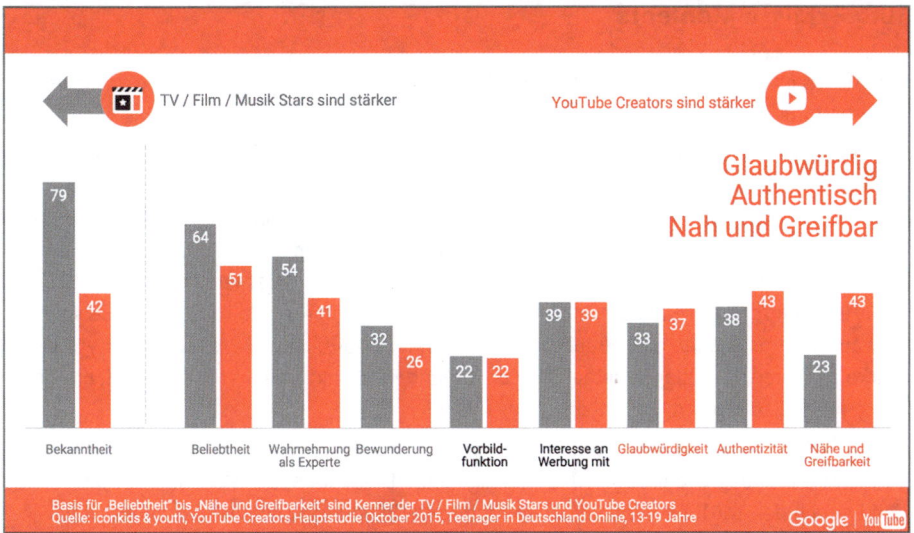

Bild 10.11 YouTube ist nicht nur eine Plattform, sondern für viele ein Lebensgefühl. Die YouTube Creators-Studie[28] von Google zeigt, dass YouTube als glaubwürdig, authentisch und nah angesehen wird.

Und dann kam YouTube. Die mittlerweile größte Videoplattform der Welt (siehe Bild 10.11), auf der pro Minute schier unvorstellbare 400 Stunden Content hochgeladen werden, feiert nicht nur ihren zehnjährigen Geburtstag, sondern ist auch die zweitgrößte Suchmaschine der Welt. Immer mehr Menschen suchen nach Filmen, wenn sie Antworten suchen, eine fantastische Chance für Marken, um ihnen diese zu geben und einen Mehrwert zu kreieren durch Information, Unterhaltung oder Nutzbarkeit.

Als Unilever in Großbritannien in einem Workshop mit Google herausfinden wollte, welche neuen Marketing-Maßnahmen für den Produktbereich Haircare erfolgversprechend wären, wurde dem FMCG-(Fast-Moving-Consumer-Goods)-Giganten von Google präsentiert, dass es Millionen Suchanfragen nach Frisurentipps auf YouTube gab. Jedoch stand diesen nur wenig Content gegenüber, dazu häufig auch nur qualitativ schlechte Videos. Geboren war das Projekt *All Things Hair*[29], in dem Unilever mit YouTube-Stars aus dem Beauty-Umfeld kooperierte, um seine Produkte in diesem Bereich der Suchanfragen zu platzieren – mit überwältigendem Erfolg.

Um im Zeitalter digitaler Screens und Bewegtbildplattformen also überhaupt noch Menschen mit Marketing-Maßnahmen zu erreichen, muss Werbung selbst zu interessantem Content werden. Sie darf nicht mehr als Unterbrechung, sondern muss als Unterhaltung oder Informationsmehrwert wahrgenommen werden.

Werbung, die als einzigartiger Content von Millionen Menschen freiwillig und mehrfach gesucht, gesehen, geteilt und weitererzählt wird, ist das, wovon Chief Marketing Officer träumen: Wer kreiert die nächsten Evian Babies, den nächsten Epic Split, den nächsten First Kiss?

---
[28] WWW: YouRube Creators-Studie als PDF zum Download,
storage.googleapis.com/think-v2-emea/v2/16260_2015_YouTube_Creators_Studie_Final.pdf
[29] WWW: YouTube-Channel „All Things Hair", youtube.com/user/AllThingsHairUK

10.6.3 Micro Moments

Grundsätzlich gibt es für Marken zwei Möglichkeiten, Menschen mit Content zu erreichen: Unterhaltung oder Information.

Diese Erkenntnis war Anlass für Google die **digitale Videostrategie** Hero, Hub, Help[30] zu entwickeln. „Hero" steht in diesem Ansatz für aufmerksamkeitsstarken Content, der emotional ist, unterhält und zur weiteren Auseinandersetzung einlädt – häufig in Form von Nachahmungen oder Parodien. „Help"-Content liefert Informationen wie Erklärungen, Anleitungen bis hin zu umfangreicheren Schulungen und ersetzt zunehmend Betriebsanleitungen. „Hub" steht für die organisierende Struktur des Contents. Nehmen wir hier YouTube als Beispiel, so wäre dies für Marken der „Brandchannel". In ihm ist sämtlicher Bewegtbild-Content einer Marke zu finden, der über Inhalte, Playlists und andere Strukturen organisiert wird, um besser gefunden zu werden.

Im Jahr 2013 hat der schwedische Automobilkonzern Volvo dieses Konzept besonders effektiv für eine Kampagne der Sparte Trucks eingesetzt. Diese Kampagne wurde eröffnet durch den Launch des YouTube Clips *Epic Split*[31] mit Jean-Claude van Damme, der bereits nach etwas mehr als einem Monat die 100 Millionen Views-Marke erreichte. Weniger stark in der öffentlichen Wahrnehmung waren die vielen weiteren Videos, die Volvo im Rahmen dieser Kampagne produzierte und mithilfe des Brandchannels „Volvo Trucks" sehr effektiv in der Zielgruppe verbreitet hat.

Egal, für welche Content-Strategie sich Unternehmen entscheiden, ausschlaggebend ist, dass sie überhaupt eine Content-Strategie haben. Um den etwas schwammigen „Content"-Begriff besser zu definieren, empfehle ich, von einer „digitalen Bewegtbildstrategie" zu sprechen. Google hat, angesichts der rasant steigenden Zugriffe auf Inhalte von mobilen Endgeräten, den Begriff „Micro-Moments" geprägt. Damit ist gemeint, dass der Begriff der Customer Journey durch mobile Anwendungen in hunderte Customer Journey-Elemente, also „Micro-Moments" zerbricht, und dies in Echtzeit. Jeder dieser Momente ist eine Möglichkeit für Marken, Entscheidungen und Präferenzen von Menschen zu beeinflussen. Um nur ein Beispiel zu nennen: Eine Person, die an einem Samstagabend um 21 Uhr eine Suchanfrage zu „Italienisches Restaurant" über ein Smartphone startet, und zwar in der Stadtmitte, ganz in der Nähe der örtlichen Restaurants, kann natürlich eine Person sein, die sich nur informieren möchte. Der gesamte Kontext deutet aber darauf hin, dass sie jetzt etwas essen will.

So geben in der Studie „Consumers in the Micro-Moment"[32] (Google/Ipsos, USA, März 2015) 90 Prozent der Befragten an, ihr Smartphone generell zu nutzen, um sich bei Entscheidungsprozessen zu informieren und einen Fortschritt hinsichtlich der Entscheidungsfindung zu erzielen. Zugriffe auf die Google-Suche finden in technologisch hoch entwickelten Märkten wie den USA bereits zu mehr als 50 Prozent über mobile Endgeräte statt, YouTube ist die zweitgrößte Suchmaschine der Welt.

---

[30] Lesetipp: Das YouTube Creator Playbook for Brands „Hero, Hub, Help" als PDF:
think.storage.googleapis.com/docs/creator-playbook-for-brands_research-studies.pdf;
WWW: Link zu einer Infografik von Brendan Gahan zur Videostrategie
http://brendangahan.com/hero-hub-hygiene-youtube-strategy-for-brands-infographic/
[31] WWW: Volvo Trucks, The Epic Split feat. Van Damme, youtube.com/watch?v=M7Flvfx5J10
[32] WWW: thinkwithgoogle.com/micromoments/intro.html

Fakt ist: Wir leben in einem **Multi-Screen-Zeitalter** und wir konsumieren Bewegtbild-Content auf immer mehr Screens in immer unterschiedlicheren Situationen. Marken brauchen im Zeitalter der Screens eine Multi-Plattform-Videostrategie, die sich an vielfältigen „Micro-Moments" orientiert. Bisherige Formatbezeichnungen sind überholt, Bewegtbild-Content wird anwendungsbezogen konsumiert. Oft entscheiden weniger als fünf Sekunden – wie im Fall von YouTube True View – über den Erfolg.

Dabei werden Smartphones im Multi-Screen-Zeitalter zum wichtigsten Screen. Wir werden aber zusätzlich auch eine massive Digitalisierung der sogenannten Out-Of-Home-Medien (OOH) erleben – eine der wenigen Werbeformen, die in ihrer klassischen analogen Form bereits an Bedeutung hinzugewinnt und durch digitale Bewegtbildmöglichkeiten eine wichtige Ergänzung des mobilen Screens wird. Content rückt somit immer näher an den Menschen heran: Der TV-Spot wird zu Hause, meist außerhalb der Öffnungszeiten angeschaut, das Smartphone ist ständiger Ratgeber am Point Of Sale (POS) und in Verbindung mit Screens direkt im Shop oder dessen Umgebung ergeben sich völlig neue Möglichkeiten für digitales Storytelling.

Jedoch werden in Zukunft Maschinen und nicht mehr Mediaplaner die Organisation dieser vielfältigen Content-Formate angesichts einer fragmentierten Customer Journey übernehmen. Das bedeutet, dass der Einkauf von Werbung in digitalen Medien – das sogenannte Programmatic Advertising – automatisiert erfolgen wird. Denn Konsumenten erwarten heute von Marken, dass diese in Echtzeit auf ihre Bedürfnisse reagieren. Das gelingt Maschinen aber wesentlich besser als Menschen. Durch Programmatic Advertising können Signale, die Konsumenten senden, in Sekundenschnelle ausgewertet und Anzeigen ausgespielt werden, die optimal den Wünschen und Bedürfnissen der Kunden entsprechen.

 Sicher ist: **Storytelling im Zeitalter der Screens stellt Werbetreibende vor komplett neue Herausforderungen.**

Genauso sicher ist aber auch: Marken werden in Zukunft immer mehr Bewegtbild-Content brauchen, nicht weniger. Und die Möglichkeiten für Werbetreibende, die gestiegenen Anforderungen an Content auch wirklich zu erfüllen, waren noch nie so gut wie heute.

Denn es ist die Digitalisierung, die dafür sorgt, dass sich Kreativität und Technologie auf einzigartige Weise verbinden und **Storytelling auf das nächste Level** heben.

10.7 Live-Storytelling in Realtime mit Messanger-Apps

Sicherlich erinnern Sie sich an die Meldung, als das Studio während des „Germany's Next Topmodel"-Finales im Mai 2015 wegen einer Bombendrohung evakuiert wurde.[33] Der Bild-Reporter Daniel Cremer war vor Ort und berichtete aus dem Stegreif live über die Video-Streaming-App Periscope und zeigte einem großen Publikum die Vorteile der Videoberichterstattung in Echtzeit. Hiermit wurde auch in Deutschland der Live-Journalismus via Livestreaming mit einer Smartphone-App salonfähig.

Die Pluspunkte gerade im Journalismus sind nicht von der Hand zu weisen: Schnelligkeit, Authentizität und Nähe zum Geschehen sind gerade in einem Medium, in dem Zeit ein großer Vorteilsfaktor ist, wichtig.

Doch wie sieht es mit dem inszenierten und geplanten Storytelling in Echtzeit per Livestreaming aus?

Geschichten im Hier und Jetzt – also in der Echtzeit – zu erzählen ist nicht neu. So ist es nicht verwunderlich, dass moderne Technik verbunden mit der Mobilität für Storytelling in Realtime genutzt und mittels Social Media ein breites Publikum angesprochen wird. Der Hunger nach Live-Berichten und Live-Geschichten, die Sucht nach Reality-Shows und dem „Blick durch das Schlüsselloch", der erhöhten Nachfrage nach Videomaterial – dies alles wir wie in einem „Überraschungsei" mit den Inhalten „Spaß, Spiel, Spannung" mit den neuen Live-Streaming- und Messanger-Apps wie WhatsApp, Snapchat, Periscope erfüllt.

Periscope

Periscope (siehe Bild 10.12) ist eine kostenfreie App, die es Ihnen ermöglicht Ihr Smartphone als Live-TV-Kamera und zugleich -Sender zu nutzen. Im Vergleich zu weiteren Anbietern sind Periscope-Videos ganz leicht durch ihr Format erkennbar: Hier können Videos nur im Hochformat aufgenommen werden.

Der Vorteil von Periscope liegt ganz klar darin, dass im Gegensatz zu anderen Streaming-Apps bei Periscope eine direkte Interaktion mit den „Zuschauern" möglich ist. Dabei können die Zuschauer sowohl per Smartphone als auch auf dem Tablet oder PC mittels Browser zuschauen. Hier können die Videos 24 Stunden lang angesehen werden oder von dem Sender zuvor gespeichert und beispielsweise auf Plattformen wie YouTube geladen werden.

Wie gesagt sind Berichterstattungen per Video mittels Smartphone und Periscope im täglichen Leben angekommen. So berichten Nachrichtensender, aber auch **Polizeiorganisationen**[34] live direkt vom Ereignis, ohne wie früher technisch aufwändige Studios mit „gebuchten" Leitungen organisieren zu müssen.

---

[33] WWW: Normalerweise sind Periscope-Videos ab der Liveschaltung nur für 24 Stunden sichtbar. Eine Zuschauerin hat die folgende Berichterstattung durch Daniel Cremer sichergestellt: GNTM Finale 2015, Bombendrohung in der SAP Arena, Berichterstattung via Periscope durch Daniel Cremer, youtube.com/watch?v=se0tLqUF7wc

[34] WWW: GoPro And Periscope Form Partnership For Live Storytelling, socialmediaweek.org/blog/2016/01/gopro-periscope-live-storytelling

10.7 Live-Storytelling in Realtime mit Messanger-Apps

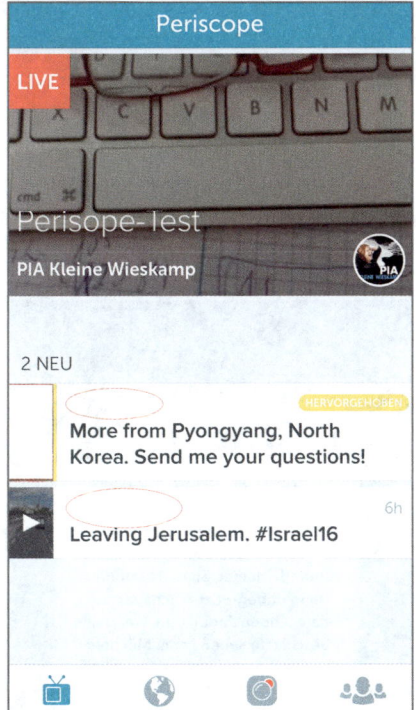

Bild 10.12 Periscope wird gerade im Bereich News verwendet.

Auch Brands nutzen Live-Streams: So teilte der Action-Kamerahersteller **GoPro**[35] in einer Pressemitteilung seine Zusammenarbeit mit der Live-Videoapp **Periscope**[36] mit. Die erklärt ihre Absichten und Mission mit folgender Story:

„UNSERE GESCHICHTE[37]

Seit etwas mehr als einem Jahr sind wir von der Idee fasziniert, die Welt durch die Augen eines anderen Menschen zu entdecken. Was wäre, wenn Du durch die Augen eines Demonstranten in der Ukraine sehen könntest? Oder Du könntest den Sonnenaufgang aus einem Heißluftballon heraus in Kappadokien beobachten? Es mag vielleicht verrückt klingen, aber wir wollten etwas erschaffen, das Teleportation so nahe wie möglich kommt. Zwar gibt es viele Möglichkeiten, um Ereignisse und Orte zu entdecken, uns wurde aber klar, dass es keine bessere Möglichkeit gibt, einen Ort sofort zu erleben, als über Live-Video. Ein Bild kann mehr als tausend Worte sagen, aber Live-Videos können Dich an irgendeinen Ort versetzen und Dich herumführen."

Auch als Kanal für Markenkommunikation wird Periscope erfolgreich eingesetzt. So bereiste Vodafone im Sommer 2015 gemeinsam mit der Lifestyle-Bloggerin Mia Bühler fünf europäische Städte. Follower und Fans konnten zunächst live per Periscope und später u. a. auf dem YouTube-Kampagnenkanal[38] an der Reise teilhaben. Der Erfolg spricht für sich.

---

[35] WWW: GoPro And Periscope Form Partnership For Live Storytelling, socialmediaweek.org/blog/2016/01/gopro-periscope-live-storytelling
[36] WWW: Periscope, periscope.tv
[37] WWW: Periscope, Unsere Geschichte, periscope.tv/about
[38] YouTube: youtube.com/playlist?list=PL-ITPVYpZfuEkP7rpsbtnlDR3YXWrhvwJ

Die Vodafone-Kampagne „Ich zeig dir die Welt" (#izddw) erreichte über 80 Mio. Kontakte. Über alle sozialen Kanäle wurden über 1 Mio. Interaktionen und 6 Mio. Video-Views, u. a. auch mit Periscope generiert.

Storytelling mit Snapchat

Periscope wird häufig zur Live-Berichterstattung bzw. -Reportage verwendet (siehe Bild 10.13). Die App Snapchat hat sich vom einfachen Messenger zur teils öffentlichen Plattform entwickelt, auf der User Geschichten erzählen und diese mit der Welt teilen können.[39]

Bild 10.13 Im Gegensatz zu Periscope bietet Snapchat Stories an.

Neben der Möglichkeit mit Freunden zu chatten bietet Snapchat Möglichkeiten, Videos und Bilder zu einer Geschichte zusammenzufügen und als „Snapchat Storys" zu veröffentlichen. Auch hier sind wie bei Periscope die Bild- oder Filmgeschichten für 24 Stunden einsehbar auf der App. Selbstverständlich können die erstellten Geschichten auch gespeichert und auf weiteren Plattformen veröffentlicht werden.

The Huffington Post oder Mashable Medien berichten mit der App bereits von Live-Events bis zu „Behind-the-Scenes-Touren". Hier sollten die Logik einer Geschichte, ihre Dramaturgie sowie die digitale Darstellung von Anfang an als Einheit konzeptioniert werden. Erfolgreiche Snapchat-Storys sind ein abwechslungsreicher Mix aus Bildern und Videos. Pro Element der

---

[39] WWW: quisma.com/wp-content/uploads/2015/11/Vodafone_youtube_MEC_QUISMA.pdf

Story gibt es nur zehn Sekunden Zeit. Die bewegten Bilder werden mit Texteinblendungen unterlegt und können dadurch viele Informationen vermitteln, auch wenn man sich bei den einzelnen Sequenzen kurz und knapp fassen muss.

Bild 10.14 Tipps & Tricks für Snapchat nach Richard Gutjahr (http://www.gutjahr.biz/).

Realtime-Storytelling mit Facebook

Auch Facebook verändert sein Gesicht, denn nun können User live streamen (siehe Bild 10.15). Aber auch Seiten (also Marken und Unternehmen) können nun via Facebook live Streamen und senden. Der Austausch mit den Zuschauern geschieht über die Kommentarfunktion.

Für Storyteller bieten die neuen Live-Videos großes Potenzial und einige Herausforderungen. Ein Livestream vom Smartphone oder Tablet aus stellt ganz andere Anforderungen – beispielsweise gibt es nur eine Kamera, die ihre Grenzen in Sachen Auflösung, Schärfe, Lichtstärke hat. Auch der Ton ist nicht optimal regulierbar. Zudem muss die Internetverbindung jederzeit passen, sonst wir das Bild pixelig oder die Verbindung bricht mitten in einer Übertragung ab.

10 Lagerfeuer im Social Web

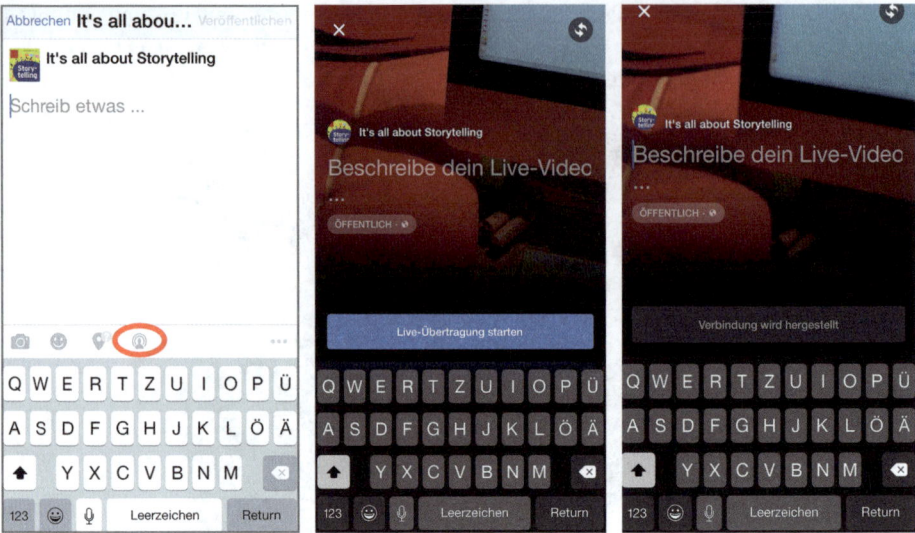

Bild 10.15 Realtime-Live-Storytelling ist nun für „jedermann" beispielsweise per Facebook und Google-Hangouts möglich.

11 Digital Storytelling: Multimedia – Crossmedia – Transmedia?

Digitale Medien erweitern das Storytelling um eine Dimension: die Interaktivität. Ja, natürlich können Sie nun sagen, dass auch bei einem Kasperletheater Kinder und deren Reaktionen mit in die Story einbezogen werden. Oder denken wir an das Improvisationstheater oder die Impro-Oper, an den Einsatz von Storytelling in Kindergärten und Schulen und nicht zuletzt im Bereich des Change-Managements, so werden auch hier ansatzweise bestimmte Gruppen live mit ins Geschehen einbezogen.

Jedoch werden hierbei die Erzähler, die Storyentwickler und Regisseure meist nicht mit einbezogen. Erst wenn ein fertiges Konzept steht, eine Storyline entwickelt wurde und ein Fragenkatalog für die Zuschauer erstellt wurde, tritt man vor das Publikum. Auch das Publikum und dessen Reaktionen werden geplant und inszeniert. Der Storyteller zieht wie ein Puppenspieler gekonnt die Fäden und beherrscht das Spiel und die Spielleitung.

In digitalen Storywelten kann das Publikum Storys kommentieren, sharen, retweeten und liken (gleich dem Applaus des Publikums einer Theateraufführung), es wird aber auch dazu aufgefordert weiterzuerzählen, zu modifizieren, zu kommentieren, umzukehren oder zu karikieren – und all dies in kürzester Zeit. Aus einer Geschichte können unzählige persönliche Geschichten entstehen.

Seit einigen Jahren geistern Begriffe wie Multimedia, Digital, Crossmedia und Transmedia Storytelling um uns herum. Doch wie soll man diese unterscheiden? **Kevin Moloney** macht uns die Unterscheidung einfach, in seinem Blog Transmedia Journalism[1] betont er:

> „Multimedia? Crossmedia? Transmedia? What is the difference? I get that question a lot, and it's a good one. These three terms can be divided on how they use media form and media channel. Media form is a language a story uses, and it can include text, photographs, illustrations, motion pictures, audio and many others. These forms are then reproduced someplace and that place is a media channel. Journalism channels can include newspapers, magazines, television, radio, lectures, museums, games, graphic nonfiction, the Web or a mobile app among many others. There are hundreds of possibilities here."

■ 11.1 Digital Storytelling

Beim **Digital Storytelling** wird eine Story meist linear erzählt. Die Besonderheit besteht in der Verwendung einer medienspezifischen Sprache (Media Form) mithilfe diverser medialer Komponenten wie Bilder, Töne, Videos. Die produzierten Geschichten werden dann über Media-Kanäle crossmedial gestreut (beispielsweise wird ein Video gleichzeitig auf verschiedenen Kanälen wie YouTube, Vimeo, Facebook, Blog angeboten).

Anstatt eine Story crossmedial über diverse Kanäle zu streuen, wird der Ruf nach relevanten und kanalspezifisch erzählten Geschichten jedoch immer lauter.

Letztendlich werden die Geschichten auch mithilfe von (End-)Geräten konsumiert und dementsprechend auch Hardware-spezifische Storys erzählt. Können Sie sich etwa spannende Geschichten auf dem iPad vorstellen, die nicht die Wischtechnik integriert haben?

Bei der Erstellung von Erzählungen für Videos, speziellen Video-Episoden, Augmented Reality Storys für Online-Games und für Apps erstellte Online-Welten werden die modernsten Hilfsmittel mit ihren Möglichkeiten für das neue digitale Storytelling verwendet, ständig auf der Suche nach neuen Erzählformen, also medienspezifischen Ausdrucksmitteln.

Waren anfänglich Spiele in ihren interaktiven Möglichkeiten stark eingeschränkt, sodass der Spieler hauptsächlich nur reagieren konnte, so sind aktuell Spiel- und Erlebniswelten gefragt, in denen die Spieler sich und ihr Umfeld größtmöglich verändern und beeinflussen können – man erinnere sich nur an Second Life.

Die Social-Media-Kanäle eröffnen immer mehr Möglichkeiten des „Miteinander"spielens in Communities. Oft findet die Story dabei monomedial auf nur einem Medium statt. Oder sie kann nur auf einem Medium (Website, Audio etc.) verfolgt werden.

---

[1] WWW: Kevin Moloney, transmediajournalism.org/2014/04/21/multimedia-crossmedia-transmedia-whats-in-a-name

Neue digitale Erzählformate

Eine gelungene **multimediale Story** nutzt die jeweiligen Stärken der verschiedenen Medien und kombiniert sie so, dass sie sich ergänzen, um die Geschichte interessanter, kompletter oder überzeugender zu gestalten.

Die Möglichkeiten der digitalen Erzählformate, also Geschichten in neuer Art und mithilfe neuer Werkzeuge zu erzählen, sind reichhaltig: Denken wir beispielsweise an die Scroll-Reportage, das multimediale Dossier, das interaktive Interview, die animierte Grafik, die Audio-Slideshow, das Video, Persicope und vieles mehr.

Im Folgenden erhalten Sie einen Überblick über die wichtigsten digitalen Erzählformate.

Die Audio-Slideshow

Audio-Slideshows sind durchkomponierte Geschichten mit einem Spannungsbogen, die aus Fotos bestehen oder in Verbindung mit Video-Sequenzen produziert worden sind.

Gemein ist allen diesen Audio-Slideshows, dass sie von großartigen Bildern leben und von einer starken Erzählstimme unterstützt werden. Meist sind es die Porträtierten selbst, die aus ihrem Leben erzählen.[2]

Multimediales Storytelling

Eine gut erzählte Geschichte macht aus den Ohren Augen. – Sprichwort

Bei der heutigen Informationsflut reichen Texte alleine oft nicht mehr aus, um aufzufallen. Multimediales Storytelling, also die Verwendung von Bild, Text, Ton etc. hilft, komplexe Sachverhalte zu vereinfachen, Informationen im Gedächtnis zu speichern und Interesse zu wecken. Das World Wide Web bietet mittlerweile viele Möglichkeiten, Geschichten in einer neuen Art und Weise und mithilfe neuer Werkzeuge zu erzählen.

Scrollytelling

Eines dieser neuen Erzählformate des digitalen Storytelling nennt sich Scrollytelling. Es ist auch als Scrollytelling-Reportage oder „Multimedia-Reportage" bekannt. Der Begriff „Scrollytelling" ist ein Mischwort aus den Wörtern Storytelling und Scrollen. Es verknüpft Storytelling mit multimedialen Aspekten einer *Longstory*, die mittels *Scrollen* konsumiert werden kann. Textuelle Inhalte werden durch Bilder, Grafiken, Töne, Videos und manchmal auch interaktive Elemente zu einer einheitlichen Geschichte verknüpft. Durch das Scrollen, ob vertikal oder auch horizontal, werden die einzelnen Bereiche und Elemente der Geschichte vom Publikum nach und nach erobert. Eine der ersten anspruchsvollen Multimedia-Storys im neuen Longform-Format veröffentlichte im Dezember 2012 die New York Times mit *Snow Fall: The Avalanche at Tunnel Creek.*[3]

Als multimediale Erzählform ist sie technisch mit überschaubarem Aufwand umsetzbar. Dabei kann bei diesem Erzählformat sowohl das Design als auch die Art der Umsetzung völlig unterschiedlich sein: von der emotional angereicherten Story über das *Oktoberfest-*

---

[2] Hier finden Sie ein Beispiel von 2470media: Gero, der Obdachlose,
http://berlinfolgen.2470media.eu/chapter-detail.97.de.html?tfs[chapterId]=44
[3] WWW: nytimes.com/projects/2012/snow-fall/#/?part=tunnel-creek

Attentat[4] auf den Seiten des Bayerischen Rundfunks bis zu den Reportagen von Zeit Online, beispielsweise: *Das Leben nach der Hölle*.[5]

Auch der öffentliche Rundfunk in Deutschland hat mit *Pageflow*[6] (WDR) und *Linius* (BR) Story- bzw. Scrollytelling-Tools erstellt, mit denen sich multimediale Geschichten erzählen lassen.

Der Bayerische Rundfunk und der Südwestrundfunk erhielten für ihre Scrollytelling-Geschichte *Zwischen Hoffnung und Verzweiflung. Der Nahe Osten*[7] einen Grimme Online Award.

Diese Geschichten sind natürlich aufwendig produziert. In den letzten Jahren wurden hierzu spezielle Werkzeuge entwickelt, die das multimediale Erzählen unterstützen.

Tools, um Multimedia Storys zu erstellen

Selbstverständlich gibt es auch in diesem Bereich wieder eine Vielzahl an Tools – und die Liste scheint beinahe täglich zu wachsen, sodass wir hier nur einige dieser Werkzeuge exemplarisch vorstellen können.

Linius

Linius ist ein Werkzeug, mit dem sich vielschichtige multimediale Geschichten erstellen lassen. Die Software wurde von der Firma MC-Quadrat[8] in Zusammenarbeit mit dem Bayerischen Rundfunk entwickelte.

Linius wird als Theme in eine WordPress-Umgebung eingebettet. Es überzeugt mit einem übersichtlichen Dashboard und Responsive Design. Zur Erstellung der Story stehen unterschiedliche Seitenelemente zur Verfügung: Intro, Artikel, Audio, Video und Hotspot.

Schauen Sie sich beispielweise das *Oktoberfest Attentat*[9] (BR) an und erleben Sie eine mit Linius erstellte Story.

Pageflow

Auch Pageflow ist ein hilfreiches Werkzeug für die Erstellung multimedialer Storys. Pageflow wurde vom WDR zusammen mit der Firma codevise entwickelt. Die WDR-Reportage über *Pop auf'm Dorf*[10], die mit Pageflow umgesetzt wurde, gewann 2014 einen Grimme Online Award in der Kategorie „Spezial". Pageflow beinhaltet einen eigenen Editor, eine Medienverwaltung und eine Nutzerverwaltung.

Atavist

Atavist bietet eine Auswahl verschiedener Templates an. Multimediales Material wie Bilder, Videos, Audios, Slideshows, Kartenmaterial, GIFs und PDFs können leicht in die Story eingefügt werden. Und im Vergleich zu den vorherigen Tools ermöglicht Atavist auch die Einbettung von Twitter- und Instagram-Beiträgen.

---

[4] WWW: story.br.de/oktoberfest-attentat/
[5] WWW: zeit.de/longform
[6] WWW: pageflow.io/de
[7] WWW: blog.br.de/naher-osten
[8] WWW: http://linius-storytelling.de
[9] WWW: story.br.de/oktoberfest-attentat
[10] Die Pageflow-Story über das Pop-Festival in Haldern können Sie sich hier ansehen: reportage.wdr.de/haldern-pop

Bild 11.1 Mittels Altavista können Digital Storys schnell und einfach erstellt werden.

11.2 Expertenbeitrag: Multimediales Storytelling im TV – Tatort Plus, das interaktive Online-Krimispiel

Experten-Biografie: Clemens Camphausen von Machbar

Clemens Camphausen, Jahrgang 1969, studierte Design in Kassel, Mitarbeit bei via4 Design, Nagold, nun seit knapp 20 Jahren Geschäftsführer der Machbar GmbH[11], Konzepter und UX-Experte, steht privat auf Hard-boiled-Krimis à la Raymond Chandler.

Abstract: „Blackout" – Das Online-Krimispiel zum Tatort-Jubiläum „25 Jahre Lena Odenthal"

Die reichweitenstärkste Krimireihe im deutschen Fernsehen ist sonntags für Millionen von Zuschauern ein Pflichttermin. Zum 25. Jubiläum der dienstältesten Tatort-Kommissarin Lena Odenthal ging ein interaktives *Point-and-Click-Adventure* mit 16 inszenierten Fullscreen-Panoramen und 120 multimedialen Hinweisen online.

Wie „echte" Ermittler untersuchten die Spieler Hinweise, befragten Zeugen und zogen Schlussfolgerungen. Zum Start wurde die Seite von über 60 Cloud-Servern ausgeliefert, um allen Fans ein flüssiges Spielerlebnis zu garantieren. Der Aufwand hat sich gelohnt: Bereits in den ersten Tagen beteiligten sich mehr als 50.000 Spieler, die durchschnittlich in 14 Minuten 37 Page-Impressions generierten.

---

[11] Machbar GmbH, www.machbar.de

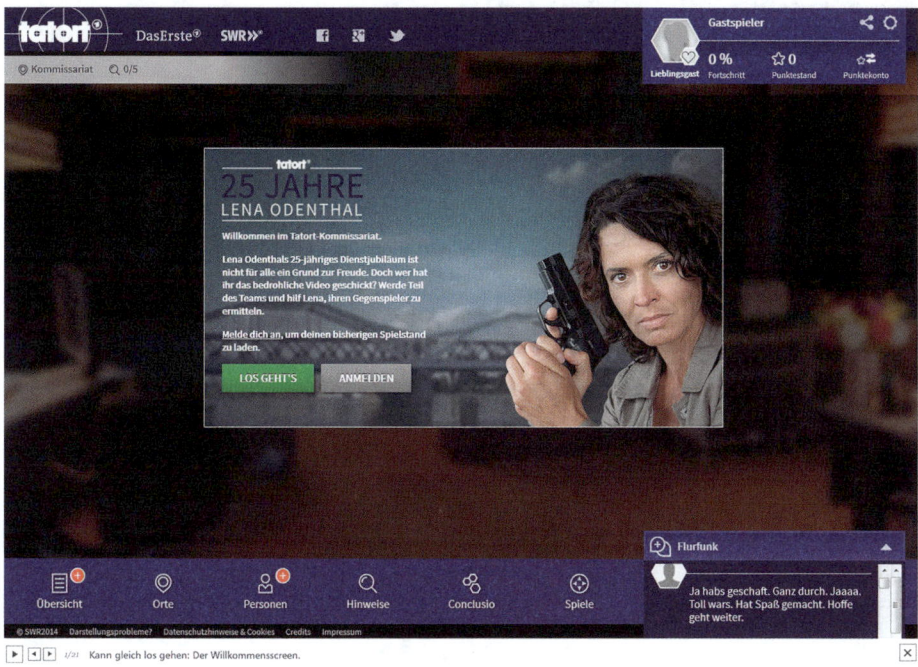

Bild 11.2 tatort+[12] mit Ulrike Folkerts als Hauptkommissarin Lena Odenthal.

11.2.1 Ausgangssituation

Die traditionsreichste und reichweitenstärkste Krimireihe im deutschen Fernsehen ist Sonntagabends für Millionen von Zuschauern ein Pflichttermin. Gleichzeitig steigt das Bedürfnis der Fans nach hochwertigen und individuellen Webangeboten. Daher gibt es regelmäßig Webangebote zum Tatort, die je nach Zielsetzung innovative Technik- und Erzählformate mit einschließen.

Schlagwörter sind etwa Multimedia Storytelling, Second-Screen oder sogar Live-Events vor Ort. Dabei soll die Erlebniswelt des Tatorts geöffnet und ausgebaut werden, die Marke Tatort gestärkt und die Bindung der Fans gefestigt werden. Durch die Erweiterung der Erlebniswelt ins Internet und die aktive Nutzereinbeziehung sollen vor allem jüngere Zuschauer an die Marke herangeführt werden.

Beim *Tatort Plus: Blackout* handelt es sich nicht nur um den TV-Film, sondern auch um eine Webpräsenz, auf welcher die Geschichte des Tatort-Krimis weitergespielt werden konnte. Die Zuschauer wurden dabei zu aktiven Ermittlern.

---

[12] Konzept: SWR (www.swr.de), Machbar GmbH (www.machbar.de); Story: Harry Göckeritz; Projektleitung Machbar GmbH: Clemens Camphausen

11.2.2 Aufgabenstellung und Zielsetzung

Der SWR wird gerade auch wegen der beiden vorherigen *Tatort Plus*[13] als innovativer Sender innerhalb der ARD wahrgenommen. Der *Tatort Plus: Blackout* konnte an diesen Erfolg auch zum „Dienst"-Jubiläum der Tatort-Kommissarin Lena Odenthal anknüpfen. Die Erwartungen waren bei den Usern und der Fangemeinde sehr hoch. Tatsächlich konnte der Tatort Plus als innovative Weiterentwicklung die Erfolge aus den Jahren 2012 und 2013 inhaltlich und gestalterisch qualitativ und bei der Nutzerakzeptanz quantitativ übertreffen.

11.2.3 Zielgruppe

Der Tatort Plus richtet sich zum einen an die Millionen Tatort-Fans, die jeden Sonntag den aktuellen Tatort im Fernsehen anschauen. Zum anderen wird die Zielgruppe der meist jüngeren webaffinen Krimi-Fans angesprochen, die sich für Online-Spiele interessieren. Daraus ergibt sich zwangsläufig die Anforderung, dass die Bedienoberfläche und Nutzerführung einerseits, so wie der Spieleinstieg und -aufbau andererseits einfach und intuitiv erfassbar sein müssen.

11.2.4 Einsatzzeitraum

Die Webseite war ein Jahr lang online: Der Prolog startete am 19.10.2014, eine Woche vor der Ausstrahlung des „Tatort: Blackout". Hier stand das Dienstjubiläum von Lena Odenthal im Mittelpunkt. Fans konnten das Kommissariat erkunden und sich zahlreiche multimediale Inhalte ansehen sowie erste Spiele spielen. Das eigentliche Krimi-Spiel begann direkt nach der Ausstrahlung von „Blackout" am 26.10.2014 um 21:45 Uhr. Die Seite ging am 18.10.2015 offline. Bis dahin konnte das komplette Angebot genutzt werden.

11.2.5 Idee, Strategie und Umsetzung

Wie präsentiert man markengerecht umfangreiches, liebevoll aufbereitetes Archiv-Material aus 25 Jahren der dienstältesten Tatort-Kommissarin so, dass alte Fans und Digital Natives gleichermaßen auf ihre Kosten kommen? Natürlich in einem spannenden und kurzweiligen Krimispiel.

---

[13] WWW: tatortplus.de

11.2.6 Spielbeschreibung

 Hinweis für die Zuschauer auf der Webseite der ARD

Tatort+: Die Online-Ermittlung*

Zum 25-jährigen Dienstjubiläum für Lena Odenthal gibt es einen interaktiven Fall zum Mitermitteln. Helfen Sie Kommissarin Odenthal bei ihrem schwierigsten Fall.

Hinweis: Das Spiel „Tatort+" ist nicht mehr online!

„Tatort+: Blackout": Der Prolog

Der Prolog startet am 19.10.2014, eine Woche vor der Ausstrahlung von „Tatort: Blackout". Hier ist das „Tatort"-Kommissariat der Schauplatz, und das Dienstjubiläum von Lena Odenthal steht im Mittelpunkt. Fans können das Kommissariat an ihrem PC oder Tablet erkunden und sich zahlreiche multimediale Inhalte ansehen, z. B.:

- einen digitalen Bilderrahmen mit einem Best-Of-Lena in Form von Szenenfotos und Videos aus alten Folgen.
- eine Glückwunschgalerie mit Grüßen früherer Gegenspieler und Mitstreiter.
- das zerknüllte Manuskript einer Rede, die Kopper zu Lenas Jubiläumsfeier halten will.
- ein Aktenspiel, bei dem Fotos und Videos 15 alten Fällen zugeordnet werden müssen.
- Grußbotschaften von Lena, Kopper, Keller und Becker.

Über eine eingebaute Kommunikations-Plattform, den „Flurfunk", können sich die Fans austauschen. Sie können Inhalte, die ihnen gefallen, auf Facebook, Twitter und Google+ weiterempfehlen und Punkte und Abzeichen sammeln. Hinweise im Prolog zeigen den „Tatort"-Fans, dass es nach der Ausstrahlung von „Blackout" mit einem Krimi-Spiel weitergeht.

„Tatort+: Blackout": Der Epilog

Der Epilog – das eigentliche Krimi-Spiel – startete direkt nach der Ausstrahlung von „Blackout" am 26.10.2014, um 21:45 Uhr. Das Spiel begann wieder im Kommissariat. Auf der Tonspur war eine Feier zu hören, die Anwesenden warteten auf Lena Odenthal. Doch diese erschien nicht, stattdessen traf auf ihrem Büro-PC eine bedrohliche E-Mail ein, die zeigte, dass die Kommissarin von einem Stalker verfolgt wurde.

In der Wohnung von Mario Kopper und Lena Odenthal fanden sich weitere Hinweise, dass Lena bedroht wurde und Hilfe benötigte. Die „Tatort"-Fans folgten im Spiel Lenas Spuren und sammelten an Schauplätzen und in Zeugenbefragungen Hinweise, die Schritt für Schritt die Geschichte des Falls erzählten, dessen Ursprünge in Lenas Vergangenheit als Kommissarin lagen. Um den Fall zu lösen, mussten die „Online-Ermittler" Hinweise untersuchen, indem sie etwa ein Spiel spielten, um DNA zu sequenzieren, oder es musste die richtige Wohnung in einem Mehrfamilienhaus herausgefunden werden, um Zeugen und Verdächtige zu befragen.

Darüber hinaus mussten Akten zu 16 alten Fällen analysiert und immer wieder die richtigen Schlüsse aus ihren Ermittlungen gefolgert werden. In einem spannenden Finale mussten sie gegen die Zeit Lena aus einer lebensbedrohlichen Situation retten.

Jede Menge spannende Inhalte

„Tatort"-Fans fanden im „Tatort+: Blackout" mehr als 60 Videos und 200 Fotos aus alten Odenthal-Fällen und weiteren Content, den sie so noch nie gesehen hatten.

Krimi-Fans erwartete ein spannendes, abwechslungsreiches Spiel, bei dem logisches und räumliches Denken, Kombinationsgabe und genaue Beobachtung gefordert waren.

Community-Fans konnten den „Tatort+" am Sonntagabend nach dem Film als gemeinschaftliches Event erleben, bei dem eine Aufgabe vor dem Finale gemeinsam gelöst werden musste und die Kommunikation mit den Mitspielern großen Raum einnehmen konnte.

Einzelspieler konnten das Spiel durchspielen, ohne mit anderen Nutzern interagieren zu müssen. Sobald sie sich angemeldet hatten, war es möglich, jederzeit das Spiel zu unterbrechen und zu einem anderen Zeitpunkt weiterzuspielen – und das ein ganzes Jahr lang.

Wie konnte man mitspielen?

Der Einstieg in das Spiel war über tatortplus.de oder tatort.de möglich. Die Spieler konnten sich ohne Anmeldung überall umschauen und die einzelnen Elemente nutzen. Wer sich aktiv an den Ermittlungen beteiligen wollte, konnte sich mit einem frei gewählten Nutzernamen und Passwort anmelden, aber auch über Facebook, Google+ und Twitter teilnehmen.

Die Spieler konnten jederzeit einsteigen, es war auch nicht notwendig beim Prolog mitgemacht zu haben, um beim Ermittlungsspiel dabei zu sein. Im Prinzip wurde „Tatort+" allein gespielt, aber das Zusammenspiel in der Community, über Flurfunk und die sozialen Netzwerke macht einen besonderen Reiz aus.

---

* WWW: daserste.de/unterhaltung/krimi/tatort/specials/tatort-plus-2014-100.html

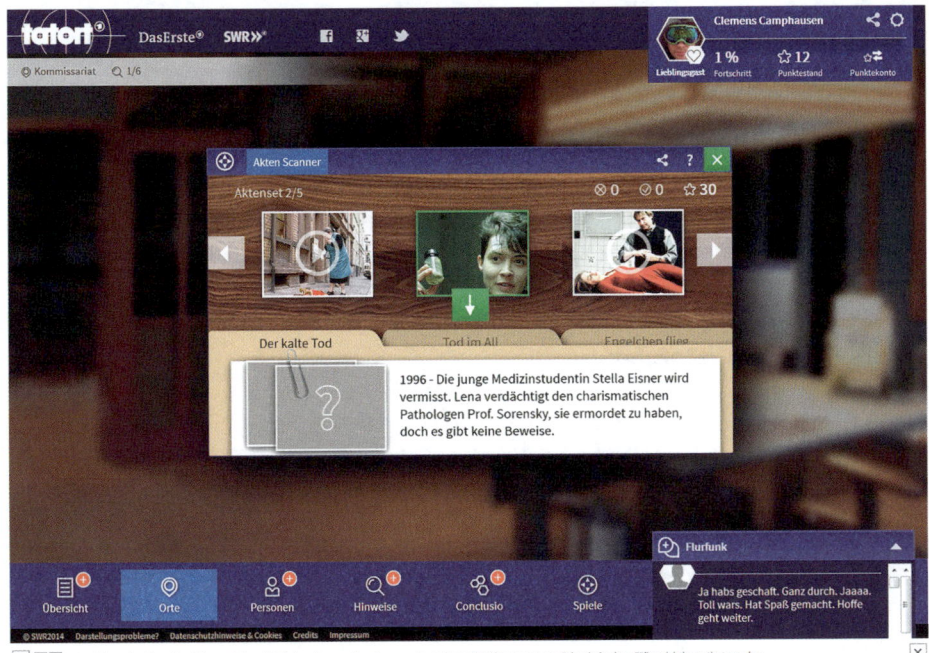

Bild 11.3 Storybuch zum „Tatort: Blackout".

In einem spannenden und kurzweiligen Krimispiel galt es auf einer kniffligen und vergnüglichen Ermittlertour quer durch Ludwigshafen einen Fall rund um Lena Odenthal zu lösen.

Der Spieler schlüpfte in die Rolle eines Ermittlers. Er musste Hinweise finden, über integrierte Mini-Spiele Untersuchungen durchführen und Zeugen befragen, um dann in „Conclusio"-Runden die richtigen Schlussfolgerungen zu ziehen. Über den „Flurfunk" konnte er sich dabei live mit anderen Spielern austauschen.

Der Tatort Plus war ein browserbasiertes, interaktives **Point-and-Click-Adventure**.

Dabei diente ein im eigentlichen Tatort nicht aufgeklärter Mord als Ausgangspunkt für eine ganz eigene Krimistory, die in enger Zusammenarbeit vom SWR-Team gemeinsam mit dem Drehbuchautor und der Agentur Machbar entwickelt worden ist.

Auf den Einsatz einer Second-Screen-Ausspielung wurde bewusst verzichtet, um die Fernsehausstrahlung nicht zu unterminieren.

Die Web-Applikation für Desktop und Tablet konnte dank eines clientseitigen JavaScript-Webframeworks zusammen mit dem fast ein Gigabyte großen Content statisch aus einem CDN ausgeliefert werden, was allen Fans ein flüssiges Spielerlebnis garantierte.

11.2.7 Marketing

Auch wenn vor der Ausstrahlung das Marketing des SWR verständlicherweise vor allem auf den eigentlichen Film fokussierte, konnte über den Prolog in der Woche vor der Ausstrahlung eine Fan-Base von einigen tausend Spielern aktiviert werden, die sich etwa auf Twitter, auf Tatort-Foren oder in privaten Blogs über den Tatort Plus mitgeteilt haben.

Während des Abspanns des Fernsehfilmes dann wurde eine entsprechende Meldung eingeblendet, dass nun unter www.tatortplus.de weiterermittelt werden könne.

11.2.8 Erfolg der Maßnahme

Bereits in den ersten Tagen beteiligten sich mehr als 50.000 Spieler, die durchschnittlich in 14 Minuten 37 Page-Impressions generierten. Ermittlungserfolge wurden auf Facebook, Twitter und Google Plus tausendfach geteilt. Das sind für eine programmbegleitende Webseite, die ja sozusagen einen Mix aus Infotainment, Spiel und Video darstellt, herausragende Werte. Erfreulich ist auch, dass die Seite auch in der Folgezeit gut frequentiert worden ist.[14]

11.2.9 Was macht die Arbeit innovativ?

Der Tatort Plus ist technisch innovativ, da er auf dem clientseitigen JavaScript-Webframework „ember.js" fußt. Da das Spiel im Browser abläuft, konnte es zum Launch mit den fast einen Gigabyte großen Inhalten von über 60 Cloud-Servern statisch ausgeliefert werden – gleichzeitig an bis zu 200.000 Surfer. Natürlich lief die Web-Applikation auf allen Browsern und Tablets. Über eine spezielle mobile Ausspielung konnte der User über die integrierten Minispiele Punkte sammeln, um im eigentlichen Krimispiel „kostenpflichtige" Ermittlungshilfen in Anspruch zu nehmen – oder diese Punkte an andere User zu verschenken.

Der Tatort Plus ist inhaltlich innovativ, da durch das Konzept des Krimispiels die Verweildauer und Impressions herausragende Werte erreicht haben. Die Ansprache des Surfers als Mitglied im Ermittlerteam hat dabei eine starke Identifikation mit dem Team Odenthal ermöglicht. Gleichzeitig wurde der Austausch der Spieler- und Fan-Community untereinander gestärkt, nämlich über die integrierte Scribble Live-Anwendung und die Möglichkeit, sich gegenseitig Punkte zu schenken. Als kollaboratives Community-Element diente auch die Lösung des vorletzten Levels „Hex-Editor" – vor dem großen Finale: Erst nachdem rund 1000 Spieler ihren Beitrag geleistet hatten wurde das letzte Level freigeschaltet.

Der Tatort Plus ist konzeptionell innovativ, weil er nicht nur erfolgreich Digital Natives einbindet, sondern Gelegenheitsspielern über verschiedene „Ermittlungshilfen" einen „Lean back"-Mode (Stichwort: „Levels-Of-Engagement") ermöglicht hat.

---

[14] Der ARD Telemedien Bericht 2013/2014 und Leitlinien 2015/2016 beschreibt, dass Tatort Plus den Nutzern die aktive Beteiligung innerhalb eines Multimedia-Storytelling-Formats ermöglichte: „Die Nutzer mussten einen brisanten Fall aufklären, dessen Lösung in der Vergangenheit der Kommissarin lag. Die Angebote stießen auf sehr große Resonanz bei den Nutzern."

■ 11.3 Transmedia Storytelling

Beim **Transmedia Storytelling** sind Storys idealerweise bereits so konzipiert, dass sie verschiedene Medien mit einbeziehen und dem Medium entsprechend erzählt werden. Sie nutzen dazu auch die spezifischen Merkmale und Stärken des jeweiligen Mediums. Transmedia Storytelling ermöglicht es vielen Rezipienten und Autoren in eine fiktionale Welt mit zahlreichen Charakteren und Erzählsträngen einzutauchen, deren erzählte Elemente nicht linear sein müssen. Hierbei kann sowohl die Anzahl der Medien als auch die Anzahl der erzählerischen Mittel und Stränge inmitten einer Storywelt variieren.

Augmented Reality, Visual Effects und transmediales Storytelling: Die Digitalisierung hat diese drei Bereiche beflügelt oder überhaupt erst möglich gemacht. Angetrieben von immer neuen Technologien und Möglichkeiten mit den Nutzern zu interagieren wird in diesen Bereichen noch viel experimentiert, etwa so wie auf einem Sandkastentestgelände.

11.4 Expertenbeitrag: Transmediales Storytelling

Experten-Biografie: Patrick Möller, patmo.de

Patrick Möller[15] unterstützt seit 2011 als freier Berater Unternehmen, Organisationen und Einzelpersonen (Autoren, Self-Publisher u. a.) bei ihren Projekten in den Bereichen Storytelling, Visibility und Marketing. In seinen Workshops geht er auf Wunsch auch auf Spezialisierungen wie Transmedia Storytelling, Gamification, Social Media und Experience Design ein. Zuvor hat er bereits über sechs Jahre für eine Berliner Agentur in den Bereichen Viral Marketing und Alternate Reality Gaming gearbeitet.

Zu seinen Kunden zählen unter anderem Droemer Knauer, S. Fischer Verlage, Diogenes, Carlsen, ARTE, DJH Unterweser Ems, 42 Entertainment, UFA Lab, sprylab technologies, Warner Bros. und Europa Cinemas.

Abstract: Transmediale Erzählformen

Die heute geläufigen Erzählformen zielen darauf ab, entweder Leser, Zuhörer oder Zuschauer zu unterhalten. Sie richten sich normalerweise immer an ein genau definiertes Publikum – bezogen auf die Art der Verwendung der Erzählform. Doch schon seit Jahren experimentieren Kreative damit, zum Beispiel die Welt einer Buchgeschichte, die normalerweise nur zwischen zwei Buchdeckeln gefangen ist, zu verlassen und dem Leser über das Lesen hinaus ein besonderes Erlebnis zu ermöglichen.

Der bekannte Berliner Thriller-Autor *Sebastian Fitzek* hat für seine Bücher immer wieder kleinere und größere Details entworfen und geschickt in seine Geschichten eingewoben. So heftete in manchen Ausgaben seines Thrillers „Der Seelenbrecher" zum Beispiel passend zum dortigen Inhalt ein kleiner, gelber Notizzettel[16], auf den jemand eine E-Mail-Adresse gekritzelt hatte – genau so, wie es im Buch auf der Seite davor beschrieben stand.

---

[15] So finden Sie Patrick Möller im WWW: Webseite: patmo.de; Facebook: if-show.de/Patmode; Twitter: if-show.de/TPatmo

[16] WWW: Gelber Notizzettel, if-show.de/GelberNotizzettel

Doch es sollte nicht allein bei dieser Irritation bleiben. Wer sich traute an diese E-Mail-Adresse eine kurze Nachricht zu schreiben, der erhielt eine Antwort-E-Mail und setzte eine Interaktion in Gang. Durch die Positionierung des Zettels an der besagten Stelle entstand bei den E-Mail-schreibenden Lesern ein besonderes Erlebnis, das sie für einen Moment mitten hinein in die Situation einer Figur aus dem Buch versetzte.

Ähnlich wirkte zum Beispiel auch die handschriftlich auf den Rand gedruckte Berliner Telefonnummer in dem folgenden Thriller „Splitter", über die man einen Anrufbeantworter abhören konnte, wenn man nur mutig genug war, die Telefonnummer anzurufen.

Diese beiden Beispiele sind für sich genommen noch kein Transmedia Storytelling, aber es sind gute Beispiele für die Möglichkeiten des Erzählens über mehrere Medien hinweg – genau darum geht es beim Transmedia Storytelling: Eine Geschichte wird so über verschiedene Medien verteilt erzählt, dass der Leser, Zuhörer oder Zuschauer in seiner Rolle wechseln kann, aber nicht muss.

Aus diesem Grund spricht man hierbei auch nicht mehr von dem Leser, dem Zuhörer oder dem Zuschauer, es geht vielmehr um den Erlebenden. Dieser kann für sich selbst entscheiden, ob er der Geschichte von Medium zu Medium folgt oder doch nur bei einem einmal gewählten Medium bleibt. Am Ende wird sein Erlebnis genauso abgeschlossen und zufriedenstellend sein wie das eines Erlebenden, der der Geschichte über alle Medien hinweg gefolgt ist. Trotzdem unterscheidet sich das Erlebnis der beiden, wenn auch nur um die Tiefe.

11.4.1 Der Begriff Tansmedia Storytelling

Geprägt wurde der Begriff Transmedia Storytelling bereits im Jahr 2003 durch Professor **Henry Jenkins**. Damals hatte er am MIT zu Forschungszwecken das Comparative Media Studies Program mitentwickelt und wurde von Electronic Arts gebeten, die Moderation eines Workshops durchzuführen, bei dem viele Kreative aus Hollywood und aus der Spieleindustrie anwesend waren, um gemeinsam über die Möglichkeiten der Co-Creation zu diskutieren. Angeregt durch diesen Workshop entstanden die ersten Essays zum Transmedia Storytelling, aus denen schließlich im Jahr 2007 in einem Handout für seine Studenten und auf seinem eigenen Blog die heute noch prägende Feststellung „*Transmedia storytelling represents a process where integral elements of a fiction get dispersed systematically across multiple delivery channels for the purpose of creating a unified and coordinated entertainment experience. Ideally, each medium makes it own unique contribution to the unfolding of the story.*"[17] wurde.

---

[17] WWW: Henry Jenkins, if-show.de/HJenkinsTMS101

11.4.2 Unterscheidung mit Kurzüberblick

Doch wie genau unterscheidet sich Transmedia Storytelling von anderen Erzählformen? Ein Kurzüberblick.

Lineares Erzählen

Ein Buch, ein Film oder ein Hörbuch entfaltet seine Geschichte immer linear. Zwar kann der Autor im Buch mit Rückblicken, Szenenwechseln und allerlei anderen technischen Finessen den Eindruck erwecken, dass man als Leser häufiger mal hin und her springt, aber der Leser wird das Buch trotzdem beginnend beim Anfang bis zum Ende durchlesen. Er wird dabei nicht selbst noch von einem Kapitel zu einem ganz anderen Kapitel springen, weil das seinen Lesefluss stören würde.

Bild 11.4 Single Media

Interaktives Erzählen

In der reinen Buchform unterscheidet sich das interaktive vom linearen Erzählen dadurch, dass der Leser zum Beispiel am Ende eines jeden Kapitels eine Entscheidung über den Fortgang der Geschichte treffen muss. Häufig werden ihm dazu mehrere Entscheidungsmöglichkeiten zur Wahl gestellt und je nachdem, für welche er sich entscheidet, erhält er eine Anweisung zu einer anderen Seite des Buches zu springen und dort die Geschichte weiterzulesen.

So kann es geschehen, dass der Leser, wenn er das Buch zum zweiten Mal liest, einen völlig anderen, aber für sich gesehen immer noch linearen Verlauf der Geschichte erlebt. Der Autor hat in diesem Fall nur vorab sehr viele Entscheidungsmöglichkeiten in seine Geschichte eingebaut und für jede dieser Möglichkeiten den Verlauf der Geschichte angepasst.

Diese Art des Erzählens lässt sich auch mit Filmen verwirklichen.

Crossmediales Erzählen

Ein gutes Beispiel für crossmediales Erzählen sind die Harry Potter Bücher. Zunächst wurden die Bücher veröffentlicht und die Geschichten linear im Buch erzählt. Später kamen die Kinofilme hinzu, die aufgrund der zur Verfügung stehenden Zeit leicht angepasst wurden, aber immer noch die gleiche Geschichte erzählten. Und schließlich gab es noch einmal die gleiche Geschichte, wiederum leicht angepasst, als Computerspiel zu erleben. Grundsätzlich wurde hierbei jedoch immer die gleiche Geschichte in den unterschiedlichen Medien erzählt.

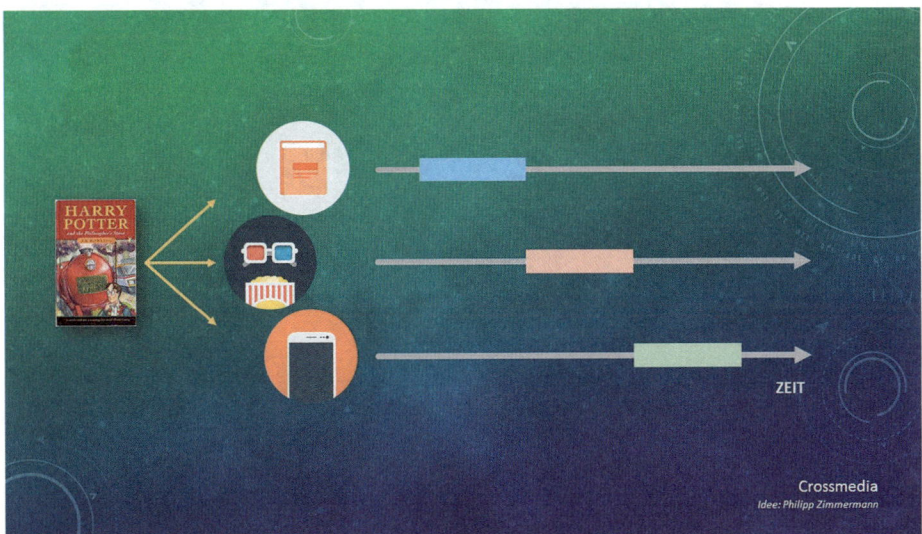

Bild 11.5 Crossmedia

Bei der bisherigen Kurzbetrachtung der Erzählformen wurde jedoch ein kleines, nicht ganz unwichtiges Detail außer Acht gelassen: Fast niemand hat die Zeit, ein Harry Potter Buch in einem Rutsch durchzulesen – Ausnahmen bestätigen die Regel. Stattdessen werden immer ein paar Seiten oder Kapitel am Stück gelesen, gefolgt von einer Unterbrechung, weil vielleicht die Müdigkeit des Abends doch stärker ist als der Wille weiterzulesen, oder aber aus anderen Gründen.

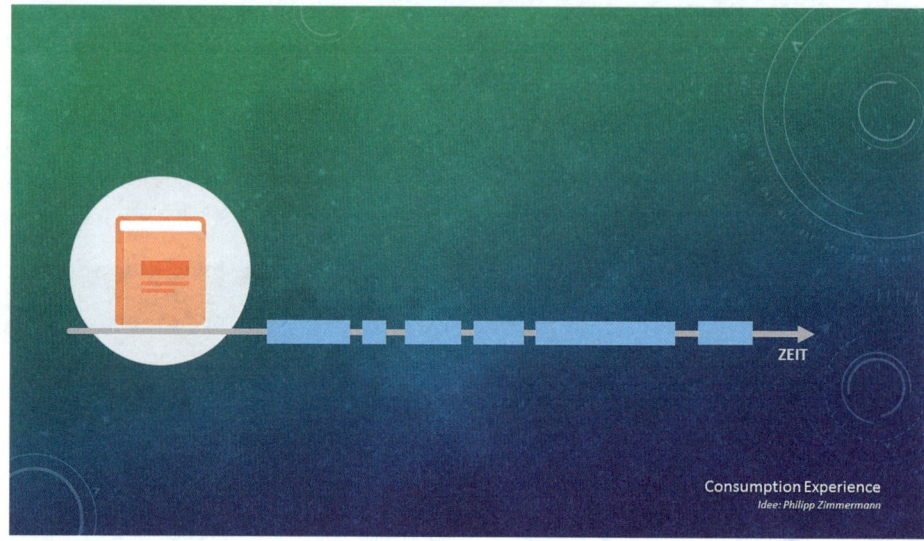

Bild 11.6 Consumption Experience.

Dieses Konsumverhalten zeigt sich ebenso beim Einsatz von Crossmedia. Ein Computerspiel wird nur in wenigen Ausnahmefällen am Stück durchgespielt. Einzig der Film wird vielleicht nicht so häufig unterbrochen, wie in der folgenden Grafik dargestellt. Doch können bei der Filmspur die Pausen stattdessen als aufmerksamkeitsarme Zeiten betrachtet werden, weil man vielleicht gerade vom Sitznachbar oder dem treuen Begleiter Smartphone abgelenkt wird und noch eben schnell mit einer Mail die Welt retten muss.

Bild 11.7 Crossmedia Marketing.

Wie bereits erwähnt, verhält es sich beim Transmedia Storytelling hier anders. Die Geschichten sind so auf die Medien verteilt, dass sie sich gegenseitig bedingen können – so wie der gelbe Notizzettel in der Einführung dieses Kapitels.

Jeder Teil der Geschichte eines jeden Mediums kann beim Transmedia Storytelling den Wechsel zu einem anderen Medium erlauben, er wird aber nicht erzwungen.

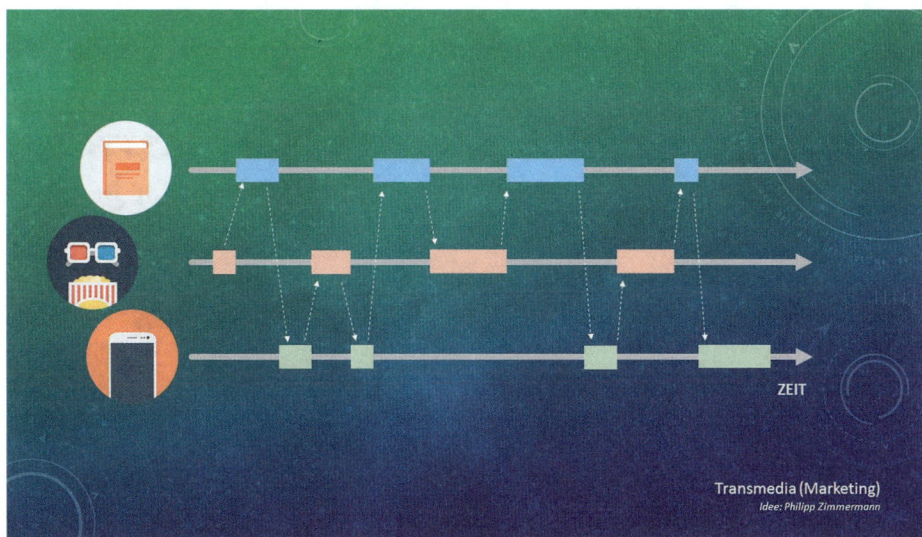

Bild 11.8 Transmedia Marketing.

11.4.3 Erste Schritte

Wie kann man nun Transmedia Storytelling für eigene Projekte nutzen? Was gilt es bei den Vorbereitungen oder auch der späteren Umsetzung zu beachten? Diesen Fragen wird im Folgenden nachgegangen.

Team

Auch wenn es vereinzelt schon Transmedia Storytelling Projekte gegeben hat, die komplett von Einzelpersonen erdacht und umgesetzt wurden, so ist es ratsam, sich ein geeignetes Team dafür zusammenzustellen.

Die geeignete Größe des Teams ist genauso von der zu erwartenden Komplexität der Geschichtenwelt abhängig wie die möglichst divergente Aufstellung des Teams. So können unterschiedliche Expertisen in die Entwicklung des Projekts mit einfließen, die später das Erlebnis für die Teilnehmer besonders abrunden werden.

Wie bereits erwähnt, reicht manchmal schon ein Team von zwei Personen aus. So wurde zum Beispiel für den Schweizer Verlag Diogenes im sogenannten **Magischen Labor**[18] die

---

[18] WWW: Magisches Labor, if-show.de/dmLabor

Geschichte einiger wichtiger Figuren aus dem Buch „Die Seltsamen" von Stefan Bachmann erzählt. Die Figuren wurden dafür durch den Blog, einen Twitter-Account, weitere Webseiten und auch durch den Versand von Objekten per Post zum Leben erweckt und für das Erlebnis genutzt.

Allerdings durfte die Kampagne dem Buch natürlich nichts vorwegnehmen, weswegen man sich dazu entschied, genau diese Figuren näher zu beleuchten. Die Illustratorin entwickelte nicht nur die grafischen Elemente der Webseiten, sondern auch Seiten aus einem Notizbuch einer der Figuren und sogar eine ganz eigene Schriftart, die von den erlebenden Teilnehmern erst einmal entziffert werden musste.

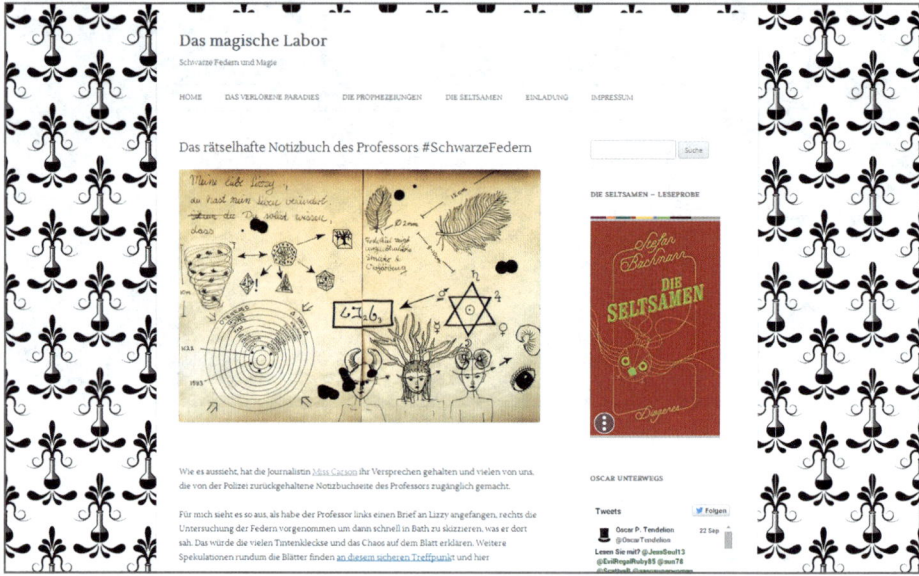

Bild 11.9 Das magische Labor als Notizbuch

Bei komplexeren Kampagnen mit größeren Budgets wird es sinnvoll, die Teamarbeiten auf mehrere Köpfe und Hände zu verteilen. Ein Teammitglied ist zudem dafür zuständig den Überblick zu behalten, solange die anderen ihren kreativen Input und ihr Know-how während der Vorbereitungsphase für mögliche Umsetzungen einfließen lassen.

Roter Faden

Ein roter Faden ist für ein Transmedia Storytelling Projekt ebenso essenziell wie ein gut aufgestelltes Team. Existiert kein roter Faden, wie sollen die Erlebenden dann wissen, wie es weitergeht? Dabei geht es weniger darum, die Erlebenden an die Hand zu nehmen und sie von Medium zu Medium zu begleiten. Vielmehr ist der rote Faden wie eine durchgehende Geschichte, die zu einem zufriedenstellenden Abschluss führt, wenn man ihr folgt.

An geeigneten unterschiedlichen Stellen können von diesem roten Hauptfaden weitere Fäden abgehen. Diese lenken dann zum Beispiel auf andere Medien und erweitern das Erlebnis möglicherweise durch eine ganz andere Perspektive oder indem man vielleicht ganz anderen Spuren folgt.

Häufig ist es einfacher einen roten Transmedia Storytelling Faden für ein bereits bestehendes Buch oder für einen bereits bestehenden Film zu schreiben, da man hier auf das Geschichten-Universum aus dem vorliegenden Werk zurückgreifen kann. Der rote Faden kann dann zum Beispiel die Vorgeschichte sein oder aber ganz neue, eigene Aspekte aufzeigen und diese in das bestehende Geschichten-Universum hineintragen.

Einige sehr schöne Beispiele für diese Verwendung von roten Fäden kann man sich bei dem in Berlin ansässigen Verlag **Das wilde Dutzend**[19] anschauen. Der **„Codex Roboticus"** (Bild 11.10) etwa ist eine zweisprachige Graphic Novel, deren Geschichte durch den Illustrator Jens Maria Weber erdacht und illustriert wurde. Auch vor und nach einer neuen Veröffentlichung lädt der Verlag immer wieder zu unterschiedlichen Veranstaltungen ein, bei denen die Teilnehmer in die Geschichtswelten ihrer Bücher abtauchen können.

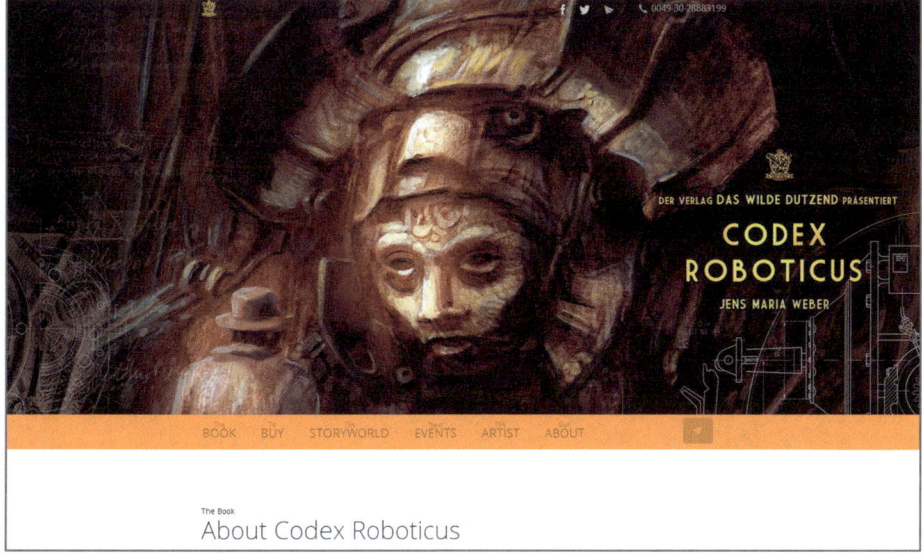

Bild 11.10 Webseite zum „Codex Roboticus"

Dabei ist der Verlag selbst schon ein interessantes Transmedia Storytelling Mysterium, das auf den Legenden einer gleichnamigen Geheimloge fußt, in deren Mittelpunkt eine taffe, durch die Zeit reisende Kultur- und Literaturdetektivin steht – ein roter Faden. Eben jene Dame ist es auch, welche die Teilnehmer unter anderem bei Rollenspielabenden mit auf abenteuerliche Erlebnisreisen nimmt. An diesen Abenden wird der rote Faden dann mal mehr, mal weniger stark durch die Interaktionen der Teilnehmer beeinflusst und mitbestimmt. An anderen Abenden, zum Beispiel bei Theateraufführungen, können kleine, weitere Geheimnisse rund um die Loge aufgedeckt werden.

---

[19] WWW: Das wilde Dutzend, if-show.de/DWDutzend

Ausrichtung

Um den bevorstehenden Erfolg des Transmedia Storytelling Projektes zu verstärken, ist es notwendig, möglichst viel über diejenigen zu wissen, die später das Projekt auf die eine oder andere Art und Weise erleben sollen. Die Kenntnisse über bestimmte Vorlieben der Zielgruppe können bereits während der Vorbereitungen einfließen und so das spätere Erlebnis abrunden.

Wenn es sich bei dem Transmedia Storytelling Projekt zum Beispiel um eine Liebesgeschichte handelt, dann spricht das Projekt eine andere Zielgruppe an, als wenn es um einen Mystery Thriller geht. Um sich ein besseres Bild der möglichen Zielgruppen machen zu können, ist eine genaue Recherche unausweichlich. Doch wo fängt man am besten an?

Zunächst kann man sich Gedanken machen, welche Zielgruppe besonders mit einer Geschichte dieser Art in nur einem bestimmten Medium angesprochen wird. Bei einer Liebesgeschichte schaut man sich vielleicht nach Personen um, die gerne Liebesgeschichten in Form von Büchern lesen oder in Form von Filmen sehen. Was zeichnet diese Personen aus? Gibt es gemeinsame Nenner innerhalb der einzelnen Gruppen? Gibt es gemeinsame Nenner beim Vergleich der jeweiligen Mediengruppen? All dies gibt Hinweise darauf, womit man seine eigene Geschichte vielleicht noch mehr ausschmücken sollte, damit sie diesen Zielgruppen noch besser gefällt.

Eine derartige Recherche muss nicht zwangsläufig nur online erfolgen. Auch die Befragung einzelner Personen oder Gruppen in der realen Welt kann hier hilfreich sein, je nachdem wie viel Zeit und Budget man für diese Recherchen zur Verfügung hat.

11.4.4 Ausblick

Natürlich gehören zu einer derartigen Projektarbeit noch sehr viel mehr Schritte. Diese alle hier in diesem kurzen Kapitel abzuhandeln ist nicht möglich, das würde ein ganzes Buch füllen. Trotzdem sei an dieser Stelle auf folgende Quellen verwiesen, die einen tieferen und dezidierteren Einstieg ermöglichen.

Das Transmedia Manifest

Obwohl der Begriff Manifest nach einem sehr starren Konstrukt klingt, so war das von acht kreativen Köpfen entwickelte **Transmedia Manifest**[20] doch immer als möglicher **Grundleitfaden** gedacht und nie als statische Voraussetzung.

---

[20] WWW: Das Transmedia Manifest, if-show.de/TMSManifest

Bild 11.11 11 Thesen oder besser gesagt „Möglichkeiten" begründen den Grundleitfaden eines Transmedia Storytelling Projekts

Das Manifest besteht aus 11 Einzelpunkten, die alle in einem Transmedia Storytelling Projekt aufgegriffen werden können. Wer die ersten Schritte in der Welt des Transmedia Storytelling macht, der kann sich auch ein paar dieser Punkte herauspicken und versuchen diese umzusetzen. Es müssen nicht alle 11 Punkte erfüllt sein. Inhaltlich geht es in den Punkten unter anderem darum, dass man in seinem Projekt die reale Welt mit der fiktiven Welt verschmelzen kann oder auch dass es unterschiedliche Einstiegspunkte für den Erlebenden in das Projekt geben sollte.

Die 11 Thesen des Transmedia Manifests, das auf der Frankfurter Buchmesse 2011 verkündet wurde

REALITÄTSBEHAUPTUNG: Die Grenze zwischen Realität und Fiktion verschwimmt. Der Konsument der Geschichte weiß nicht mehr genau, was wahr und was erfunden ist.

RABBITHOLES: Die Geschichte bietet dem Leser, Zuschauer, Zuhörer oder Spieler verschiedene Möglichkeiten in sie einzutreten.

GESCHICHTEN-UNIVERSUM: Der Konsument der Geschichte muss nicht mehr einer einzelnen Dramaturgie folgen, sondern darf selbst aus mehreren sich kreuzenden Narrationsbögen auswählen, die schlussendlich in einem großen Geschichten-Universum aufgehen.

INTERAKTIVITÄT: Die Leser, Zuschauer, Zuhörer oder Spieler tauschen sich sowohl untereinander als auch mit fiktionalen Figuren aus, nehmen aktiv an der Geschichte teil und beeinflussen diese.

USER-GENERATED CONTENT: Das Geschichten-Universum bietet dem Konsumenten der Geschichte die Möglichkeit, sich an ausgewählten Stellen selbst gestalterisch einzubringen. Das kann durch selbstgeschriebene Texte, gedrehte Filmclips oder auch eigene Kunstwerke geschehen, die mit der Story-Community geteilt werden.

TRANSMEDIALITÄT: Das Story-Universum beschränkt sich nicht auf ein einzelnes Medium, sondern nutzt die Stärken jedes einzelnen Mediums, um aus ihrer Symbiose etwas Neues zu erschaffen.

LOCATION-BASED STORYTELLING: Der Leser, Zuschauer, Zuhörer oder Spieler wird zum Träger der Fiktion, indem er reale Orte aufsucht, an denen Teile des Story-Universums weitererzählt werden.

UNENDLICHKEIT: Das Geschichten-Universum hat das Potenzial, durch mögliche Fortsetzungen, ausgegliederte Nebenhandlungen oder mittels konstanter Elemente die Grundlage für eine nie zu Ende gehende Geschichte zu schaffen.

LEANBACK/LEANFORWARD: Das Story-Universum verlangt von seinen Lesern, Zuschauern, Zuhörern oder Spielern nicht, sich stets aktiv an der Geschichte zu beteiligen, sondern bietet auch die Möglichkeit die Geschichte zeitweise bzw. dauerhaft in einem passiven Modus zu konsumieren.

MULTIPAYMENT: Die Vielfältigkeit des Geschichtenerzählens innerhalb des Story-Universums ermöglicht ein additives Freemium-Geschäftsmodell, das sich aus mehreren Beiträgen pro Konsument zusammensetzt.

KOLLABORATIVES ARBEITEN: Das Geschichten-Universum wird von flexiblen, interdisziplinär agierenden Teammitgliedern gemeinsam entwickelt, da es einer Bündelung unterschiedlicher Kompetenzen bedarf.

Dieses Manifest ist eine Zukunftsvision des Geschichtenerzählens, die von den acht „Überfliegern" entwickelt wurde. Die „Highflyers" – „Überflieger" sind ein buntgewürfelter Haufen von Experten, der von der Buchmesse und der Agentur Newthinking gecastet und zusammengestellt wurde.*

---

* Quelle zu den 11 Thesen des Transmedia Manifests in deutscher Sprache:
www.frisch-gebloggt.de/spezial/die-uberflieger-prasentieren-das-transmedia-manifest

11.4.5 Transmedia Storytelling in Schritten

Der Stockphoto-Anbieter GettyImages zeigt in einer **Infografik**[21] fünf Schritte, die dazu führen können ein Transmedia Storytelling Projekt umzusetzen. Die fünf Schritte der Infografik sind angereichert mit interessanten Facts. So erfährt man zum Beispiel, dass 92 % aller Leute es bevorzugen würden, wenn Marken ihre Anzeigen stärker auf Geschichten und Spiele ausrichten würden.

25 Things you should know about Transmedia Storytelling

Der Autor und Gamedesigner Chuck Wending hat in seinem Blog Terrible Minds **25 Fakten über Transmedia Storytelling**[22] zusammengefasst. Neben einer eigenen Definition für den Begriff, die auf der Zunge zergeht wie ein Toffee, gibt es 24 weitere Einblicke, was man machen kann und wovon man lieber die Finger lassen sollte.

Tools

Im Internet gibt es bereits einige Software-Tools, die bei der Entwicklung von Transmedia Storytelling Projekten helfen können. Grundsätzlich kann es aber auch hilfreich sein, Software zu verwenden, die man sowieso schon hat. Bestimmte Storyabläufe können zum Beispiel in einer Excel-Tabelle festgehalten werden, genauso wie Produktionslisten von Artefakten oder auch einfach Content-Übersichtslisten. Wer lieber mit Libre-Office statt mit den Microsoft-Produkten arbeitet, kann dies ebenso recht einfach machen.

Für alle, die darüber hinaus noch auf andere Software mit anderen Anforderungen zurückgreifen wollen, werden im Folgenden einige Tools vorgestellt.

Transmedia Project Pitch Sheet

Das Transmedia (TMS) Project Pitch Sheet[23] ist ein zweiseitiges PDF, mit dessen Hilfe man bereits grundlegende Fragen zum eigenen Transmedia Storytelling Projekt festhalten und im Überblick behalten kann. Als Pitch Sheet eignet es sich zudem dazu, auf einen Blick zu sehen, an welchen Stellen das Projekt eventuell noch nachgebessert werden muss. Das Sheet wurde erstellt von Robert Pratten, der ebenso die Entwicklung des weiter unten aufgeführten Tools Conducttr vorangetrieben hat.

Twine

Twine[24] ist ein Open Source Programm, mit dessen Hilfe es sehr einfach ist, eigene Interactive Fiction Projekte zu erstellen. Die einzelnen Abschnitte der Geschichte werden dazu jeweils in kleine Boxen eingefügt, die beliebig miteinander verbunden werden können. Die Boxen können zudem frei auf der Programmoberfläche verschoben und angeordnet werden. So ist es möglich eine Geschichte beliebig verzweigen zu lassen. Am Ende eines jeden Abschnittes kann eine Abfrage definiert werden, deren Antwortauswahl zu unterschiedlichen Fortgängen der Geschichte führen kann.

---

[21] WWW: Infografik, transmedia-storytelling-berlin.de/2013/10/transmedia-storytelling-in-5-schritten/
[22] WWW: 25 Things you should know about Transmedia Storytelling, if-show.de/25ThingsTMS
[23] WWW: https://de.slideshare.net/mobile/ZenFilms/project-pitch-sheet
[24] WWW: Twine, if-show.de/Twine

Articy Draft

Articy Draft[25] ist eine Entwicklung des Nevigo Studios, das seinerseits im Gamedesign-Bereich angesiedelt ist. Das kostenpflichtige Tool bietet weitgehende Möglichkeiten für Story-, Figur- und Objekt-Entwicklung und vereint dies in einer übersichtlichen Oberfläche. Zudem können auch hier Bedingungen an einzelnen Abschnitten hinzugefügt werden, die den Verlauf der Geschichte beeinflussen und zwischen parallel verlaufenden Geschichtssträngen wechseln können.

Conducttr

Das ebenfalls kostenpflichtige Werkzeug Conducttr[26] wurde direkt für die Entwicklung und den Einsatz von Transmedia Storytelling Projekten entwickelt. Es wird ständig weiterentwickelt und bietet sogar eine Brücke von der Webseite direkt in selbsterstellte Magazine. Die Möglichkeiten der Arbeit mit diesem Tool sind sehr vielfältig und es gibt zum Beispiel bei Udemy kostenlose Einführungskurse in die Arbeit mit diesem Tool.

11.4.6 Ruf und Zukunft

Transmedia Storytelling hatte in den englischsprachigen Ländern zwischenzeitlich einen negativen Ruf. Das lag häufig auch daran, dass von dem Wort einfach immer und überall Gebrauch gemacht wurde – auch in Projekten, die mit Transmedia Storytelling gar nichts zu hatten. Es wurde als Buzzword missbraucht und viele sind auf den Zug aufgesprungen und haben halt mal irgendwas in diese Richtung gemacht.

Ein bisschen etwas von diesem negativen Ruf ist auch zu uns in den deutschsprachigen Raum herübergeschwappt. Aber sowohl die Verzögerung gegenüber dem englischsprachigen Raum als auch die nicht vergleichbare Größe des deutschsprachigen Raumes ließen diesen negativen Ruf bei uns auch schnell wieder vergehen.

Sicher wurde und wird noch viel auf dem Gebiet des Transmedia Storytelling experimentiert. Und in die Zukunft geblickt wird auch Transmedia Storytelling nicht einfach aus der Welt zu wischen sein. Das zeigen letztlich die Erfolge kleiner und großer Unternehmen (zum Beispiel HBO mit seiner Kampagne zur damaligen Einführung von „Game of Thrones").

Der Mensch liebt Geschichten und Transmedia Storytelling hilft dabei, aus Geschichten unvergessliche Erlebnisse zu machen. Selbst Anbieter wie Netflix oder Amazon Instant Video, die ihre Nutzer zum „Bingewatchen" animieren, nutzen inzwischen die Möglichkeiten, aus ihren bestehenden Kanälen auszubrechen und die Geschichten auch anderweitig erlebbar zu machen. In den nächsten zehn Jahren werden wir deshalb noch einige großartige Projekte in diesem Bereich erleben dürfen.

---

[25] WWW: Articy Draft, if-show.de/ArticyDraft
[26] WWW: Conducttr, if-show.de/Conducttr

12 Quo vadis? Ausblicke und Zukunftsmusik

■ 12.1 A Business of the Crowd – Ausblicke von Tobias Dennehy

12.1.1 Notizen zur Zukunft unternehmerischen Geschichtenerzählens

„Not long ago, about the closing in of an evening in autumn, I sat at the large bow window of the D__ Coffee-House in London."[1]

Es ist das Jahr 1840, ein Mann sitzt in einem Kaffeehaus in London. Er beobachtet die vorbeiziehende Menschenmenge, verliert sich in Gedanken über die Natur der Massen und der Stadt, in der sie sich fortbewegen. Schweift mal oberflächlich zum einen (sicher ein Buchhalter!), dann zum andern (ein Anwalt, gewiss!) und wieder zum nächsten Passanten (ein Bettler!). Dann, plötzlich, zieht ein seltsamer älterer Herr seine Aufmerksamkeit auf sich.

„‚How wild a history', I said to myself, ‚is written within that bosom!' Then came a craving desire to keep the man in view – to know more of him."

Er beschließt, dem alten Mann zu folgen, auf all seinen Irrwegen durch das urbane Labyrinth, jeden seiner Schritte beobachtet er, interpretiert er – nur, um von jedem nächsten Schritt dann doch wieder überrascht zu werden:

„I was now utterly amazed at his behavior, and firmly resolved that we should not part until I had satisfied myself in some measure respecting him."

Das Ende vom Lied bzw. der Geschichte: Erzähler und Held begegnen sich für einen kurzen Augenblick, von Antlitz zu Antlitz versucht der Erzähler den Helden zu durchblicken, zu verstehen, glaubt, ihm dafür nun nahe genug zu sein ... doch der alte Mann bemerkt ihn nicht einmal, und geht anschließend weiter seiner unergründlichen Wege. Bis er als Teil der Menge in selbiger verschwindet, mit ihr verschmilzt. Der Erzähler gibt auf und der Erkenntnis nach, dass er den Fremden niemals wirklich verstehen wird.

„‚The old man', I said at length, ‚is [...] the man of the crowd.'"

Manchmal lehrt einen die Literatur vergangener Jahrhunderte, wie Edgar Allen Poes Kurzgeschichte „A Man of the Crowd", mehr über Gegenwart und Zukunft des unternehmerischen Geschichtenerzählens, als es lange theoretische Storytelling-Abhandlungen der Sachliteratur vermögen. Poes (bzw. des Erzählers) Gedanken über das moderne Phänomen Stadt im 19. Jahrhundert bieten einige Parallelen zur Lage der **Corporate Storytelling Nation**:

- Der Erzähler, das sind wir, orientierungssuchende Kommunikatoren.
- Die Stadt das Internet.
- Das Kaffeehaus unser vermeintlich sicherer Unternehmenshafen.
- Die Menge die Internet-Crowd.
- Der alte Mann die viel strapazierte Persona darin.

Als Beobachter versuchen wir verzweifelt, Charakter, Beschaffenheit und Verhalten der Menschen da draußen zu verstehen, vorherzusagen, gar zu bestimmen, nutzen große Daten, um uns kontaktfrei scheinbares Wissen zu beschaffen. Noch sitzen wir in (vermeintlich) sicherer, erhabener Position im Corporate Café, und glauben, uns die Welt so machen zu können, wie sie uns gefällt, widdewiddewitt. Nur leider (leider?) sind die Passanten und Bewohner unserer Stadt eher wie Pippi denn wie Tommy und Annika: verrückt, emanzipiert, und unberechenbar.

---

[1] Poe, Edgar Allen: A Man of the Crowd. In: Complete Tales and Poems. Top Five Books, Illinois 2013: Position 5420 (Kindle Edition).

Diese **Unberechenbarkeit** müssen wir uns zunutze machen. Denn bei aller statistischer Vorhersehbarkeit menschlicher Handlungen, bei aller Schwarmintelligenz: Menschen sind Individuen, einzigartig, und als solche nicht nur die perfekte, sondern in der Tat die einzige Quelle für einzigartige Geschichten. Ich kann mir Big Data zurechtinterpretieren und smart machen, es wird doch immer nur ein hilfloser Versuch bleiben, bestimmte Menschengruppen über einen Kamm zu scheren, sie als Nutzer zu benutzen.

> Einzigartig und interessant sind die Menschen, die unsere Zielgruppen stellen, nicht nur als Helden, auch als Erzähler, als Regisseure, als Copywriter. Sie haben spannende, überraschende Geschichten zu erzählen, und möchten diese auch auf ihre Art erzählen. Warum nicht auch für Unternehmen, die sie lieben, oder lieben lernen?

Landläufig firmiert dieser Ansatz unter dem Namen Crowdsourcing oder Co-Creation, also nichts Neues, wieder einmal, aber zukünftig sicherlich Erfolgversprechendes. Als Unternehmen loslassen, anderen nur mehr Impulse und Ideen für Geschichten rund um die eigene Marke geben, Kreativitäten freien Lauf lassen und diese Freiheit dann doch zielgerichtet zum Teil der eigenen Markengeschichte machen. Die Menschen, die mit Unternehmen und deren mehr oder minder aufgeladener Marke in Berührung kommen, sind durchaus (mit angemessenen Hilfestellungen und Briefings) in der Lage, unsere Geschichten aus ihrer jeweiligen Perspektive spannend und vor allem anders zu erzählen – sie müssen nur die echte (!) Chance dazu erhalten.

Es gibt bereits einige vielversprechende und auch erfolgreiche Kampagnen der unterschiedlichsten Unternehmen, die sich punktuell der Kreativität der Massen bedienen, aber niemanden, der dieses Loslassen zum Kern des Konzepts der eigenen Unternehmenskommunikation macht. Darin liegt die wahre Chance und möglicherweise auch Zukunft modernen unternehmerischen Geschichtenerzählens: Die Menschen, die meine Märkte mit ihren Konversationen füllen und ausmachen, nicht nur hie und da mal eine kleine Markengeschichte erzählen lassen, quasi als Zuckerl. Nein, nach und nach immer mehr Geschichten koproduzieren lassen, den ohnehin immer medienversierteren Mitarbeitern, Kunden, Kunden der Kunden, Meinungsführern, Bloggern, Investoren, gar Journalisten zunächst gezielte Freiheit, dann immer größere Kontrolle über die Kreation der Corporate Storys des eigenen Unternehmens geben.

Das **Ergebnis** werden nicht nur andere, überraschendere Geschichten sein, sondern langfristig auch Menschen, die meine Marke nicht lieben, weil sie dessen Produkte mögen oder dessen mediale Präsenz, sondern weil sie diese selbst mit erschaffen oder weiterentwickelt haben.

- Brand Loyalty wird zur gefühlten Brand Ownership.
- Reputation wird zur kollaborativen Gemeinschaftsaufgabe.
- Und Storytelling wird zu koproduziertem Story Engagement.
- Storytelling in seiner althergebrachten Form wird immer bestehen.

Wie gesagt: Storytelling wird in seiner althergebrachten Form immer bestehen, bis zum Ende der Menschheit, es ist in seiner Essenz einfach unsere Natur. Aber die Vernetzung der Medien, deren Zeitgleichheit und die Tatsache, dass alle mitreden wollen, führen dazu, dass alle auch überall mitreden werden, immer und überall.

Bild 12.1 Rezipienten und bisherige Konsumenten werden für ihre Love Brands auch zu Produzenten, also zu Prosumenten.

Das **Sender-Empfänger-Modell** des klassischen Storytellings (vom Lagerfeuer über mittelalterliche Märkte, von Büchern bis Radio und Fernsehen/Kino) hat im unternehmerischen Umfeld ausgedient. Rezipienten sind Prosumenten und wollen für ihre Love Brands auch zu Produzenten werden. Erst dann fühlen sie sich diesen wirklich zugehörig, bleiben loyal, teilen Inhalte, empfehlen weiter … und lieben uns.

12.2 Storytelling und „The next big thing" – Ausblicke von Pia Kleine Wieskamp

Zukunftsprognosen im Bereich Storytelling sind schwer zu treffen. Egal was kommen wird, zukünftig werden nicht einfach Medien oder Erzählarten wegfallen, vielmehr werden viele verschiedene Erzählformen nebeneinander existieren und sich gegenseitig beeinflussen und befruchten. Marshall McLuhan, er prägte in der Diskussion rund um Medien bereits den Begriff „Globales Dorf", betonte: „Ein neues Medium ist nie ein Zusatz zu einem alten und lässt auch nicht das alte in Frieden. Es hört nicht auf, die älteren Medien zu tyrannisieren, bis es für diese neue Formen und Verwendungsmöglichkeiten findet."

In diesem Sinne begrüße ich Virtual Reality als Bereicherung.

Neue Techniken, neue Möglichkeiten

Die zunehmende Digitalisierung der letzten Jahre hat nicht nur unseren Alltag und die Kommunikation revolutioniert, sondern auch neue Möglichkeiten des Storytelling – wie das digitale Spiel und den interaktiven Film – geschaffen.

Alleine Tablets, Smartphones und Virtual Reality (VR) bzw. Augmented Reality haben die Branche grundlegend umgewälzt. Nun können Geschichten auf noch nie dagewesene Weise erzählt, erlebt und beeinflusst werden.

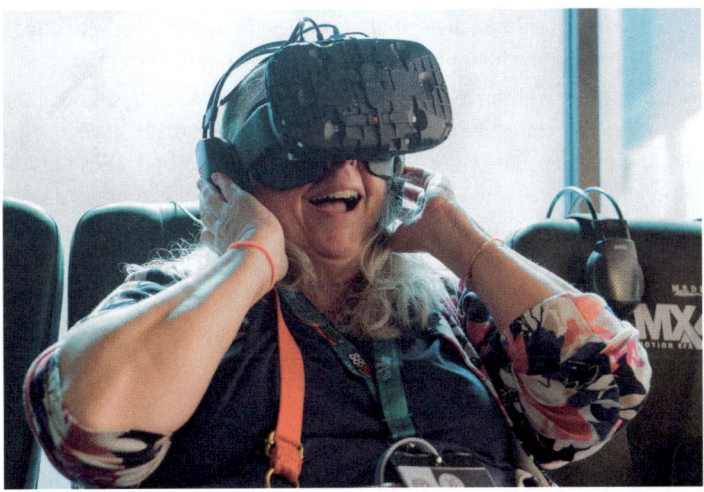

Bild 12.2 Virtual Reality eröffnet dem Betrachter neue Möglichkeiten Storys zu erleben. Beispielsweise dreht sich das „Bild" mit dem Betrachter mit und er kann nach unten sehen bzw. sich nach einem Verfolger umdrehen.

Denn 360-Grad-Videos und VR-Inhalte verändern unsere Wahrnehmung der Welt und somit auch die Art und Weise, wie Geschichten erzählt und erlebt werden wollen. Dabei werden in unmittelbarer Zukunft primär zwei Spielarten vorherrschen:

- Computer-basierte Versionen, wobei der Betrachter VR-Brillen nutzen muss.
- Mobile VR-Möglichkeiten: Hierbei kann z. B. das Smartphone oder Tablet zusammen mit einer VR-Brille genutzt werden.

Hier wird jedoch nicht nur die Technik weiterentwickelt. Es geht auch darum, wie neue Techniken optimal für das Storytelling genutzt werden können.

Firmen wie BMW experimentieren zurzeit sehr kreativ mit VR. In der aktuellen Mini-Kampagne „Real Memories"[2] startet BMW eine weltweite filmische 360-Grad-Erlebnis-Marketingkampagne mit zwei aufwendig produzierten Kurzfilmen, bei denen sich die Zuschauer frei im virtuellen Raum umsehen können. Dazu verteilte die Firma ca. 140.000 Virtual-Reality-Brillen.

Und hier kommt die Idee von Holodecks oder Virtual Reality (virtuelle Welten) ins Spiel.

Die Technik bietet mittlerweile bezahlbare Modelle und Möglichkeiten, sodass jeder Nutzer sich bereits eine Virtual-Reality-Brille aus Pappe für umgerechnet einen Euro leisten kann. Wenn diese Möglichkeiten auch noch transportabler werden, dann sind sie der Renner.

Bisher konnten die Erschaffer einer Story bestimmen, beispielsweise in einem Film durch Bildausschnitte, was der Betrachter sieht und was nicht, in Zukunft besitzt das Publikum mehr Möglichkeiten und dadurch mehr Macht. Es folgt nicht mehr nur der erzählten Geschichte. In neuen interaktiven Storys, beispielsweise einem VR-Video, ist es offen, welche Perspektive das Publikum einnimmt. Der Zuschauer kann mit seiner VR-Brille in alle Richtungen schauen, und das in einer nicht vorbestimmten zeitlichen Abfolge. Er ist mittendrin statt nur dabei.

Für Produzenten bedeutet das, dass sie die Macht darüber verlieren, was der Zuschauer sieht und auch wie er es sieht. Die Interaktivität macht es schwierig, Geschichten „vorzugeben". Gleichzeitig eröffnen sich Filmemachern aber auch neue dramaturgische Möglichkeiten – beispielsweise kann mit verschiedenen Standpunkten gespielt werden.

Es muss herausgefunden werden, wie die Interaktivität für das Storytelling genutzt werden kann. Hierbei sollten Filmemacher von dem üblichen Filmgedanken abweichen, experimentieren und neue, innovative Wege des filmischen Erzählens gehen. Diese Fragestellung ist durchaus als Generationenaufgabe für zeitgenössische Filmproduzenten zu verstehen – das Erschaffen einer neuen Filmsprache ist mit großem Abstand die maßgeblichste Chance der Filmemacher unserer Generation, um wirklich Neues zu erdenken und umzusetzen.

Auch sollte VR weniger als Ersatz des traditionellen Films angesehen werden, sondern vielmehr als etwas Neues, das mit eigenen Strategien arbeitet und neben normalen Filmen existieren wird.

Interaktion wird immer wichtiger

Interaktives Storytelling, in dem das „Publikum" mitwirken kann, benötigt Formen des „Non-Linear-Storytelling". Hierbei wird der Content-Creator genauso wichtig sein wie der Content-Animator, der die Funktion hat, die Konsumenten so weit zu motivieren, dass sie aktiv bei der Gestaltung und Verbreitung der Storyinhalte mitwirken und zu „Prosumenten" werden.

Dabei ist zu beachten, dass der Mensch immer mehr mobil, also auf kleinen Geräten und zwischendurch, also in kleinen Happen bzw. Einheiten, Inhalte konsumieren und auch produzieren wird. Alles sollte darauf ausgerichtet sein, sofort, schnell, einfach und überall

---

[2] WWW: BMW-Mini „Real Memories", http://bit.ly/MINI-360

einsetzbar zu sein. Die Herausforderung des Storytellings für mobile Geräte liegt in der ausgeklügelten Kombination von Inhalten, Interaktion und Animation. Dabei darf aber auch das Datenvolumen nicht zu groß sein.

Der Rezipient und mögliche „Prosument" nutzt mobile Geräte meist während er unterwegs ist, beispielsweise in der Bahn sitzt oder auf den nächsten Bus wartet. Er hat keine Zeit, sich auf kleinen Bildschirmen verschiedene, miteinander „konkurrierende" Informationen zusammenzusuchen. Er will unterhaltend informiert werden, und zwar jetzt und sofort. Daher ist eine Verschmelzung von Animation, Audio, Video und Text notwendig. Höchste Priorität wird ein möglichst störungsfreies Nutzererlebnis haben, denn was nutzen tolle Inhalte, wenn sie immer wieder „abstürzen".

Meiner Meinung nach wird sich der „Umgang" mit dem Publikum ändern und dessen Einbeziehung in das Erzählen oder in die Gestaltung des Spielumfelds bzw. der Storyworld zunehmen.

Interaktivität ist ein Thema, das in Zukunft die Welt des Storytelling immer mehr beeinflussen wird. Längst ist interaktives Storytelling zu einem wichtigen Bereich des Storytelling geworden. Hierbei rückt das Publikum immer mehr ins Geschehen und wird vom „Aufnehmenden" zum „Schaffenden".

 Die Zuschauerbeteiligung (Involvement) kann in vier Bereiche untergliedert werden:
- Passiver Part: Der klassische Konsum von Inhalten und die mögliche individuelle Aufnahme (Emotionen) und Interpretation der Story durch das Publikum (z. B. Kinofilm).
- Aktiver Part, in dem das Publikum eine inhaltliche, von den Storyarchitekten vorgesehene und geplante Beeinflussung der Handlung ausüben kann (z. B. in einem Videospiel).
- Der Social Part beschreibt die Beteiligung des Publikums an einem Medieninhalt durch Austausch über andere Kanäle (z. B. die neue Tatortserie, die das Publikum nur über Kommentare bei Twitter und Facebook konsumiert).
- Diffusion beschreibt eine von den Storyarchitekten nicht zwingend vorhergesehene Vermischung virtueller Medieninhalte mit der individuellen Realität des Publikums (z. B. das Hören eines Wallander-Krimis in Schweden).
- Beteiligter Part: Hier wird das Publikum in die Erstellung und Entwicklung der Story miteinbezogen – beispielsweise schreibt auf einer Community-Plattform oder in einem Blog ein Autorenteam unter Einbeziehung der „Live"-Kommentare des Publikums gemeinsam eine Geschichte.

Die Zuschauerbeteiligung (Involvement) kann in vier Bereiche untergliedert werden:
- **Passiver Part:** Der klassische Konsum von Inhalten und die mögliche individuelle Aufnahme (Emotionen) und Interpretation der Story durch das Publikum (z. B. Kinofilm).
- **Aktiver Part**, in dem das Publikum eine inhaltliche, von den Storyarchitekten vorgesehene und geplante Beeinflussung der Handlung ausüben kann (z. B. in einem Videospiel).
- Der **Social Part** beschreibt die Beteiligung des Publikums an einem Medieninhalt durch Austausch über andere Kanäle (z. B. die neue Tatortserie, die das Publikum nur über Kommentare bei Twitter und Facebook konsumiert).

- **Diffusion** beschreibt eine von den Storyarchitekten nicht zwingend vorhergesehene Vermischung virtueller Medieninhalte mit der individuellen Realität des Publikums (z. B. das Hören eines Wallander-Krimis in Schweden).
- **Beteiligter Part:** Hier wird das Publikum in die Erstellung und Entwicklung der Story miteinbezogen – beispielsweise schreibt auf einer Community-Plattform oder in einem Blog ein Autorenteam unter Einbeziehung der „Live"-Kommentare des Publikums gemeinsam eine Geschichte.

Bei all diesen Möglichkeiten werden zukünftig nicht nur interaktive Erzählschemata neu definiert und erschaffen werden, sondern auch Plattformen und Regeln, die u. a. eine gemeinsame Vergütung regulieren, wenn die Nutzer die Geschichte zusammen mit den Autoren kreieren.

Gerade im Bereich des Marketing und der Kommunikation wird die Herausforderung darin bestehen, die Mit-Erzähler zu motivieren, aktiv zu sein. Oft besteht hier auch die Schwierigkeit von Unternehmen loszulassen und Storytelling nicht nur als Spielwiese von Werbung zu sehen. Das könnte viele Storywelten zu einer Todgeburt verhelfen, wie es meiner Meinung nach bereits bei Second Life passiert ist.

Neue Techniken benötigen Experimentierfreude, um neue Wege zu finden

Saschka Unseld, Creative Director bei Oculus Story Studio, bringt es auf den Punkt, indem er betont: „The way comedy works and the way empathy works is very different in VR than it is in film."[3]

Bereits jetzt wagt er mit der Firma Oculus neue Erzählwege. In dem VR-Film „Dear Angelica"[4] malen die Künstler beispielsweise direkt in der virtuellen Realität.

Hierbei suchte die Crew nach neuen Möglichkeiten: Sie schrieben ein Programm, das es den Künstlern erlaubt, mit der VR-Brille Oculus Rift und einem Touch-Controller Visuals direkt in der virtuellen Umgebung anzufertigen.

Solche Freiheiten und Freiräume benötigen wir in einem größeren Maße. Dies ist aber nur möglich, wenn Storytelling nicht immer und nur als Methode zur Werbung angesehen wird. Wir benötigen gerade im Bereich Marketing ein Umdenken: gehen wir doch von Storytelling als eine Ausdrucksform aus, als neue Kunstform. Hierbei würde ja auch nicht immer und sofort nach dem Return of Investment (ROI) gefragt. Das Storytelling der Zukunft benötigt mehr Freiräume.

Digitale Spiele wie World of Warcraft oder Second Life machen es ja bereits möglich. Hier können User eigene Charaktere schaffen, eigene Regeln und eigene Umgebungen. Auch der Austausch mit anderen Usern ist gewährleistet. User sind nicht mehr nur konsumierend, sie werden kreative Co-Autoren sowie Gestalter und nehmen aktiven Einfluss auf den Handlungsverlauf. Das ist auch eine Herausforderung für die Autoren und Erschaffer neuer Storywelten. Wir benötigen daher neue Ausbildungs- und Trainingsmöglichkeiten für die neue Art des Storytelling. In Zukunft werden Teams mehr in Form eines Community-Managements gemeinsam Geschichten erzählen.

---

[3] Schauen Sie sich dazu auch das Video „Uncovering the Grammar of VR" von Saschka Unseld zu „The future of storytelling" an: https://vimeo.com/140076841
[4] WWW: Illustrative filmmaking with Oculus Story Studio, youtube.com/watch?v=-rvwcGxEUGM

Der Autor tritt dabei in seiner Funktion des Geschichtenschreibers einen Schritt zurück und gibt Inhalte an die Konsumenten ab.

Klein, handlich und mobil

Ein anderes „Big Thing" wird die Mobilität. Geschichten und deren Tools zur Aufnahme, Verbreitung und auch Erstellung müssen „immer und überall" möglich sein. Das ist eine veränderte Einstellung des User- und Publikumsverhaltens, die bereits breit verankert ist. Gerade neue Kommunikationswege wie Kurzvideos mit Periscope, Vine und Snapshat, die quasi live Geschichten aus dem Alltag präsentieren, sind aus dem Bereich Storytelling nicht mehr wegzudenken.

Bild 12.3 Kommunikation und Interaktion wird immer mehr auf mobilen Geräten geschehen.

Personalisierte Storys

Werfen wir einen Blick auf Facebook-Werbung oder CRM-Systeme[5], so werden Inhalte und Werbung immer mehr personalisiert, also auf die Interessen und das Umfeld der Person zugeschnitten, angeboten. Diesen Trend sehe ich auch im Storytelling. Personalisierung ist für Unternehmen eine der großen Stärken des interaktiven Storytellings.

Wie gesagt, Geschichten und der Wissenstransfer durch Geschichten existiert, seit es die Menschheit gibt. Und sie werden auch zukünftig als Methode existieren. Aber neue Kommunikationsmittel und Wege werden das Storytelling beeinflussen.

---

[5] Beim Customer Relationship Management (CRM) werden Kundenbeziehungen systematisch gestaltet.

12.2.1 Star Trek wird Realität

Content- und Storyteller befinden sich in einer ständigen Testphase! Im Frühjahr 2016 stellte Microsoft das „Holodeck", die **Holoportation: Virtual 3D Teleportation in Real-Time** vor.[6]

Täglich scheint es neue Apps, ausgeklügelte Techniken und Möglichkeiten zu geben. Das bedeutet für den „Digital Storyteller", ein hohes Maß an Neugierde und Offenheit zu bewahren. Bei den neuen, teilweise sehr jungen Kanälen, lautet die Devise also **Trial and Error**. Im Frühjahr 2016 stellte die Forschungsgruppe I3D bei Microsoft Research mit der Holoportation eine neue Einsatzmöglichkeit der noch nicht auf dem Markt erschienenen Holo Lens vor: Mit Holoportation kann ein real wirkendes Hologramm einer echten Person live und in 3-D an einem anderen Orten auftauchen.

Laut Microsoft wird es mit dieser Technik möglich, mit weit entfernten Personen so natürlich zu interagieren und zu sprechen, als befänden sie sich im gleichen Raum.

Denkt man an die Welt des Raumschiffs Enterprise, so tun sich gerade für die Holodeck-Erzählwelten spannende Möglichkeiten für Storyteller auf.

---

[6] WWW: YouTube Holoportation: Virtual 3D Teleportation in Real-Time (Microsoft Research), youtube.com/watch?v=7d59O6cfaM0

13 Checklisten, Materialien

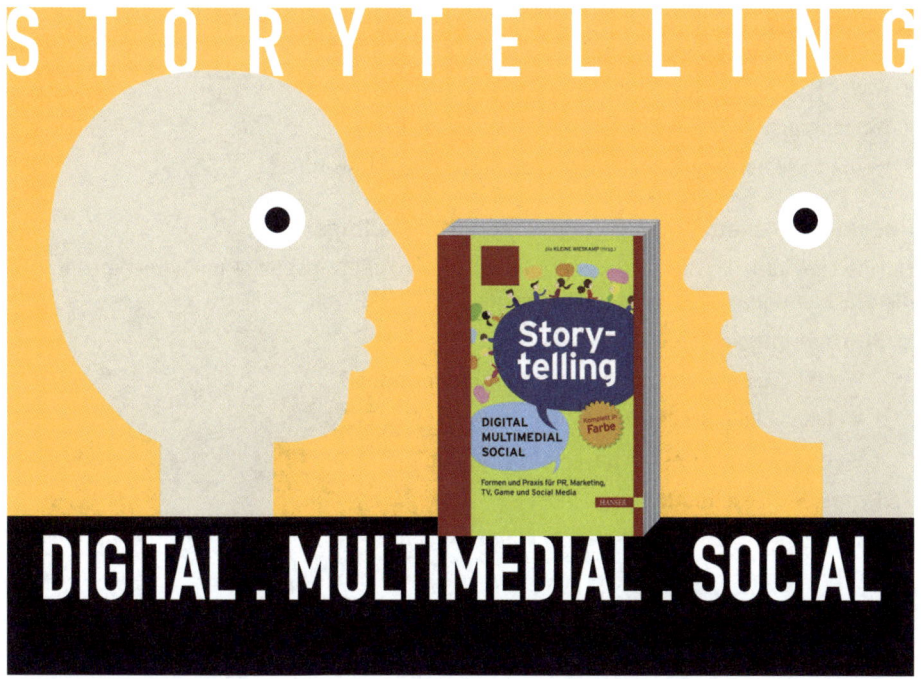

13.1 Checklisten

Die folgenden Checklisten und Fragenkataloge sollen Sie unterstützen, Ihre Storys zu entwickeln.

Deine Geschichte: Vier Fragen an sich selbst

Folgende Fragen sollten Sie sich mindestens in ein bis fünf Sätzen beantworten. Tragen Sie Ihre Antworten einem Publikum vor, das nicht zum Entwickler-Team gehört. Erstellen Sie vielleicht einen Fragebogen und diskutieren Sie mit der „Testgruppe" die offenen Fragen.

- Wovon handelt die Geschichte?
- Was soll diese Geschichte bewirken?
- Warum muss diese Geschichte erzählt werden?
- Wo und wie kann diese Geschichte am besten erzählt werden?

Checkliste: Ablauf eines erfolgreichen Storytellings

Um die Thematik des Storytellings erfolgreich durchzuführen, gibt es unabdingbare Punkte, die beachtet und gelöst werden müssen.

1. **Bestimmung des Zieles**
   - Welche Aussage soll mit der Story getroffen werden?
   - Welches Ziel wird damit verfolgt?
   - Wer soll mit der Geschichte erreicht werden?
2. **Typus der Geschichte**
   - Welche Art von Geschichte soll erzählt werden?
   - Gibt es dabei persönliche Erfahrungen, die mit einfließen können?
   - Welche Art von Inhalt soll die Geschichte enthalten?
   - Soll der Inhalt historisch oder fiktiv sein?
3. **Hauptperson**
   - Wer ist die Hauptperson der Geschichte?
   - Welcher Charakter?
   - Welche Aufgaben kommen auf die Hauptperson zu?
   - Welche weiteren Personen spielen eine Rolle?

Checkliste: Grundfragen jeder Story

- Welche Ziele möchten Sie erreichen?
- Welche Botschaft (Mission) vermittelt die Geschichte? (Was soll diese Geschichte bewirken? Warum muss diese Geschichte erzählt werden?)
- Wovon handelt die Geschichte? (die Handlung in vier Sätzen)
- An wen wendet sich die Story? (Zielgruppe, Personas)
- Welche Kernbotschaft vermittelt die Geschichte?

- Was macht die Story einzigartig?
- Wo und wie kann diese Geschichte am besten erzählt werden?

Checkliste: Zielgruppe
- Warum sollte jemand meine Geschichte beachten? Warum sollte sie jemandem auffallen?
- Warum sollte sich jemand für die Story interessieren?
- Warum sollte jemand gerade diese Story verbreiten und teilen?
- Warum sollte jemand Zeit für diese Geschichte investieren?
- Warum sollte jemand an meiner Geschichte mitarbeiten?

Checkliste: Story-Baukasten

Mission (Wer bin ich, mein Unternehmen)?
- Was sind unsere Botschaften, die Firmenphilosophie?
- Was sind die Alleinstellungsmerkmale?
- Wer sind die Mitbewerber?

Ziele (Was will ich mit der Story erreichen?):
- Welche Ziele und Vorgaben habe ich?
- Was will ich (mein Unternehmen) erreichen?
- Wie will ich diese Ziele erreichen/umsetzen?

Analyse & Recherche
- Wer ist meine Zielgruppe?
- Welchen Medien nutzt sie; welche Sprache spricht sie?
- Mit welchem Mehrwert kann ich die Zielgruppe erreichen?
- Welche Themen interessiert die Zielgruppe?

Themen und Kreativität
- Legen Sie sich eine Datenbank an gut funktionierenden Geschichten und Themen bezugnehmend auf Ihr Publikum (Ihre Zielgruppe) an.
- Schauen Sie sich an, wie erfolgreiche Stories funktionieren.

Planung
- Welche Instrumente (Medien) werden für das Erzählen der Geschichte verwendet?
- Wie sieht der Zeitplan aus? (Projektplan)
- Welche Ressourcen (Budget, Personen) stehen zur Verfügung?

Umsetzung
- Wer ist beteiligt?

Kommunikation
- Wann setzt die Kommunikation der Story ein?
- Mit welchen Mitteln, in welchen Medien wird kommuniziert? (PR-Strategie)

Kontrolle
- Wie wird der Erfolg (die Erreichung der Ziele) festgestellt?

Checkliste: Grundausstattung Ihrer Story

1. **Was ist Ihr Fundament, Ihre Kernaussage (Core-Story)?**

   Was ist Sinn und Zweck der Story? Damit haben Sie die Basis, auf der Sie Ihre Geschichte aufbauen können. Denken Sie dabei, was Ihr Publikum mitnehmen oder lernen bzw. im Kopf speichern soll.
   - Welche Ur-Motive spricht die Story an? (Liebe, Angst, Rache, Suche nach Gerechtigkeit etc.)
   - Was lernt das Publikum aus der Geschichte?

2. **Wer ist Ihr Held?**

   Jede Story benötigt einen Protagonisten, mit dem sich Ihr Publikum identifizieren kann.
   - Wer ist der Held (Antiheld) Ihrer Story?
   - Warum wird sich das Publikum mit dem Helden identifizieren? (Identifikationsmomente)
   - Welche Veränderung durchlebt der Held?

3. **Und wer ist der Bösewicht?**
   - Jeder Held benötigt auch einen Gegenspieler, den Bösewicht bzw. Schurken, denn mit ihm bauen Sie Spannung auf. Dahinter kann sich ein Lebewesen (der „böse Zauberer", die „böse Schwiegermutter"), ein Konflikt oder ein Problem (die Erde wird von Marsmenschen bedroht) verbergen. Wer ist der Bösewicht der Geschichte?
   - Welche Emotionen löst der Schurke aus?

4. **Hat Ihre Story einen Wendepunkt?**

   Mit dem Wendepunkt wird die Auflösung der Spannung eingeleitet. Hieran sehen Sie, wie der Spannungsbogen der Story verläuft.
   - Ist der Handlungsverlauf der Story logisch und leicht nachvollziehbar?
   - Gibt es einen fesselnden Spannungsbogen?

5. **Welche Emotionen löst die Story aus?**
   - Werden durch die Geschichte starke Gedächtnisbilder ausgelöst, an die sich das Publikum lange erinnert?
   - Spricht die Story neben visuellen auch akustische, haptische, gustatorische oder olfaktorische Bilder an?
   - Ermöglicht die Geschichte sinnliche Erfahrungen?

Fragenkatalog: Kernthema der Story

Jeder guten Geschichte liegt ein Thema zugrunde, der Kern der Geschichte. Er setzt sich aus verschiedenen Teilen wie Figuren und ihre Charakterisierung, Plot, Subplots, Wendungen etc. wie ein Puzzle zusammen.

In der Regel wird das Kernthema einer Story nicht genau genannt, oder können Sie sich Sherlock Holmes vorstellen, der sagt: „Dies ist eine Kriminalgeschichte"? Doch Sie als Verfasser der Story sollten das Kernthema benennen können. In vielen bekannten Werken finden Sie Kernthemen wie Liebe (z. B. „Romeo und Julia" oder „Titanic"), Gerechtigkeit, Gier, Rache oder Vertrauen.

Dr. T. Fuchs zeigt in seinem „Geschichten-Barometer"[1] folgende **Ur-Themen** auf, die auch in den „zehn Geboten" der Bibel zu finden sind.

Handelt die Geschichte von	Zehn Gebote
Hoffnung und Verzweiflung	*1. Gebot:* Du sollst an einen Gott glauben.
Leben bzw. Tod	*5. Gebot:* Du sollst nicht töten.
Wahrheit und Lüge	*8. Gebot:* Du sollst kein falsches Zeugnis geben.
Liebe und Hass	*9. Gebot:* Du sollst nicht begehren Deines Nächsten Frau.
Gut und Böse	
Geborgenheit und Furcht	
Stärke und Schwäche	
Treue und Betrug	
Weisheit und Dummheit	
Ankunft bzw. Abschied	

Themenplanung
- Was ist der Anlass/die Idee, das gewählte Thema zu verwenden?
- Welche Geschichte steht dahinter?
- Welche Akteure/Betroffenen gibt es (z. B. Mitarbeiter oder Kunden) und welchen Aspekt des Themas decken sie ab?
- Gibt es Zahlen, Daten, Fakten, die das Thema untermauern?

Fragenkatalog: Unternehmensstory
- Hat das Unternehmen eine Historie (von der Idee über die Gründung bis zur Jetztzeit)?
- Welche Mission wird erzählt? (Botschaft über Sinn und Zweck des Unternehmens)
  - Ist die Mission verständlich und nachvollziehbar?
  - Wie effizient vermittelt die Geschichte die Botschaft?
- Gibt das Unternehmen direkte oder indirekte Versprechen durch die Geschichte?
  - Und wenn ja, sind diese Versprechen erfüllbar?
- Welche Informationen über das Unternehmen, die Marke, seine Produkte und Mitarbeiter gibt die Geschichte preis?
  - Schärft und unterstützt die Geschichte das einzigartige Profil des Unternehmens?
- Wie unterscheiden Sie sich mit Ihrer Mission und Ihrer Story von den Mitbewerbern?
- Wird der Zielgruppe beispielhaftes oder aus Sicht des Unternehmens wünschenswertes Verhalten gezeigt, das zur Nachahmung anregt?

---

[1] Hirnforschung & Storytelling, Handout zum Referat von Dr. Werner T. Fuchs vom 23. April 2009 in München, Neuromarketingkongress / Emotional Boosting Erfolgstrategien aus Sicht des Gehirns, neuromarketing-wissen.de/wp-content/uploads/2011/08/Neuromarketing_Kongress_2009_Fuchs.pdf

Checkliste: Zielgruppe/Publikum

- Wir die Zielgruppe in entsprechenden Bildern, durch die Auswahl des Themas, der Sprache und der Medien angesprochen?
- Wird das Publikum motiviert, die Story weiterzuerzählen bzw. mitzugestalten?
- Gibt die Geschichte zu viel vor?
- Wird das Publikum angeregt, eigene Schlüsse zu ziehen?
- Haben Sie einen Folge-Impuls?

Checkliste: Die Struktur Ihrer Story

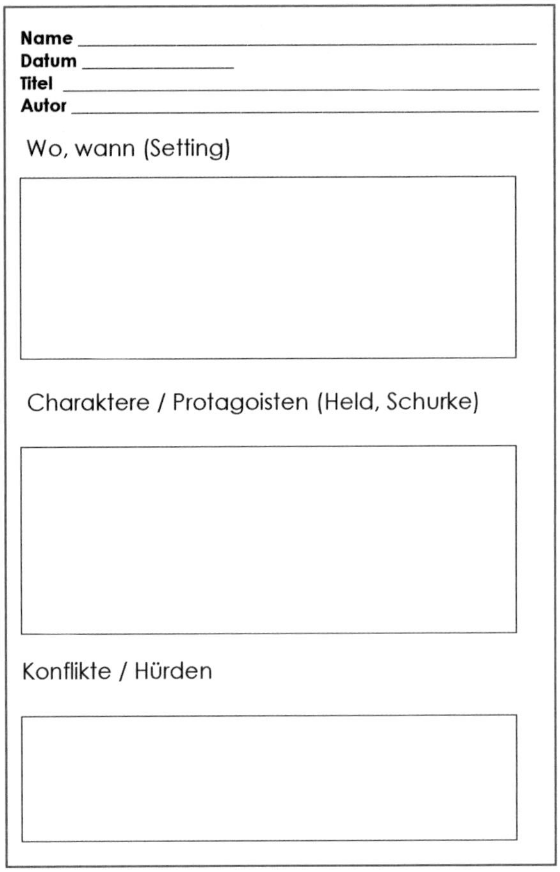

Name _____
Datum _____
Titel _____
Autor _____

Wo, wann (Setting)

Charaktere / Protagoisten (Held, Schurke)

Konflikte / Hürden

Bild 13.1 Die Vorlage der Storymap finden Sie auf der Webseite zum Buch unter www.story-baukasten.de

Aufbau Ihrer Story
- Hat die Geschichte eine klare Struktur mit Anfang, Mittelteil und Schluss?
- Das Setting: Wo und wann spielt die Geschichte? Ist es eine historische Story, spielt sie in der Zukunft?
- Denken Sie an das Epos „Herr der Ringe". Jede Ausgabe von J. R. R. Tolkiens Buch enthält eine detaillierte Karte von Mittelerde[2], um in das Geschehen einzuführen.
- Handlung und Spannungsbogen: Was ist der grundlegende Konflikt in Ihrer Geschichte? Welche Alternativen zum Handeln stehen zur Verfügung?

Anfang
- Definieren Sie Ort, Zeit und Szene
- Stellen Sie die Charaktere vor
- Starten Sie Ihre Story (Erzählperspektive, Rückblick, Vorausschau ...)

Mittelteil: Komplikationen und Hürden
Welcher Handlungsverlauf bestimmt den Gang der Geschichte (Plot)?
- Einführung von Hindernissen, Konfliktsituationen und Schurken

Ende: Lösung
- Zeigen Sie, wie der Held die Konflikte meistert.
- Beenden Sie die Story und lassen Sie den Ausgang nicht offen.
- Zeigen Sie die Lernziele, also die „Moral der Story".

Checkliste: Storytypen
- Handelt es sich um eine „Change Story", die den Mitarbeitern, Kunden und anderen Stakeholdern eine Veränderung eines Unternehmens vermitteln will?
- Erzählen Sie eine „Personality Story", bei der die persönliche Geschichte eines Menschen (z. B. CEO) im Vordergrund steht, damit wir ihn als Person verstehen, unterstützen?
- Entwickeln Sie Heldenstorys über Produkte, welche die Welt besser machen oder zu Problemlösungen beitragen?
- Corporate Storys machen Ihr Unternehmen spannend und erfahrbar.

Checkliste: Visuelle Geschichten
- Infografiken: Gibt es Zahlen, Daten, Fakten, die grafisch aufbereitet werden können?
- Gibt es ein Key-Visual? Welche Bilder werden bereits im Unternehmen genutzt?
- Welche Bildsprache soll verwendet werden?
- Welches Mittel setze ich warum ein? (Grafiken, Illustrationen, Fotografien, Videos/Filme, Animationen, eine Mixtur verschiedener Elemente ...)
- Brauche ich Darsteller?

---

[2] WWW: http://www.tolkienwelt.de/jrr_tolkien/Karte-von-Mittelerde-mit-handschriftlichen-Notizen-von-J.R.R.-Tolkien-aufgetaucht.html

13.2 Literatur

Adamczyk, Gregor: Storytelling: Mit Geschichten überzeugen. Haufe, 2015

Campbell, Joseph: Der Heros in tausend Gestalten. insel taschenbuch, Kindle Edition. Insel, 2011

Etzold, Veit: „Der weiße Hai" im Weltraum: Storytelling für Manager. Wiley-VCH, 2013

Freeman, Michael: Die fotografische Story: Die Kunst der visuellen Erzählung. Pearson, 2013

Fuchs, Werner T.: Warum das Gehirn Geschichten liebt – Mit den Erkenntnissen der Neurowissenschaften zu zielgruppenorientiertem Marketing. Haufe, 2009

Fuchs, Werner T.: Warum das Gehirn Geschichten liebt – Mit Storytelling Menschen gewinnen und überzeugen. Haufe, 2015

Herbst, Dieter Georg: Storytelling (PR Praxis). UVK Verlagsgesellschaft, 2014

Jung, Carl Gustav: Archetypen. dtv, 2014

Lampert, Marie, & Rolf Wespe: Storytelling für Journalisten. UVK Verlagsgesellschaft, 2013

McKee, Robert: Story: Die Prinzipien des Drehbuchschreibens. Alexander Verlag, 2011

Reynolds, Garr: Naked Presenter – Der neuste Genie-Streich vom Autor von „Zen oder die Kunst der Präsentation": Eindrucksvoll präsentieren – mit und ohne Folien. Pearson, 2011

Sammer, Petra: Storytelling – Die Zukunft von PR und Marketing. O'Reilly, 2014

Sammer, Petra & Heppel, Ulrike: Visual Storytelling: Visuelles Erzählen in PR & Marketing. O'Reilly, 2015

Transmedia Storytelling: Einführung, Marktanalyse, Konzept – gratis E-Book der TMSB, http://www.transmedia-storytelling-berlin.de/2015/07/transmedia-storytelling-einfuehrung-marktanalyse-konzept/

13.3 Linkliste

Bibliotheksportal – http://www.bibliotheksportal.de/themen/oeffentlichkeitsarbeit/storytelling.html

Best-Practice Beispiel Nike Inc – http://www.bibliotheksportal.de/themen/oeffentlichkeitsarbeit/storytelling.html#c5377

Building Storyworlds – lecture from 9.26.12 class – http://de.slideshare.net/lanceweiler/building-storyworlds?ref=https://www.eveosblog.de/2012/10/15/storytelling-event-geschichte-tipps-beispiele/

Hirnforschung & Storytelling, Handout zum Referat von Dr. Werner T. Fuchs vom 23. April 2009 in München, Neuromarketingkongress/Emotional Boosting, Erfolgstrategien aus Sicht des Gehirns – http://neuromarketing-wissen.de/wp-content/uploads/2011/08/Neuromarketing_Kongress_2009_Fuchs.pdf

Narrata Consult – http://www.narrata.de/narratives-management/narrative-methoden/was-ist-storytelling/

Story Telling – Ein Überblick über narrative Methoden und Einsatzgebiete – http://www.narrata.de/medien/matrix-zu-narrativen-methoden_narrata_consult.pdf

Story Telling – Mit Geschichten Organisationen bewegen, Dipl.-Psych. Christine Erlach, Karin Thier M.A., Dipl.-Päd. Andrea Neubauer – http://www.community-of-knowledge.de/fileadmin/user_upload/attachments/Story_Telling_NARRATA.pdf

Transmedia-Storytelling-Berlin – http://www.transmedia-storytelling-berlin.de

13.4 Storytelling Toolliste

In dieser Tool- oder Werkzeugliste finden Sie unterstützende Helfer, die die tägliche Arbeit vereinfachen. Laufend entstehen neue Tools, daher auch hier wieder der Hinweis, dass das Buch keinen Anspruch darauf hat, eine vollständige Liste aller verfügbaren Storytelling-Tools aufzuzählen. Hier ist nur eine Auswahl möglich, alles andere würde den Rahmen des Buchs sprengen würde[3]. Ein kleiner Tipp: Viele Software-Produkte bieten eine Testphase an. Testen Sie interessant klingende Softwarelösungen zunächst einfach nur aus.

ACMI Storyboard Generator (http://generator.acmi.net.au/storyboard)
Das handliche Tool zur Erstellung digitaler Storyboards enthält auch eine eigene Bild-Bibliothek.

Aesop (http://aesopstoryengine.com)
ist ein erweiterbares WordPress-Plugin, mit dem multimediale Scrollytelling-Artikel erstellt werden können. Das Plugin stellt Multimedia-Komponenten zur Verfügung, um Storytelling möglichst einfach zugänglich zu machen. Vorteil: Es ist responsive, also verändert sich je nach Bildschirmgröße für den Desktop, das Smartphone oder das Tablet.

Atavist (https://atavist.com)
erlaubt das Einbinden von Text, Videos, Audios, PDFs, und Karten, Timelines und Slideshows. Über ein Menü können Sie detailliert das visuelle Erscheinungsbild der Story einstellen.

Bild 13.2 So sieht der Desktop der Software Atavist aus.

Dipity (http://www.dipity.com)
ist eine kostenfrei zugängliche digitale Timeline-Webseite. Hiermit können digitale Inhalte – Bilder, Videos, Audios und Orte, Social-Media-Inhalte und Links – eingebunden und nach Datum und Zeit geordnet werden.

Explory (http://www.explory.com)
ist eine iOS-Storytelling-App, mit der Fotos, Videos, Musik und Text zu einer Geschichte zusammengefügt und in Social Media geteilt werden können.

Matlab (http://de.mathworks.com)
Mit diesem Werkzeug sind Sie in der Lage, Statistiken aufzubereiten.

---

[3] Eine sich ständig erweiternde Liste der Storytelling-Tools finden Sie auf der Webseite zum Buch unter www.storybuch-baukasten.de

MindManager (https://www.mindjet.com/de)
Der MindManager bietet die Möglichkeit, Gedanken thematisch zu sortieren und darzustellen.

Pageflow (http://pageflow.io/de)
ist ein Multimedia-Scrollytellingtool mit eigenem Editor, einer Medienverwaltung und einer Nutzerverwaltung.

Portent's Content Idea Generator (https://www.portent.com/tools/title-maker)
Mit diesem Tool können Ideen für Headlines, Keywords und mehr gewonnen werden.

Projeqt (https://projeqt.com)
reichert Inhalte mit der Integration von Echtzeit-Informationen aus dem Web an – etwa mit der Einbindung von RSS-Feeds, Twitter-Feeds und einer aktuellen Like-Box von Facebook bis zu Videos von verschiedenen Video-Plattformen wie Vimeo oder YouTube.

Shorthand (http://shorthand.com)
ermöglicht das Entwerfen von multimedialen Geschichten mit Text, Bild und Video.

Slidestory (http://www.slidestory.com)
Hiermit können Fotos mit Ton versehen werden und als Slideshow abgespeichert werden.

Steller (http://www.steller.com)
ist ein Tool, mit dem man Textelemente, Fotos und Videos ganz einfach zu wunderschönen multimedialen Geschichten zusammenbauen kann.

Storybuilder (http://storybuilder.jumpstart.ge/en)
Mit diesem Tool lassen sich Online-Storys gestalten und teilen. Besonderheit: Mit dem Freischalten einer Story für andere Nutzer ist ein gemeinschaftliches Arbeiten in einem Team in „Grundzügen" möglich.

Storehouse (http://www.storehouse.co)
ist eine Storytelling-App, mit der sich besonders visuelle Geschichten unter Einbeziehung von Videos und Fotos gestalten lassen.

Storify (https://storify.com)
ist ursprünglich ein Angebot, das dazu dient, Internetinhalte zu kuratieren. Zunehmend wird Storify aber auch genutzt, um ganze Geschichten zu erzählen.

Storyful (http://storyful.com)
Auch hier werden die Web-Inhalte per Drag & Drop zusammengestellt. Sie lassen sich mit Texten und Links anreichern.

Storyteller (http://storyteller.katharinabrunner.de/demo)
wurde von der Journalistin Katharina Brunner mit der Intention entwickelt, multimediales Storytelling möglichst einfach zu ermöglichen. Storyteller ist ein WordPress-Theme und versteht sich als Gegenentwurf zum technisch aufwendigen Pageflow.

UtellStory (http://www.utellstory.com)
ist ein kostenfreies Tool, um multimediale Geschichten zu erstellen und auch mit der Community zu teilen. Es können sowohl Grafiken, Fotos und Videos als auch Musik zum Erstellen der Geschichte genutzt werden.

Stichwortverzeichnis

A
Adblocker   226
Alltagsgeschichten   90
Animierte Gifs   42
AnswerThePublic   98
Antiheld   87
Apple   16, 132, 156
Archetypen   83
Aristoteles   78
Articy Draft   262
Atavist   240
Audio-Plattformen   212
Audio-Slideshow   239
Augmented Reality   134, 249, 267
Authentizität   216

B
Barthes, Roland   129
Bastei-Lübbe   189
Bewegtbild-Kurzvideos   212
Bildelemente   125
Bildsprache   120, 126
– Authentizität   127
– Farben   126
– Format   126
– Kontraste   126
– Tonalität   126
Bildunterstütztes Erzählen   134
Bildwelten   112
Blogs   211
BMW   221
Bosch   176
Brand Story   69, 164
Brand-Storytelling   17
British Airways   51
Business Story   36

C
Campbell, Joseph   37, 85
Camphausen, Clemens   242
Canva.com   142
Carey, Bob   148, 215
Change-Management   14
Change-Prozess   187
Clipfish   212
Cluetrain Manifest   213
Cluetrain Manifesto   57
Coca-Cola   169, 205
Comics   133
Community   115
Conducttr   262
Content
– Content-Marketing   49
– Content-Schock   50
– Definition   57
– Relevanz   49
Content Audit   165
Content Marketing   160
Content-Marketing-Strategie   165, 176
Content-Schock   160
Content-Strategie   177
Core-Story   17
Corporate Media   175
Corporate Newsroom   73
Corporate Story Architecture   67, 71, 147
Corporate Storytelling   175
Cortana   185
Crossmediales Erzählen   134, 253
Crossmedia-Marketing   167

D
Dennehy, Tobias   53, 147
Dialoge   101
Digitale Askese   204
Digitale Infografiken   42
Digitale Plattformen   226
Digital Storytelling   40, 196, 238
Dove   51, 127

Dramaturgie 77
Dueck, Prof. Dr. Gunter 11

E

Easel.ly 138
Eck, Klaus 114
Eichstädt, Björn 197
Emojis 118
Emoticons 118
Emotionen 26
Employer Branding 164
Entscheidungen 30
Erzählen 10
Erzählformate 239
Erzählformen 88, 133
Erzählperspektiven 87
Erzählsituation 88
erzählte Zeit 89
Erzählverhalten 88
Erziehungswesen 19
Eselsbrücke 157

F

Facebook 211, 235
Filme 133
Flickr 212
Fliege, Jürgen 120
Foto-Plattformen 212
Fotos 42
Freeman, Michael 143
Freytag, Gustav 82

G

Gameportale 212
Gamification 134
Gates, Bill 111
Gedächtnis, episodisches 28
Gehirn 25
Generation YouTube 225
Geruchssinn 5
Geschichten 13
Geschmackssinn 5
Gesundheitswesen 20
Glaubwürdigkeit 216
Globalisierung 200
Goldener Kreis 17
Google 225
Google+ 211

H

Handlung, Entwicklung der 101
Heinrichs, Diana 183
Held 87, 101
Heldenreise 38, 85
Heldensagen 186
Herbst, Dieter Georg 110, 133
Hilker, Claudia 162
Holoportation 272
Hornbach 172
Hörsinn 5
Human Branding 16

I

Icons 118
Image 160
Influencer 214
Infografiken 137
Infogr.am 141
Insights 108
Instagram 212, 222
Interaktion 123
Interaktives Erzählen 252
Interaktivität 237
Interne Kommunikation 216

J

Janson, Jenny 222
Jenkins, Henry 251
Jobs, Steve 132, 156
Jung, Carl Gustav 84

K

Kahneman, Daniel 33
Kammann Rossi GmbH 32
Karyazina, Nadezhda 44
Kern-Story 198
Keyword-Analyse 166
KISS-Prinzip 149
Kohärenz 34
Kommunikationsmodell
– Appellebene 9
– Beziehungsaspekt 10
– Beziehungsebene 9
– Inhaltsaspekt 10
– Sachebene 9
– Selbstoffenbarungsebene 9
Kommunikationsmodelle 9
Komposition 106
Kompositionsphase 106

Konflikt   101
Konstruierte Geschichten   90
Konzeption   100
Kreative Kommunikationskonzepte GmbH   222
Kreativität   94
Kuratiertes Erzählen   219

L
Langzeitgedächtnis   29
Lern-Plattformen   212
Lewis Carroll   2
Lineares Erzählen   252
Linius   240
Liquid Content   170
Live-Storytelling   232
Live Streaming   212

M
Machbar GmbH   242
Mangas   133
Marketing   160
McDonald's   210
Mediales Storytelling   242
Medientypen   168
Mehrdeutigkeit   129
Messanger-Apps   232
Messenger   212
Microsoft   183
Milka   112
Mindmapping   100
Mitbewerber   97
Mitmachgeschichten   90
Mobilität   218
Möller, Patrick   250
Moloney, Kevin   238
Monitoring   107
Monomythos   37, 86
Motivation   216
Multimediales Erzählen   133
Multimediales Storytelling   239

N
Naked Presenter   153
Netzwerk-Analysen   108
Neuromarketing   27
Nutzerforschung   165

O
Öffentlichkeitsarbeit   182

P
Pageflow   240
Periscope   212, 232
Pfeifer, Tina   189
Piaget, Jean   110
Piktochart   140
Piktogramme   118
Pinterest   93, 212
Pixar Pitch   39
Planungsphase   105
Plattformstrategie   166
Point-and-Click-Adventure   242
Poppel, Ernst   110
PowerPoint   184
Präsentation   107, 133
Prosumenten   266
Protagonist   101
Psychoanalyse   21
Public Dashboards   108
Public Relations   182, 194
Puzzle-Ansatz   200

Q
querschnittliche Konzepte   *siehe auch* Konzepte

R
Realtime Monitoring   108
Realtime-Storytelling   235
Recherche   96
Redaktionsplanung   167
Red Bull   151, 170
Relevanter Content   166
Review   170
Reynolds, Garr   153
Rich Media   41
Rosenthal, Oliver   225
Rossi, Carsten   32
Roter Faden   256

S
Sachgeschichten   90
Schmidtke, Michael   176
Schulz von Thun, Friedemann   8
Scrollytelling   133, 239
Seeding   107
Sehsinn   5
Sender-Empfänger-Modell   266
Setting   102
Siemens   22, 74, 172
Sketchnotes   135

Skype 184
Slideshare 212
Snapchat 234
Social Media 166, 217
Social-Media-Kanäle 211
Social-Media-Policy 173
Social Networks 211
Social Telling 211
Spannungsbogen 80
Staacke, Lutz 115
Storify 220
Story
– journalistische 36
– literarische 36
Story-Architekt 53
Story-Baukasten 91
Storyboard 104
storycodeX 61
Storydoing 201
Storykonzept 100
Storymaker GmbH 197
Storymaking 199
Storyplanung 65
Storytelling, Definition 7
Strategisches Storytelling 160
Sway 184, 220
Szenen-Ordner 103

T
Tastsinn 5
Tatort Plus 242
Tchibo 216
Thema 97
Themenfindung 98
Themenplanung 65
TobiCorporate Story Architect 53
Tools 135
Transmediales Storytelling 250
Transmedia Manifest 258
Transmedia Project Pitch Sheet 261
Transmedia Storytelling 196, 249
Tumblr 116
Twine 261
Twitter 212

U
Überraschungselement 129
Unternehmen 14
Unternehmensimage 159
User-Generated-Content 209

V
Venngage 142
Verbreitung 107
Video 41, 133, 222
Video-Plattformen 212
Vier-Ohren-Modell 8
Vimeo 212
Vine 41, 212
Virales Storytelling 211
Virtual Reality 267
Visual Storytelling 109
Visuelle Bildelemente 125

W
Watzlawick, Paul 9
Werbung 228
WhatsApp 212
Wissen
– bildliches 29
– explizites 28
– implizites 29
– intuitives 29
Wissensmanagement 14
Workflow 166

Y
Yammer 184
Yelp 215
YouTube 212

Z
Zeitdeckung 89
Zeitdehnung 89
Zeitleiste 103
Zeitraffung 89
Zielgruppe 97

HANSER

Apps gezielt entwickeln

Schilling
Apps machen
Der Kompaktkurs für Designer:
Von der Idee bis zum klickbaren Prototyp
362 Seiten. Komplett in Farbe
€ 39,99. ISBN 978-3-446-44574-1

Auch als E-Book erhältlich
€ 31,99. E-Book-ISBN 978-3-446-44653-3

Sie wollen eine App in die Welt bringen? Sie brauchen ein App-Konzept? Sie wollen eine App gestalten? Sie arbeiten mit App-Entwicklern an einem App-Projekt? Oder Sie kümmern sich um die App Ihres Kunden? Wunderbar! Sie brauchen Wissen, wie Sie von der Idee zu einem App-Prototyp kommen und wie Sie diesen testen, bevor die kostenintensive App-Entwicklung beginnt.

In »Apps machen« erhalten Sie Einblick, Wissen und praktische Tipps zum gesamten App-Entstehungsprozess. Mit Beispielen und Übungen verstehen Sie, wie Sie Ihr eigenes App-Projekt umsetzen, testen und der Welt draußen ein begehrenswertes App-Produkt anbieten.

Mehr Informationen finden Sie unter www.hanser-fachbuch.de